湖北省地震局/中国地震局地震研究所

大事记

(1978—2018)

湖北省地震局 编

主编 饶扬誉　副主编 付燕玲 刘锁旺

华中科技大学出版社
http://www.hustp.com
中国·武汉

内 容 简 介

本书以大事记的形式,记录了40年来湖北地震人留下的足迹,展示了湖北省防震减灾事业的发展成就。包括重大人事变动与机构变迁、省内重大地震事件和地震异常事件处置、重大学术活动与获省部级以上成果奖项、对全局有重大影响的重大工程情况,对地震监测预报、震害防御、应急救援和地震科学发展有开拓性、创造性贡献的大事件。

本书还以附录的形式,辑录了从1940到1977年间的重大事件,较完整地展示了机构的历史脉络和防震减灾工作的历程。

书中记录了湖北省内1949年至1970年间震级$\geqslant Ms 4\frac{3}{4}$以上的地震事件和1971年以来的有感地震事件的影响与应急处置过程,其中Ms5.0以上地震配烈度分布图。

本书对防震减灾工作既有史料价值,又有借鉴意义。可供各地防震减灾机构工作人员、相关高等学校师生和公众参考。

图书在版编目(CIP)数据

湖北省地震局/中国地震局地震研究所大事记:1978—2018/湖北省地震局编;饶扬誉主编.—武汉:华中科技大学出版社,2018.11
ISBN 978-7-5680-4783-8

Ⅰ.①湖… Ⅱ.①湖… Ⅲ.①国家地震局-大事记-湖北-1978-2018 Ⅳ.①P316.263

中国版本图书馆 CIP 数据核字(2018)第 256431 号

湖北省地震局/中国地震局地震研究所大事记(1978—2018)　　湖北省地震局　编
Hubei Sheng Dizhenju/Zhongguo Dizhenju Dizhen Yanjiusuo Dashiji　　饶扬誉　主编

策划编辑:兰　刚　刘　平	
责任编辑:刘　莹	
封面设计:原色设计	
责任校对:刘　竣	
责任监印:周治超	

出版发行:华中科技大学出版社(中国·武汉)　　电话:(027)81321913
　　　　　武汉市东湖新技术开发区华工科技园　　邮编:430223
录　　排:武汉正风天下文化发展有限公司
印　　刷:湖北省新华印务有限公司
开　　本:787 mm×1092 mm　1/16
印　　张:24.75　　插页:3
字　　数:458 千字
版　　次:2018 年 11 月第 1 版第 1 次印刷
定　　价:128.00 元

本书若有印装质量问题,请向出版社营销中心调换
全国免费服务热线:400-6679-118　　竭诚为您服务
版权所有　侵权必究

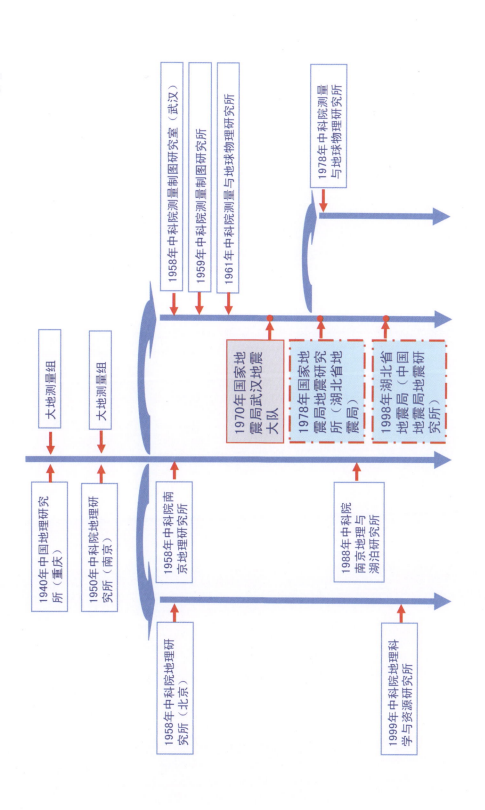

湖北省地震局／中国地震局地震研究所机构族系框图

前　言

自 1978 年 5 月湖北省委批准成立湖北省地震局和原国家地震局批准组建国家地震局地震研究所(1998 年更名为中国地震局地震研究所)以来,我局(所)已走过 40 年的光辉历程。

在组建局(所)的初期,正值国家改革开放启程之时,伴随着科学春天的到来,我局(所)广大地震工作者,也迎来了科技创新的春天,一批科研成果荣获全国科技大会奖。

40 年来,湖北地震人牢记党和人民的嘱托,以最大限度地减轻地震灾害损失为己任,脚踏荆楚大地,放眼祖国山河,以时不我待、只争朝夕的责任担当意识,谱写了防震减灾的壮丽篇章。

40 年的历程,40 年的探索。40 年来,从唐山到汶川,从东海之滨到青藏高原,从长江之岸到南极大陆,从国内到海外,都留下过湖北地震人的足迹。

40 年的创新,40 年的创业。40 年来,从三峡到丹江,从高铁到核电,从服务工程安全到服务社会安全,湖北地震人一直立足于国家重大安全需要,不断创新创业,取得一系列发明专利,诸多创新性科研成果得到转化。

40 年的积累,40 年的收获。40 年来,从大地测量,拓展到地球物理综合观测和空间对地观测。从测绘仪器仪表的研制,拓展到地震监测、地震工程预警、大地形变监测、重力观测等重大仪器设备的研发。从地震监测预报体系,拓展到地震综合防御体系和地震应急救援体系。一系列科研成果荣获国家及省部级科技成果奖。

站在新时代的起点上,我们重温历史,审视历史,可以使我们更好地借鉴前人的经验,从而更好地找准未来的发展方向。就像习近平总书记指出的那样:"一切向前走,都不能忘记走过的路;走得再远、走到再光辉的未来,也不能忘记走过的过去,不能忘记为什么出发。"

为了追寻湖北省防震减灾事业 40 年的发展历史,展示湖北省防震减灾事业 40 年的发展成就,弘扬湖北省防震减灾工作优良传统,湖北省地震文献信息中心组织专门人员编辑了《湖北省地震局/中国地震局地震研究所大事记

(1978—2018)》(以下简称《大事记》),以纪念湖北省地震局、中国地震局地震研究所成立40周年。

《大事记》的编辑工作,时间紧,工作量大,全体编撰人员付出了辛勤的劳动,向大家表示敬意和感谢!

《大事记》付梓之际,正值我局(所)深入学习、领会习近平新时代中国特色社会主义思想和深入贯彻落实习近平总书记关于防灾减灾救灾重要论述的重要时期。根据中国地震局和湖北省委、省政府关于深化防震减灾体制机制改革的新要求,我局(所)结合湖北省防震减灾工作实际,确立了"强化基层基础、推进创新创业"的工作方向,借此寄语全省地震系统广大干部职工,要牢固树立"四个意识",在新时代要有新担当,在新时代要有新作为,"不忘初心,继续前进",努力为湖北省"建成支点、走在前列"和全面建成小康社会提供坚实的地震安全保障。

本书编纂委员会

2018年7月18日

大事收录标准

根据我局(所)现有志书有关"大事记"的记述,结合专家的意见,确定收录以下大事。

1. 重大人事变动、机构变迁。
2. 局级以上发文确立的主要事项。
3. 省、国家局领导重要批示。
4. 全局有重大影响的会议及重要决策。
5. 全局有纪念意义的活动;与本局(所)密切相关的大事。
6. 中国地震局在我局(所)召开的重要会议及组织的重要活动。
7. 上级领导、国(境)外专家来访。
8. 本局领导、专家赴省外、国(境)外重要活动。
9. 省内重大地震异常事件。
10. 地震事件:1949年至1970年,震级$\geqslant Ms4\frac{3}{4}$以上;1971年以来,省内有感地震,其中$Ms5.0$以上附烈度分布图。
11. 全国轮值应急工作。
12. 重大项目验收情况;对全局有重大影响的工程竣工情况。
13. 获省部级以上科学技术进步奖、防震减灾优秀成果奖及荣誉称号;受上级和系统外单位表彰的事项;省、国家局重大比赛第一名或一等奖赛事。
14. 对地震监测预报、震害防御、应急救援和地震科学发展有开拓性、创造性贡献的大事件。
15. 防震减灾其他重大事件。

目　录

1978 年 …………………………………………………………… (1)
1979 年 …………………………………………………………… (3)
1980 年 …………………………………………………………… (7)
1981 年 …………………………………………………………… (8)
1982 年 …………………………………………………………… (10)
1983 年 …………………………………………………………… (12)
1984 年 …………………………………………………………… (15)
1985 年 …………………………………………………………… (19)
1986 年 …………………………………………………………… (24)
1987 年 …………………………………………………………… (28)
1988 年 …………………………………………………………… (32)
1989 年 …………………………………………………………… (37)
1990 年 …………………………………………………………… (41)
1991 年 …………………………………………………………… (45)
1992 年 …………………………………………………………… (51)
1993 年 …………………………………………………………… (57)
1994 年 …………………………………………………………… (65)
1995 年 …………………………………………………………… (72)
1996 年 …………………………………………………………… (79)
1997 年 …………………………………………………………… (89)
1998 年 …………………………………………………………… (99)
1999 年 …………………………………………………………… (108)
2000 年 …………………………………………………………… (113)
2001 年 …………………………………………………………… (120)
2002 年 …………………………………………………………… (125)
2003 年 …………………………………………………………… (132)
2004 年 …………………………………………………………… (142)
2005 年 …………………………………………………………… (151)
2006 年 …………………………………………………………… (165)

2007 年 …………………………………………………………………… (173)
2008 年 …………………………………………………………………… (183)
2009 年 …………………………………………………………………… (213)
2010 年 …………………………………………………………………… (235)
2011 年 …………………………………………………………………… (251)
2012 年 …………………………………………………………………… (267)
2013 年 …………………………………………………………………… (279)
2014 年 …………………………………………………………………… (290)
2015 年 …………………………………………………………………… (306)
2016 年 …………………………………………………………………… (321)
2017 年 …………………………………………………………………… (335)
2018 年 …………………………………………………………………… (354)

附录:前身(1940 至 1977 年) ……………………………………………… (370)
  1940 至 1948 年 ………………………………………………………… (370)
  1949 至 1960 年 ………………………………………………………… (370)
  1961 至 1965 年 ………………………………………………………… (372)
  1966 至 1969 年 ………………………………………………………… (373)
  1970 年 …………………………………………………………………… (375)
  1971 年 …………………………………………………………………… (377)
  1972 年 …………………………………………………………………… (379)
  1973 年 …………………………………………………………………… (380)
  1974 年 …………………………………………………………………… (380)
  1975 年 …………………………………………………………………… (381)
  1976 年 …………………………………………………………………… (382)
  1977 年 …………………………………………………………………… (383)

参考文献 …………………………………………………………………… (384)

后记 ………………………………………………………………………… (387)

1978 年

5月4日

国家地震局震发计〔1978〕第 097 号文,决定将原国家地震局武汉地震大队更名为国家地震局地震研究所,为司局级单位,人员编制 500 人。行政机构暂设办公室、政治处、计划科研处、器材基建处,科研机构设形变测量、重力测量、遥感技术应用、水库地震四个研究室和情报资料室、测量队、仪器实验工厂等。

国家地震局地震研究所是国家地震局直属研究所,属国家公益性研究机构,实行国家地震局和湖北省革命委员会双重领导、以国家地震局为主的体制。业务工作、科研工作、事业经费、器材设备、人员编制及调配等以国家地震局为主,党政领导以省革命委员会为主。

国家地震局地震研究所的方向和任务是:利用形变测量和重力测量理论、方法、技术为地震预报服务,积极开展遥感新技术在地震工作中的应用研究,开展水库地震成因与震源机制中有关问题的研究,承担全国地震趋势研究任务。

国家地震局地震研究所领导组成:副所长李锡山、范仲文,党委书记李乐之(地震研究所筹备工作完成后调出)。

5月27日

中共湖北省委鄂〔1978〕71 号文,批准成立湖北省革命委员会地震局,事业编制 270 人。

湖北省革命委员会地震局是湖北省革命委员会组织管理地震监测预报、科学研究和群测群防工作的职能部门,归口湖北省科学技术委员会,实行湖北省革命委员会和国家地震局双重领导、以湖北省革命委员会为主的体制。

湖北省革命委员会地震局的方向和任务是:承担组织管理全省地震工作,负责全省地震监测、预报和群测群防工作,开展地震科学研究。

湖北省革命委员会地震局内设办公室、政治处、业务处、条件处、台站群测群防处和震情分析预报室、地震综合队及汽车队。

湖北省革命委员会地震局领导组成：副局长苗正新、朱煜城、李洪义（参与筹备工作的有刘荣华、熊继平、朱煜城）。

8月1日

鄂震发字〔1978〕第001号文通知，由湖北省革命委员会颁发的湖北省革命委员会地震局印章正式启用。

9月2日至8日

日本地震学家茂木清夫在武汉中国科学院岩土力学研究所作学术报告，我局（所）地震科研人员参加学习交流。

10月

由武汉地震大队完成的 JCY-2 型精密激光测距仪获全国科学大会重大成果奖，研制组赖锡安参加授奖大会，受到党和国家领导人接见。

同获全国科学大会奖、与其他单位合作完成的成果有7项：中国原点（J、Y、D）系统的地极坐标（武昌时辰站）、713测雨雷达、中国活动性构造和强震分布图（1∶300万）、中国地震烈度区划综合研究、西南烈度区划综合研究、水库地震及水工建筑物抗震设计规范与油膜光阀外光源大屏幕黑白电视机项目。

12月

应比利时皇家天文台邀请，方俊率领由许厚泽、李瑞浩、游泽霖等组成的代表团访问比利时，商讨中国、比利时固体潮合作观测事宜。

1979 年

3月9日

湖北省革命委员会地震局向省科委和省革命委员会呈送了《关于建立重点地(市)县地震管理机构的报告》,提出在重点地(市)县设立地方地震管理机构。

4月

经国家地震局和中共湖北省委批准,国家地震局震发办字〔1979〕第100号文决定将湖北省革命委员会地震局和国家地震局地震研究所合并,实行两块牌子、一个机构的体制。合并后,湖北省革命委员会地震局更名为湖北省地震局。合并后的所(局)既是国家地震局的直属单位,又是湖北省革命委员会的职能部门,实行国家地震局和湖北省革命委员会双重领导、以国家地震局为主的体制。

5月22日

06时46分58秒,秭归龙会观西北(北纬31°06′、东经110°28′)发生 Ms5.1 级地震。地震发生后,湖北省地震局迅速组成由朱煜城副局长带队,荣建东、韩健、宋永厚、周超凡、白瑞甫、周明礼、余永毓、杨云发等组成的专业技术队伍携带仪器赶赴现场,与长办三峡区勘测大队地震地质队杨朝政等以及秭归、兴山和巴东县科委联合组成调查组,开展震害分布、发震构造和宏观前兆等调查工作。主要结论:震中烈度Ⅶ度,震源深度16千米。等震线长轴走向北东45°左右(图1)。

震源机制解:节面A走向304°,倾角58°;节面B走向200°,倾角68°。P轴方位角344°,仰角7°;T轴方位角248°,仰角40°。

Ⅶ度区:东起秭归桑坪公社郑家湾,西邻巴东东瀼口公社母猪河,南至秭归泄滩公社永兴,北接兴山高桥公社潭坑。长轴15千米,短轴6千米,面积约

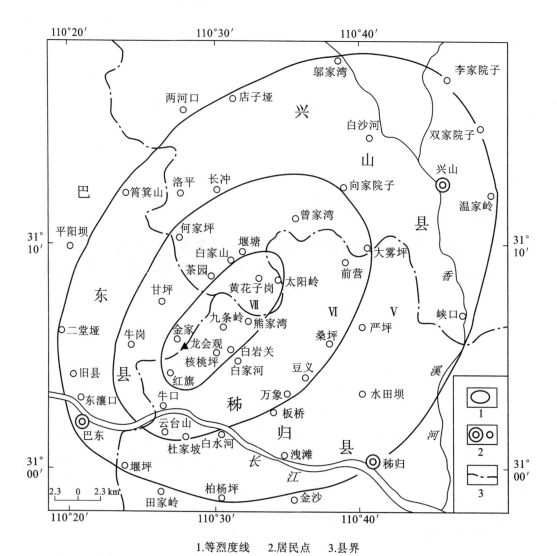

1.等烈度线　2.居民点　3.县界

图1　1979年5月22日秭归龙会观西北 Ms5.1级地震等震线图

（据熊继平，1986）

80平方千米。此区内，人们普遍感觉上下颠动强烈，惊逃户外，有人跌倒，有人受震晕倒，还有个别小孩从床上摔下。室内悬挂物摇摆，家具移动，热水瓶翻倒，橱窗内药瓶震倒或破损。树木、电杆无风摆动，田水溢出，水库涌浪高60多厘米。房屋土墙普遍裂缝、垮角、崩落、倾斜，个别倒塌。普遍掉瓦、楞瓦、抬梁折断，挑梁下坠，檩条脱榫，门窗变形，计有80%以上房屋受到不同程度的损坏和破坏，其中破坏严重不能住人的约40户，损坏严重的危房约500户，伤4人。牛棚猪圈破坏较为普遍，压死生猪2头。山石滚落较多，其中最大者重5吨有余，龙会观一带山石滚落损坏梯田，砸坏渠道，压死林苗1000多株,伤1人,死耕牛1头。个别古墓的碑顶被震落,庙前石阶震塌,烟囱被震倒,拱桥老裂缝增宽,陡坡悬崖上部边缘土层开裂,裂缝最长的有170余米,最宽的有3米。龙会观陡崖西侧巴东金家大队千军坪地裂缝长42米,宽1厘米至3米多,最宽的有12米。

Ⅵ度区:与Ⅶ度区近乎同心分布。区内全部人有感,不少人惊逃至户外。家具和悬挂物普遍摇摆,有挂钟停摆2例。陡崖上局部地方有裂缝。田水起浪,井水泛浑,房屋墙壁开裂,掉瓦也较多。

有感范围:东到宜昌,西及四川巫山,南至长阳县境,北达兴山北部,长轴140千米,短轴120千米,面积12000平方千米。

地震特征:(1)无明显前震和余震,属孤立型地震。(2)震前震区鼠、狗、羊、牛有异常反应,此外,蚂蚁搬家、乌鸦群飞、井水泛浑等也有发现。(3)震区地质构造位置处于秭归向斜西缘,区内发育有近南北向和东西向两组断裂,尚不能作为这次地震的发震构造。详情如何,有待今后进一步查明。

5月

国家地震局震发计字〔1979〕第156号文规定,合并后的国家地震局地震研究所(湖北省地震局)1980年的人员编制为700人。

合并后的国家地震局地震研究所(湖北省地震局)的职责是:承担国家重点科研任务,并负责湖北省的地震监测预报工作。具体任务是:以大地测量和地球动力学的理论、方法、技术为基础,结合地球物理学和地质学,研究现代地壳形变和重力场变化及其与地震活动的关系;研制相应高精度测量仪器;探索遥感技术在地震研究中的应用;研究水库诱发地震的成因及其规律;承担湖北省境内的地震监测预报工作,并参加全国地震速报和国际地震、地磁资料交换。

合并后,第一届领导班子组成为:所长朱煜城,副所长邵占英、李锡山、范仲文、曾广梁。副局长苗正新、朱煜城、李洪义、李锡山。党委(组)书记苗正新。

8月18日

10时55分,我局发生汽油库起火爆炸恶性事故,系油罐车排气管引爆泄漏外溢汽油所致,死1人,重伤2人,烧坏油罐车1辆,油库上层炸毁,损失汽油2.8吨。附近托儿所、器材仓库墙壁也遭到轻微破坏。

9月5日至27日

5日，湖北省革命委员会对湖北省革命委员会地震局3月9日的报告作了批复，同意武汉、黄石2个市，宜昌、郧阳、黄冈、咸宁、荆州、襄阳6个地区（专区）和浠水、麻城、黄梅3个县成立地震办公室。

27日，省地震局下发〔1979〕鄂革震字第40号文《关于建立重点地（市）县地震办公室的通知》，除成立上述两市、六地区和三县地震办公室外，还成立长阳、秭归、均县（今湖北丹江口市）、郧县（今湖北十堰市郧阳区）、竹溪、荆门、钟祥、阳新、光化等县市地震办公室。

9月

我局吴翼麟作为中国地震代表团成员访问日本，商议签订中日政府间科技合作协议，并参加日本地震学会秋季大会。

10月

比利时皇家天文台台长梅尔基奥尔（P. Melchior）教授和杜卡默（B. Ducarme）博士一行来我局进行学术访问，并协商比利时王国与中华人民共和国国家地震局在湖北省地震局黄石固体潮台进行固体潮联合观测研究事宜。

1980 年

2 月

地震研究所成立学术委员会,首届委员会由 15 人组成,曾广梁为主任,朱煜城、郭惠申、张海根为副主任,何鑫、李瑞浩、赖锡安、吴翼麟、邵占英、胡国庆、徐卓民、周硕愚、郑松华、雷凯歌、谢凯生 11 人为委员,谢凯生兼秘书。

3 月 4 日至 28 日

比利时皇家天文台学者杜卡默来华执行中比合作项目。

5 月 13 日

鄂震办字第 21 号文《关于启用湖北省地震局印章的通知》,决定 5 月 15 日启用湖北省人民政府颁发的湖北省地震局印章,湖北省革命委员会地震局印章同时废止。

11 月

由我所承办的全国第一届诱发地震研讨会在武昌召开。来自全国地震系统各单位从事诱发地震研究的专家学者 50 余人参会。

1981 年

2 月

《地壳形变与地震》(季刊)创刊。主办单位:国家地震局地震研究所。刊物定位:学术性中级研究刊物,国内公开发行(1989年批准国际发行)。首届编委会:曾广梁为主编,陈鑫连、郭惠申、何鑫、郑松华为副主编,委员29人。

刊物内容:(1)反映地壳形变观测、地球重力学在地震预测预报中的理论研究和技术进展。(2)地壳形变和重力观测仪器、装备的研制和标定方法。(3)与地壳形变和重力场变化有关的震源机制、地震活动、前兆观测、地震地质、人工地震、遥感技术等方面的研究成果和观测、实验报告。(4)展开学术上的自由争鸣,进行专题讨论;国内外有关学术动态报道,学术成果评述。(5)学术活动简讯及书刊评论等。

4 月 22 日至 25 日

美国纽约州立大学吴大铭教授访问地震研究所,并进行学术交流,参观地震研究所的科研成果。

5 月 13 日至 6 月 14 日

地震研究所赖锡安、俞飞鹏和国家地震局宋永增3人,应美国K+E公司仪器部副董事长 E. T. Grogan 邀请赴美考察,接受 RangeMaster-Ⅲ型激光测距仪技术培训。

7 月 5 日

23 时 09 分 24 秒,当阳峡口、三桥间(北纬 30°53′、东经 111°38′)发生 Ms3.8 级地震,震中烈度Ⅴ度。

8月

国家地震局震发科字〔1981〕241号文,批复了地震研究所的具体任务:用大地测量学的理论、方法、技术研究形变场和重力场及其与地震的关系,提出地震预报方法及相应理论,包括定点连续地壳形变与重力固体潮观测,区域形变场和重力场的实测;板块边界相对运动的测量及相应的观测技术研究;负责全国200多个形变、重力台站的技术管理;汇集全国定点连续形变和重力资料以及水平形变资料,负责相应的业务指导;探索研究遥感技术在地震工作中的应用;做好湖北重点地区的地震监测工作,着重加强丹江口、三峡等大型水库地区的监测和研究。

9月22日至10月29日

地震研究所蔡惟鑫等4人应比利时皇家天文台台长梅尔基奥尔邀请,赴比利时进行技术考察,商讨合作研究事宜。

10月

国家恢复学位制,地震研究所为国家地震局首批获准招收硕士研究生的单位之一。

11月20日至12月1日

比利时皇家天文台学者范·隆贝克(M. Van Ruymbeke)博士来华,执行中比科技合作计划。

1981至1986年

自1981年起,湖北省地震局调整了地震台网布局:1982年新建宜昌台,1982—1983年迁保康台至襄阳隆中为襄阳台,1985年撤销黄冈台,1986年撤销蒲圻台。

1982 年

年初

地震研究所编制《1982—1991 年十年科研工作设想》和《1982—1986 年科研工作规划》。

3月11日

18 时 48 分 51 秒，郧西安家公社松树沟与陕西山阳晏马公社五里河交界处（北纬 33°11′、东经 110°28′）发生 Ms4.4 级地震。震后郧阳地区地震办公室、"二汽"地震台、郧西县科委和水电局派员（何从新、代旭介、陈新和、张孝安、张玉珊、曾章杰、陈长鑫）组成联合考察组，中途与陕西地震局调查人员一同进入震区获得宏观资料，随后我局再派刘锁旺、荣建东、许光炳等进行震害效应和地震地质条件调查，综合结果为：震中烈度Ⅵ度，震源深度 8 千米。Ⅵ度区震感剧烈，个别静坐的人跌倒，房屋普遍掉瓦、落土，部分民居墙体裂缝，有的檩条脱落、烟囱倒塌；山崩滑坡，多处形成崩石堆，五里河东岸松树沟一处巨石堆约 27 万立方米，如堤坝耸立于五里河上，形成近 10 万立方米的地震堰塞湖。

3月

受教育部派遣，曾心传赴美国普林斯顿大学进修访问，1984 年 8 月回国。

5月6日至12日

国家地震局在武昌召开第二次全国基本台站定点形变连续观测工作会议。

5月14日

地震研究所接待来访的比利时皇家天文台学者贝奇菲尔。

5月15日

地震研究所接待来访的美国国家宇航局（NASA）学者弗林（E. A. Flinn）。

5月

应国际大地测量协会（IAG）全体会议组织委员会的邀请，地震研究所曾广梁、赖锡安和李瑞浩赴日本东京出席为期两周的全体会议。

10月17日

地震研究所接待来访的比利时皇家天文台学者杜卡默。

11月

地震研究所孙照炜、王华均和顾天龙考察瑞士克恩光机电精密仪器公司。

12月

地震研究所1980年获准兴建的科研、试验大楼通过验收，面积为8350平方米。

本年

麻城、宜昌两台被确定为全国地形变基本台。

1983 年

2 月 17 日

湖北省地震局以鄂震发科〔1983〕8 号文向国家地震局提交《关于召开长江三峡地区地震工作座谈会的报告》。

2 月 25 日

18 时 27 分 25 秒,荆门罗集(北纬 31°07′、东经 112°01′)发生 Ms3.0 级地震,震中烈度Ⅳ度。

4 月 15 日

由赖锡安、俞飞鹏、陈持、孔敬贤、宁金忠、倪焕明、谢立山、戴宗瑶、李淑和等人完成的 JCY-3 型精密激光测距仪,获湖北省科技成果一等奖。

4 月 22 日

瑞士克恩公司韦鲁达先生和梁安德先生在武汉访问期间,应邀访问地震研究所。双方商讨了 ME-3000 测距仪维修和在我方建立维修点的可能性等问题。

4 月

地震研究所以震研发办〔1983〕36 号文向国家地震局呈送《关于长江三峡地区地震工作座谈会纪要》。

5 月 15 日

比利时皇家天文台学者范·隆贝克博士为执行中比合作研制高精度伸缩

仪任务,与地震研究所科技人员一道赴黄石试验站,对该站仪器一年来的试验和仪器安装的环境条件进行了广泛而深入的分析和讨论。比方还为该仪器加强抗干扰能力采取了措施。

6月10日至25日

国家地震局在武昌召开"中国活断层科研工作会议",国家地震局副局长、中国科学院学部委员丁国瑜到会并作学术报告。

6月

朱煜城任所(局)长,邵占英、赖锡安、李锡山任副所(局)长。党委(组)书记朱煜城,副书记丁朝晖。

7月18日

由朱仲芬、张世照、李锡其、张善言、罗星辉、李树德、周东明、刘光权等人与无锡太湖机械厂研制的ZYZY型海洋重力仪,获国家地震局1979—1981年度科技成果一等奖。

由赖锡安、邵占英、余绍熙、方荣颐、陈谦巽完成的论文《论相位测距的周期误差》《论激光测距的最佳观测时刻》,获国家地震局1979—1981年度科技成果二等奖。

8月

徐菊生赴德国汉堡出席IUGG(国际大地测量和地球物理学联合会)第十八届全体会议,并在分组会上作学术报告。

9月2日

德国波恩大学应用大地测量研究所博士甘贝尔先生在访问中国科学院测量与地球物理研究所期间,应邀访问地震研究所,并介绍了德国大地测量方面的工作,双方进行了学术座谈。

11月18日至12月22日

蔡惟鑫应邀对卢森堡、比利时进行短期访问并商谈合作研究事宜。其间,双方对高分辨的温度测量技术、电容气压仪、电容传感等进行了研究,共同制作了样机。这些样机都已带回国,并已在实际中应用。对中比合作研制高精度石英伸缩仪进行了小结,并就进一步扩展本领域的合作交换了意见。

11月

国家地震局震计字〔1983〕301号文《关于湖北省地震局、国家地震局地震研究所机关机构设置和人员编制的批复》,调整局(所)人员编制为650人。

1984 年

1 月

地震研究所由国务院学位办公室批准为硕士学位授予单位。

成立首届学位评定委员会,赖锡安任主任,委员有邵占英、张海根、吴翼麟、李瑞浩4人。

2 月 21 日

湖北省地震局向省政府呈报了《关于报送地、市、县地震工作机构调整精简的报告》。

3 月 26 日

由李平、李旭东、金克俭、刘国培、李家明完成的"固体潮水平分量与地震预报项目",获国家地震局1983—1985年度科学技术进步三等奖。

由张海根、蔡惟鑫、杜为民、蔡庆福、杜慧君完成的ZB-77型整体水平摆倾斜仪,获国家地震局1983—1985年度科学技术进步三等奖。

由黄振华、朱锦娟、段顺森、李彦军、赵晓华完成的"DJS-131机BASIC语言扩充设计及软硬件维护方法研究",获国家地震局1980—1981年度科学技术进步三等奖。

由吴翼麟、高士钧、于品清、李祖武、刘忠书完成的"丹江水库诱发地震研究",获国家地震局1986年度科学技术进步三等奖。

3 月

地震研究所高锡铭和地质研究所张流接受德国洪堡基金会资助,获准前往德国达姆施塔德工业大学和鲁尔大学地球物理研究所工作和进修,4月2日,高锡铭、宋也王赴德国达姆施塔德工业大学从事重力场变化和地震关系的研究。

4 月

地震研究所成立以张海根为主席的工会工作委员会。
地震研究所成立以朱煜城为组长的整顿职称评定工作领导小组。

5 月 11 日至 29 日

邵占英、赖锡安赴美国出席美国国家宇航局地球动力学协会的会议和 AGU（美国地球物理联合会）会议。其间，于 5 月 18 日至 28 日执行中美地震合作协议《大三角形变观测与研究》项目中的比对测量。

6 月 13 日至 7 月 3 日

地震研究所邹学恭应邀赴巴西出席国际摄影测量和遥感学会第十八届大会。

7 月 25 日至 1986 年

省政府向武汉、黄石、襄樊（今襄阳市）、荆门等市政府，黄冈、宜昌、郧阳、咸宁、荆州等地区行政公署及有关县政府批转了湖北省地震局 2 月 21 日呈送的《关于报送地、市、县地震工作机构调整精简的报告》，同意设立黄冈、宜昌、郧阳地区行署地震局和武汉市、咸宁地区行署地震工作办公室，属地方政府的职能部门；撤销荆州、襄阳地区与黄石市及麻城、浠水、黄梅、阳新、钟祥、荆门、光化、秭归、长阳、竹山、均县、竹溪、郧县等地、市、县地震办公室。

因地方防震减灾工作的需要，地方政府希望保留或设立地震工作机构。其中，均县、郧县地震办公室后经省局同意，保留；1984 年 12 月，襄樊市经市政府批准设立地震办公室；同年，经当地各市、县人民政府批准，黄石、麻城、浠水、黄梅、钟祥等市、县分别恢复地震办公室；1986 年 12 月，经荆州地区编委批准，恢复荆州地区行署地震工作办公室；1987 年长阳县在科委设立地震办公室。1984 年 7 月荆门地震办公室改为荆门地震台，1984 年 5 月竹溪地震办公室改为竹溪地震台。

9 月

教育部批准周坤根去比利时皇家天文台进行为期 2 年的进修。

9月27日至10月14日

比利时皇家天文台台长助理范·隆贝克博士来地震研究所执行中比合作项目。

10月4日至14日

日本东京大学地震研究所荻原幸男教授来地震研究所讲学。

10月22日至30日

日本东京大学地震研究所所长笠原庆一教授来地震研究所讲学。全国地震系统70余名高级研究人员参加听课。

10月28日至11月19日

周硕愚赴印度海得拉巴参加IASPEI(国际地震学与地球内部物理学联合会)会议。

10月16日至21日

德国汉诺威大学大地测量研究所所长W.托尔格(W. Torge)来地震研究所讲学。国家地震局系统有关单位约20人参加了报告会。

11月2日至9日

日本京都大学理学部地球物理研究所中川一郎教授应邀来地震研究所进行学术交流。中川一郎讲述了日本重力测量监测地震工作概况、用拉科斯特-隆贝格重力仪进行国际联测情况以及地球重力潮汐理论研究的展望,并商定1985年来华进行中日重力联测合作项目。

11月20日至次年4月10日

地震研究所张世照、李树德携带自行研制的DZY-2型海洋重力仪参加我国首次南极科学考察,返回上海时,国家组织隆重的凯旋欢迎仪式。朱煜城所长到上海参加欢迎仪式。

11月27日至30日

在黄冈召开1985年度全省地震趋势会商会。

12月

李平赴美国参加全美地球物理大会,并在会上作"中国倾斜固体潮观测及分析"的报告。

12月底

受日本政府委托,日本东京大学笠原庆一、鸠山悦、宇津德治一行3人来地震研究所商讨中日地震科技合作事宜。

1985 年

1月13日

21时58分03秒,钟祥县城东南(北纬31°09′、东经112°38′)发生 Ms3.1级地震,震中烈度Ⅳ度。

1月

美国现代公司查吉承斌、王敏松工程师再次来研究所安装 VAX-ll 计算机,并就其性能、操作方法进行了讲解。

2月3日

01时58分47秒,当阳玉泉寺(北纬30°45′、东经111°51′)发生 Ms3.2级地震。

2月12日

地震研究所调整学术委员会组成人员:邵占英为主任,吴翼麟、张海根为副主任,李安然、李瑞浩、严尊国、郑松华、周硕愚、俞飞鹏、胡国庆、夏治中、徐菊生、游泽霖、曾心传、赖锡安、蔡惟鑫为委员,朱代元、万巨发为秘书。

2月28日

由贺玉方、单桂云、印开山完成的武汉地磁台《地磁观测报告》(1965—1981第7~23卷),获湖北省1983年度科技成果二等奖。

由唐炳燮、杨夏芳完成的独立模型法区域平差 FORTRAN 语言程序,获国家地震局1983—1985年度科学技术进步三等奖。

由郭惠申、姚植桂、蔡庆福、李星虹完成的 CG-2A 型垂线观测仪,获湖北省1983年度科技成果二等奖。

4月30日

湖北省副省长田英、王利滨等领导接见参加南极考察的张世照、李树德和武汉测绘学院的鄂栋臣3名考察队员。

5月6日

李树德、张世照参加在中南海怀仁堂举行的我国首次南极考察庆功授奖大会,接受国家领导人接见。李树德荣立三等功,张世照获个人嘉奖。

由李树德、张世照、赵尚达、陈志遥、张道中、邵中明完成的DZY-2型海洋重力仪,获国家地震局科学技术进步一等奖。

5月7日

由刘良刚、姚植桂、赖锡安完成的WB-10型微波通话机,获国家地震局1981—1982年度科技成果二等奖。

5月9日

由李瑞浩、陈冬生、傅兆珠、魏望生、蔚大西完成的"重力固体潮综合研究",获国家地震局1981—1982年度科技成果二等奖。

由聂磊、杜为民、易治春等人完成的FSQ型浮子水管倾斜仪,获国家地震局1981—1982年度科技成果二等奖。

5月10日

李树德、张世照参加国家地震局组织的南极考察有功人员表彰大会。国家地震局副局长林庭煌宣读了嘉奖令,国家地震局局长、党组书记安启元进行了讲话。

5月

《国家地震局地震工作简报》(第3期)发表题为"为人类和平利用南极作贡献"专辑,全面介绍张世照、李树德参加首次南极考察的意义和成果。

6月12日

03时45分至04时20分,秭归新滩镇姜家坡至广家岩一线发生巨型山体滑坡。土石方总量约3000万立方米,致使新滩镇全被摧毁。但由于提前预报,当地政府果断组织撤离,新滩镇457户1371人无一伤亡,12艘过往的长江客轮抛锚停航于险区之外。国家地震局地震研究所参与了形变监测与分析,后与湖北省西陵峡岩崩工作处等10家单位,受到湖北省委、省政府的表彰。新滩滑坡临阵预报成功,获湖北省1987年科学技术进步一等奖、国家1987年科学技术进步二等奖。

此前,出现滑坡前兆:6月9日滑体后缘吹热风,姜家坡西部喷水、冒沙;6月10日,小滑坡不断发生,规模渐大;6月11日,坡体前缘鼓胀、剪出、潮湿,随后地表急剧变形,观测数据显示位移和沉降加速。据此,6月11日下午5时,湖北省西陵峡岩崩工作处发出急电,预报大滑在即,6时半,险区戒严,江道封航。

但由于涌浪巨大,超出想象,加上发生在凌晨,仍造成重大损失:崩滑之时,部分滑体(约200万立方米)高速冲入长江,造成涌浪向对岸爬高49米,至上游香溪镇(距新滩4千米)浪高7米,下游龙江镇(距新滩约2千米)为10米。在上下游约10千米的江面(主要在香溪港),击毁木船67艘,机动船14艘,船上人员10人死亡、2人失踪、8人受伤,摧毁房屋1569间。

6月15日至10月3日

为执行联合国开发计划署项目,应德国波恩大学M. Bonatz教授邀请,地震研究所刘光权、分析预报中心郗钦文、地质研究所朱涵云3人赴德国进行重力仪技术培训。

6月

黄振华、朱锦娟赴美接受VAX-11/750计算机培训。

8月15日至9月3日

吴翼麟赴日本东京参加第二十三届国际地震学、地球内部物理学大会,并在会上作题为"中国几次大地震的地形变前兆特征"的报告。

8月

地震研究所编印了第一份地震研究所简介。

9月3日至18日

英国国家地震中心副主任莫格来格（D. M. Magegor）教授应国家地震局地球物理研究所邀请来华访问，于9月11日至14日访问地震研究所，并就VAX-11/750计算机使用情况及英国国际地震中心组织结构、工作状况进行了介绍。

9月14日

12时08分，郧西关防东南（北纬33°04′、东经109°47′）发生Ms2.9级地震，震中烈度Ⅴ度。

9月至11月

应德国汉诺威大学大地测量研究所所长W.托尔格的邀请，地震研究所徐菊生、彭文涛赴德国汉诺威考察、学习，并商谈在中国建立"重力仪垂直标定基线"的合作研究协议，后经国家地震局和马普学会批准正式生效，于1986年开始执行（马普学会合作项目）。

9月23日至27日

李瑞浩出席在西班牙马德里召开的第十届国际固体潮会议并作学术报告。

10月6日至18日

为执行联合国开发计划署和中国政府华北地震预报试验场项目，德国波恩大学教授、联合国教科文组织顾问、欧洲地球动力学小组执行主席、洪堡基金会委员M.Bonatz教授来地震研究所访问、讲学，考察改装的GS-12重力仪在黄石试验站进行的试验观测。

10月12日至14日

应国家地震局邀请，以东海大学开发技术研究所浅田敏教授为团长的日本文部及测地学审议会代表团一行8人来华与我方商谈两国地震科技合作计划，并分别到四川、陕西、武汉、兰州等地参观访问，于10月12日至14日访问地震研究所。

10月29日至31日

根据中美地震科技合作议定书,我局与美国地质调查局门罗帕克分部负责主办的中美地壳形变与地震学术讨论会在武汉召开。会议由6人组成组委会。美方3人:W. Thatcher(美国地质调查局地震、火山与工程研究办公室构造物理研究室主任),W. Prescott(美国地质调查局门罗帕克分部博士),R. Ware(美国科罗拉多大学博士)。中方3人:所长赖锡安,研究室主任吴翼麟,武汉测绘学院大地系主任陶本藻。中方参会人员45人,美方15人。

11月4日至12月1日

地震研究所李安然赴日本研修地震工程并出席由日本国际协力事业集团(JICA)举办的地震工程讨论会。

11月19日至21日

在武汉193医院召开1986年度地震趋势会商会。

11月

《国家地震局地震工作简报》(第6期)发表题为《应用地震科学的手段为预防与地震类似的自然灾害作贡献》专辑,全面评述了地震研究所科技人员在1985年6月12日发生的长江新滩滑坡灾害监测和成功预报中做出的贡献。

地震研究所以震研发人〔1985〕79号文印发《关于建立地震研究所各类科技干部考绩档案的通知》。

本年

武汉、恩施两台纳入全球大震速报台。

1986 年

2月18日至21日

赖锡安出席在印度台拉登召开的南亚新构造运动国际讨论会。

3月30日至4月20日

国家地震局派出由地震研究所蔡惟鑫、杜为民和国家地震局外事办公室赵晓晨3人组成的仪器工作小组,赴比利时王国和卢森堡大公国执行合作项目。

4月

日本东京大学石井紘教授受笠原庆一的委托,来地震研究所考察,商讨中日地震科技合作事宜。

4月至7月

为执行联合开发计划署项目,兰迎春、杜慧君、聂磊赴美国哥伦比亚大学观象台考察访问。

4月增补高锡铭为学术委员会委员;6月增补唐炳燮为学术委员会委员。

4月25日至5月10日

应国家地震局邀请,比利时皇家天文台台长梅尔基奥尔教授夫妇来华访问,对双边合作的事宜进行了讨论。外宾除在北京有关研究所参观访问外,对陕西省地震局、地震研究所、桂林等地进行了访问并讲学。

5月

应日本东京大学地震研究所笠原庆一教授的邀请,地震研究所吕宠吾、姚骏赴日进行合作研究。

成立地震研究所高、中、初级专业技术职称评审委员会。

5月17日至18日

在武汉召开湖北省地震学会成立大会。

5月22日至24日

国家地震局在武汉召开第一次全国地震系统传感技术研讨会。

6月17日至25日

美国地质调查局(USGS)克拉克(H. E. Clark)和布里泽尔(B. J. Brizzell)为执行中美合作计划,在恩施地震台安装数字化地震仪。

6月23日至27日

吴翼麟出席在西柏林召开的第二届地震预测、地震危险性评定、震情估计及灾害防御会议,并作了学术报告。

7月

受科技部中央引进国外智力领导小组办公室委派,陈昌浩赴美国科罗拉多大学 CIRES 研究所学习双色激光测距仪技术。1988年9月18日回国。

8月14日

比利时菲利普王子在外交部官员、比利时驻华大使陪同下,对地震研究所进行了访问。

8月29日至10月23日

地震研究所刘序俨前往比利时皇家天文台执行合作项目。

9月3日至14日

应国家地震局邀请,卢森堡大公国工程管理局局长、瓦尔弗当日(Walferdange)地球动力学地下实验室主任福利克和夫人,比利时皇家天文台范·隆贝克博士来华访问,就共同合作研制仪器技术问题与地震研究所有关专家学者进行了详细的讨论。

9月24日至1987年1月16日

王启梁由美国系民联合企业有限公司资助,赴美进行大型计算机软件开发技术的进修,接受VAX/VMS系统和技术培训。

10月3日至11月17日

根据地震研究所与德国汉诺威大学的协议,德国汉诺威大学大地测量研究所W.托尔格教授、温策尔(Wenzel)博士、罗德尔(Roder)、许尔(Schnull)一行4人来华进行重力合作观测。他们携带4台LCR-G型重力仪,来武汉完成了重力垂直标定基线的观测工作。

10月15日

由夏治中、叶文蔚、蔡庆福、何易、刘福堂、王林华、左德霖、田书楷、张金通等人与中国船舶工业公司、七〇九所、中国科学院测地所共同研制的DZR-Ⅱ型人造卫星激光测距仪,获国家地震局科学技术进步一等奖。

由吴翼麟、陈德福、罗荣祥、刘国培、李正嫒完成的"中国基本台站定点形变连续观测台网专业技术管理与服务",获国家地震局1983—1985年度科学技术进步三等奖。

由邵占英、余绍熙完成的"光波测距中近地面大气折射率零梯度测定精度",获国家地震局1983—1985年度科学技术进步三等奖。

由兰迎春、李家明、吕宠吾、李平、陈德福、张建民、林穗平等完成的TCM-1型高精度测温仪,获国家地震局1983—1985年度科学技术进步三等奖。

由李瑞浩、陈冬生、杨惠杰、唐流雄完成的"中国比利时固体潮合作观测资料",获国家地震局1983—1985年度科学技术进步三等奖。

由王华钧、古平北、傅辉清、王建华、张征远完成的"激光测量仪器研制及标定实验室的建设",获国家地震局1983—1985年度科学技术进步三等奖。

由游泽霖等协作完成的"地震重力重复测量规范",获国家地震局1983—1985年度科学技术进步三等奖。

10月

国家地震局在北京召开中国地震工作20年学术交流与表彰大会,我局朱煜城、赖锡安、朱仲芬、蔡惟鑫、吴翼麟、李瑞浩、陈德福、周硕愚、谢广林、贾民育等10多人参加了会议。22日,李鹏等国家领导人在中南海会见与会代表并为获得者颁奖,朱仲芬代表海洋重力仪研制项目接受由胡克实颁发的国家科学技术进步二等奖证书。

11月11日至17日

保加利亚科学院地球物理研究所维尼迪科夫(A. Venedikov)教授来地震研究所访问与讲学。

11月27日至12月3日

德国汉诺威大学大地测量研究所西伯(G. Seeber)教授来地震研究所访问、讲学。

11月

为执行中美中国数字化地震台网地震科技合作,美国地质调查局布里泽尔来华,赴牡丹江、海拉尔、恩施地震台检修和标定数字地震观测设备。

12月5日至7日

在武汉193医院召开1987年度地震趋势会商会。

12月10日至20日

德国蔡司厂巴兰斯卡特(Balanskat)先生来地震研究所维修从该厂进口的精密立体坐标仪。

郑松华、何易、杨志杰应香港大同工业设备有限公司总经理黄跃明邀请,赴香港进行考察。

1987 年

1 月

中共湖北省地震局党组以鄂震党函〔1987〕1 号文向国家地震局报送《检查落实知识分子政策的书面报告》。

3 月 24 日至 27 日

湖北省地震学会在武汉召开首届学术讨论会,出席会议代表共 111 名,收到论文 83 篇。

4 月 21 日至 5 月 8 日

比利时皇家天文台杜卡默博士为执行中比地震科技合作计划,应国家地震局邀请来华进行工作访问,与地震研究所的同行就共同使用的潮汐观测数据计算方法进行深入讨论。

5 月 4 日至 12 日

美国地震设备专家布里泽尔为执行中美关于中国数字化地震台网的合作项目来恩施地震台工作。

6 月 22 日

曾心传赴美国普林斯顿大学参加第三届国际土动力学和地震工程会议,并宣读论文。

6 月 23 日

地震研究所蔡惟鑫、谭适龄应梅尔基奥尔教授邀请,赴比利时王国进行合作研究工作。

6月

中共湖北省地震局党组以鄂震党发〔1987〕4号文印发《党组工作任务的通知》。

7月

由夏治中、叶文蔚、蔡庆福、何易、刘福堂、王林华、左德霖、田书楷、张金通等与中国船舶工业公司、七〇九所、中国科学院测地所共同研制的DZR-Ⅱ型人造卫星激光测距仪获1983—1985年度国家科学技术进步二等奖。

8月4日至27日

地震研究所李瑞浩,地球物理研究所陈培善、曾融生一行3人应Larkin教授邀请,赴加拿大参加在温哥华举行的国际大地测量和地球物理协会(IUGG)第十九届全体大会。邵占英也出席了这次会议。

8月18日至20日

国家地震局历史地震专业委员会在河北秦皇岛召开1856年咸丰大路坝地震研究报告会。刘锁旺副研究员详细介绍了1856年咸丰大路坝地震事件的调查和分析结果,放映了震害调查纪录片。评委会确认:"这次地震是构造地震,而不是山崩地震,大规模山崩和滑塌是地震引起的;综合各方面因素和各种方法估计,这次历史地震的震级为$6\frac{1}{4}$级。"这一成果确立了鄂西地区潜在震源区震级上限为$6\frac{1}{2}$级,同时为长江三峡工程框定了中强地震背景值。

8月

地震研究所以震研发办〔1987〕36号文向国家地震局报送《关于地震研究所方向、任务复议情况的报告》。

9月1日至14日

日本东京大学地震研究所石井紘教授和加藤照之博士应地震研究所邀请,来华执行中日地震科技合作协议——地形变合作研究项目,就地震数据的采集和传输等问题进行了研究。

9月30日

由熊继平、丁忠孝、刘锁旺等完成的《湖北省地震史料汇考》，获湖北省首届科学技术进步三等奖。

由印开山完成的"核子旋式分量磁力仪的改装"，获湖北省首届科学技术进步三等奖。

由卜士学、张国元、但尔训等人完成的"锥体棱镜抛光——分离器配重抛光法的应用"，获湖北省首届科学技术进步三等奖。

9月30日至10月30日

瑞士Kern公司R. Leu、W. Scher-Tenleib、R. Fellman 3人应邀来华，在地震研究所进行技术交流。

10月12日至15日

我局在武昌召开地震信息卫星通信网总体技术方案讨论会。

10月13日

由马杏垣院士主编的《中国岩石圈动力学地图集》以及1：400万《中国及邻近海域岩石圈动力学图》，获国家地震局1986年度科学技术进步一等奖。张海根、邹廉介、谢广林等协作完成湖北省分图集。

由曾心传完成的论文《土体介质与结构物的动力相互作用》，获国家地震局1986年度科学技术进步三等奖。

由周硕愚、董慧凤、宋永厚、高文海、韩键等完成的"地震前兆信息资源开发中的系统方法及几项应用"，获国家地震局科学技术进步三等奖。

由刘序俨、李平、李旭东、张雁宾完成的"应变固体潮理论值计算与调和分析"，获国家地震局1986年度科学技术进步三等奖。

10月19日至25日

德国柏林自由大学数学物理研究所沃格尔（A. Vogel）教授应国家地震局地震研究所邀请来研究所进行访问、讲学。

10月22日至26日

日本测量协会会长平井川家恒教授和京都大学中川一郎教授来地震研究

所参观讲学。

11月8日至11日

美国国家宇航局弗林来我局,商谈美国国家宇航局地球动力学办公室与我局开展空间技术合作项目,并签订了意向书。

11月19日至12月4日

保加利亚科学院地球物理专家米哈伊洛夫(D. G. Mihailov)根据中保两国科学院合作协议,来华访问中国科学院地球物理研究所、测量与地球物理研究所,国家地震局地球物理研究所和地震研究所。

11月27日至12月1日

日本水路部航法测地课副课长佐佐木稳(M. Susaki)博士来研究所访问、讲学。

12月1日

地震研究所吴翼麟、兰迎春、陈光齐一行3人应日本东京大学地震研究所石井紘教授邀请,赴日本东京执行中日地震科技合作协定中的1987年的任务。

本年

由蔡惟鑫、谭适龄、杜慧君、吕宠吾、温兴卫等与国家地震局仪器研制厂共同研制成功的SSY-2型石英伸缩仪、SQ-70型石英水平摆式倾斜仪,获国家级科学技术进步二等奖、国家地震局1983—1985年度科学技术进步二等奖。

由朱仲芬、罗星辉、钱跃华、杨惠英、胡义华完成的"高精度重力仪的研制和标定实验室的建设",获国家地震局1983—1985年度科学技术进步二等奖。

1988 年

1月20日至4月9日

地震研究所吕宠吾、蔡亚先应詹茨(G. Jentzech)教授邀请,赴德国执行联合国开发计划署项目井下倾斜仪培训。

1月29日至2月29日

地震研究所吴翼麟应沃格尔教授邀请,赴德国参加国际地震预测会议和国际地球物理探测中模型拟合问题讨论会。

2月12日

13时54分14秒,在松滋县(今宿松县)王家桥(北纬30°31′、东经111°37′)发生 $M_L4.2$ 级*地震,震中烈度Ⅴ度,较强有感。时值年关前夕,由李锡山副局长带队,于次日凌晨3时到达震中,经2天调查和仪器监测,给出明确的趋势意见,迅速平息了谣言,稳定了人心。

2月

向国家地震局报送《关于贯彻科技体制改革的情况汇报》。

4月15日

08时46分26秒,竹山县楼台乡兴旺村一带(北纬32°17′、东经110°16′)发生 $M_L4.0$ 级地震,震中烈度Ⅴ度,震源深度6千米。Ⅴ度区震前一瞬间部分人见到地光,多数人听到闷雷声,随之身体往上抬,震感明显,不少人惊慌外

---

*《湖北地震志》(1990)记为 Ms3.7 级,《湖北省地震志》(2008)按 $M_L=(Ms+1.08)/1.13$ 换算为 $M_L4.2$ 级——编者。

逃;门窗、碗具作响,茶杯、器皿震落摔碎,个别人被震倒;部分房屋出现小裂缝,个别椽条、门窗错位。

震后,省局向省政府汇报了鄂西北存在发生6级地震的历史背景,有发生5级以上地震的可能性,省政府向竹山县传真了意见;在十堰市召开的震情会商上,有人根据地磁异常认为有可能发生7级地震,竹山县科委将此意见整理成会议纪要。

其时,我局以监测处处长王国恒为组长的现场工作组,根据测震交会得出的震源体大小约2千米,认为"不会发生5级以上地震",但该意见未受到重视,加之震后当地应急处置经验不足,竹山县出现短时间人员外流现象,省局领导和监测中心主任迅速赶赴现场听取工作报告,同意现场工作组的震情分析意见,并向省政府上报,社会秩序恢复正常。

6月22日

国家地震局以震发科字〔1988〕275号文,下发《关于对〈搬迁武汉地磁台的请示报告〉的批示》,原则同意报告内容,迁新址重建,并要做好新址观测环境的保护。

6月23日

为执行我国政府和联合国开发计划署"华北地震预报实验场"项目,德国波恩大学詹茨教授来华指导仪器安装工作。外宾除在北京工作外,还到武汉参观访问。

6月28日至7月10日

地震研究所王黎应邀赴日本参加第十六届国际摄影测量与遥感会议。

6月

湖北省科学技术委员会以鄂科函〔1988〕77号文下发《〈关于同意成立特种精密工程测量研究开发中心〉的批复》。

8月11日至9月11日

地震研究所赖锡安、潘明、马才学一行3人赴德国执行与马普学会的合作项目。

8月

由周硕愚编著的《系统科学导引》,由地震出版社出版。

由李瑞浩编著的《重力学引论》,由地震出版社出版。

9月6日至18日

比利时皇家天文台范·隆贝克博士和范·玛克(Van Marke)女士应国家地震局邀请,来华执行中比地震科技合作项目。在黄石固体潮综合观测站与蔡惟鑫等共同工作。

9月16日

以鄂震发办字〔1988〕24号文,将经国务院批准的《发布地震预报的规定》及国家地震局令转发各地、市地震局(办),并要求向同级政府汇报。

9月20日至10月31日

德国汉诺威大学大地测量研究所所长W.托尔格教授等4人来华,与地震研究所共同执行"中德关于在中国云南开展综合大地测量和地震研究合作计划"。

10月7日至18日

国家地震局副局长周锐、地球物理研究所李裕澈、地质研究所副所长曹树民、广东省地震局副局长高承范、国家地震局科技监测司副处长李宣瑚、地震研究所蔡惟鑫和周坤根一行7人,赴比利时参加中比地震科技合作10年双方高层领导人工作会晤及技术交流。

10月8日至9日

省局在武昌召开鄂西及邻区震情趋势研讨会。国家地震局科技监测司、国家地震局分析预报中心、安徽省地震局、河南省地震局、陕西省地震局、湖南省地震办公室及湖北省地震局的领导和有关专家共24人出席了会议。

10月11日至11月

由省局和国家地震局地壳应力研究所牵头的国家"七五"计划重点科技攻

关项目之一"长江三峡人工地震测探"项目完成。该项目根据三峡地区地质构造与地形的具体情况,布置总长为651千米的4条纵剖面(其中四川奉节—湖北江陵观音墙纵剖面长285千米),布设13个炮点,设置500多个观测点,点距1千米~3千米,投入观测仪器187套,共取得观测记录2376张。成果首次揭示了长江三峡地区地壳深部结构。

10月12日

地震研究所召开第一次全国地震趋势研讨会,吴翼麟等5位科研人员利用形变、重力资料对全国重点监视区和潜在危险区的地震趋势提出了分析意见。国家地震局分析预报中心、四川省地震局、兰州地震研究所等单位同行专家也应邀到会。

10月24日至11月3日

美国地震联合研究协会会长史密斯(S. W. Smith)博士应邀来地震研究所访问、讲学,特邀请地震系统14个单位代表参加听课。

10月24日至11月7日

日本东京大学地震研究所石井紘教授和加藤照之博士、名古屋大学山内常生博士3人,为执行中日地震科技合作地形变资料采集、传输与分析研究项目来华工作,在滇西地震预报实验场安装了仪器设备,在武汉与中方科技人员进行学术交流。

11月12日

在宜昌与省地质学会共同举办中国东部新构造运动学术会议。

11月

省地震局召开年度湖北省地震趋势会商会。

12月4日

21时59分19秒,广水市南(北纬31°28′、东经113°46′)发生M_L3.6级地震,震中烈度Ⅳ度,震源深度20千米。

12月5日

中国灾害防御协会湖北分会在武汉成立,副省长梁淑芬任会长,朱煜城任常务副会长。中国灾协湖北分会挂靠省地震局。

12月9日

由胡国庆、姚植桂、曾家升、蔡亚先、郑润魁、童止生、李道忠、刘晓云、张正柏、朱晓平、蒋幼华、许超研制的DZW型微型重力仪通过部级鉴定投入生产。仪器分辨率可达到0.1×10^{-8} ms^{-2},控温精度可达到0.0001℃,仪器精度为$1\sim5\times10^{-8}$ ms^{-2},达到国际先进水平。同年,胡国庆团队获1988年国家地震局科学技术进步一等奖。

由余绍熙、方荣颐、刘正国、陈谦巽、苏新洲完成的我国高精度比长基线场正式投入使用,该基线场是国家计量管理委员会首批认可的国家级基线场,获国家地震局科学技术进步三等奖。

由高锡铭完成的"区域相对重力测量资料分析及重力海潮负荷等问题的研究",获国家地震局科学技术进步三等奖。

12月16日

05时49分33秒,兴山县东北(北纬31°32′、东经110°54′)发生M_L4.0级地震,震中烈度Ⅴ度,震源深度27千米。

12月30日

由古平北等完成的DGY-3型多功能光调制演示仪,获湖北省科学技术进步三等奖。

本年

由刘锁旺、丁忠孝、李愿军、甘家思、史肇建、周明礼、王清云、张俊山完成的"1856年咸丰大路坝地震研究",获湖北省科学技术进步二等奖。

由我局自行设计研制的高精度DG-1型静力水准仪,成功应用于北京电子对撞机工程。

湖北省20个地、市、县共设置160个群测点、宏观点群测网络,地震业余测报员316人。观测手段主要有地磁、地电、电磁波、测震、地下水、气象、动物习性异常等。

1989 年

1月28日

地震研究所高级专业技术职称评审委员会经国家地震局批准进行调整，主任委员邵占英，副主任委员吴翼麟，委员赖锡安、蔡惟鑫、周硕愚、李瑞浩、胡国庆、俞飞鹏、谢广林、李安然、高锡铭。

2月25日

《武钢工人报》一则武汉钢铁（集团）公司按国家规定召开抗震工作会议的正常报道，引起青山区社会广泛猜测，盛传将发生大地震，经及时辟谣宣传才未酿成不必要的损失。

2月至3月

巴东县传闻将发生地震，部分乡镇人员外流，社会秩序一度混乱，影响工作，影响生产，造成一定的经济损失。

4月4日

国家地震局〔1989〕震发人字第091号文《关于建立地震系统内部审计监察机构的规定》，批准我局设立审计监察处，编制3人。

4月20日

18时09分28秒，郧西县上津、关防间（北纬33°04′、东经109°52′）发生$M_L 3.3$级地震，震中烈度Ⅴ度，震源深度5千米。

5月15日

以震研发人字〔1989〕40号文下发《自然科学研究、工程技术、实验技术中级专业技术职称评审办法》。

6 月 22 日

以震研发人字〔1989〕48 号文下发《科技图书、期刊管理条例》《科技档案管理条例》和《科技资料管理条例》。

6 月 27 日

国家地震局以震发人字〔1989〕269 号文对地震研究所调整机构的请示做出批文：同意行政职能部门设办公室、综合计划处、科研处、人事教育处、地震监测处、技术条件处、审计监察处，原计划科研处和物资基建处分别改为科研处和技术条件处；同意成立科技开发部，与科研处合署办公。

7 月 15 日至 24 日

在意大利西西里岛举办国际固体地球物理暑期学校地震预报讲习班，邀请中、美、日、苏四国学者赴会讲学，地震研究所吴翼麟应邀参加国际地震预报会议，并在国际固体地球物理暑期学校讲学。

7 月 28 日至 8 月 9 日

地震研究所李瑞浩赴芬兰赫尔辛基参加第十一届国际固体潮会议，并作学术报告。

7 月 31 日至 8 月 11 日

地震研究所赖锡安、吴亚明和分析预报中心周肃敏、王永力一行 4 人，赴香港执行卫星通信系统引进项目培训。

8 月 7 日

湖北省地震局（地震研究所）以〔1989〕震研发办字 56 号文，印发了《1989年工作部署及有关问题的规定》。

9 月 2 日至 10 月 1 日

地震研究所贾民育、孙和平和云南省地震局邢灿飞，赴德国执行中德大地测量合作计划及重力研究项目。

9月下旬

省局举办了以地、市、县政府主管部门领导参加的历时5天的地震对策研讨会,共有40个单位的50多名代表参加。国家地震局震害防御司王国治副司长、分析预报中心吴开统研究员和中国地质大学叶俊林教授为研讨会讲课。

10月16日至20日

经国家地震局批准,湖北省地震局在广州举办第四届国际地震预测学术研讨会,广东省地震局协办,云南省地震局参加筹办。研讨会由湖北省地震局和联邦德国西柏林自由大学联合发起、筹备、组织,中国、联邦德国、日本、伊朗、孟加拉国、意大利、中国香港等国家和地区的80余位专家参加了会议,联邦德国驻华使馆科技参赞弗兰克·曼专程从北京赴广州出席会议。国家地震局副局长高文学和广东省副省长卢钟鹤出席开幕式并致辞。湖北省地震局吴翼麟研究员为会议筹办负责人。湖北省地震局副局长赖锡安研究员任组委会中方主席,西柏林自由大学沃格尔教授任外方主席。会上宣读论文60余篇,并举办了地震预测成果展览。《中国日报(海外版)》《南方日报》《广州日报》《大公报》、广东电视台等媒体对此次会议作了专题报道。

11月6日至9日

省局在武昌召开1990年度湖北省震情趋势会商会,省政府有关厅、局和各地区(市)地震局(办)、省地震局所属各部门共70余人参加会议。

11月6日至12月4日

地震研究所陈光齐赴日本东京大学进行学术交流。

11月16日

湖北省委直属机关工委以鄂直工任〔1989〕第89号文批准中共湖北省地震局直属机关纪律检查委员会由刘德胜、金世雄、吴从俊、贾平安、陈杏双5人组成,刘德胜任书记,金世雄任副书记。

由王建华、李淑和、吴国镛、陈昌浩、姜景贤完成的DP-86测距仪多用频率计,获国家地震局科学技术进步二等奖。

由吕宠吾、李家明、兰迎春、陈德福、陈光齐完成的定点形变数据采集传输系统,获国家地震局科学技术进步三等奖。

由陈光齐、吴翼麟、李平、李旭东、陈红完成的定点形变数据库及信息处理系统,获国家地震局科学技术进步三等奖。

11月

省地震局召开1991年度湖北省地震趋势会商会。

12月1日至8日

地震研究所谢诚、李家明、吴翼麟、姚骏,云南省地震局刘以奇,国家地震局国际合作司伊志军,科技监测司王秀文一行7人,赴日本执行中日合作项目并举办双边地壳形变与地震讨论会。

12月30日

由曾心传、高士钧、李安然承担的中国科学院科研项目"长江三峡工程对生态环境影响及其对策研究"三级课题"三峡水库诱发地震可能性的研究",获中国科学院科学技术进步一等奖。

12月

应土耳其地震局邀请,吴翼麟率国家地震局代表团赴土耳其参观、访问。

吴兴华赴德国汉诺威大学,收集资料及短期学习GPS(全球定位系统)技术和数据处理。

由胡国庆、姚植桂、曾家升、蔡亚先、郑润魁、童止生、李道忠、刘晓云、张正柏、朱晓平、蒋幼华、许超研制的DZW型微伽重力仪获国家发明三等奖。胡国庆参加授奖大会,受到党和国家领导人接见。

由我局聂磊和水电部长江勘测技术研究所赵全林等人联合研制的大坝垂直位移自动监测系统(VAMS)获水电部二等奖。

本年

丹江口水库管理局投资兴建由4个子台(羊山、仓房、九重、黄庄)、1个中继站(羊山)和1个台网中心(汉江集团局直山顶上)组成的无线传输模拟遥测地震台网,丹江口水库区监测能力达$M_L \geqslant 1.0$级。

1990 年

1 月 4 日至 14 日

地震研究所郭颂、张建华、戚克军等赴香港参加卫星通信系统引进技术培训。

3 月 15 日至 4 月 17 日

王启梁等 5 名科技人员携 3 台 GPS 接收机与国家测绘局、国家海洋局组成联合作业组,完成了南海岛礁的定位及其与大陆的联测。这是我国首次利用双频 GPS 接收机对南海岛礁进行高精度定位测量,把刻有"中华人民共和国"字样的测量标石和考察纪念碑竖立在祖国领土的南沙群岛。

3 月 27 日

湖北省副省长韩南鹏在省科委副主任李连和等陪同下来我局检查工作,并在湖北省地震监测会议上讲话,参观了实验室和武昌地震台。

第二届全国诱发地震研讨会在武昌召开,来自全国 60 余位专家学者参会。

4 月 18 日至 6 月 1 日

为执行国家地震局和德国马普学会联合资助项目,地震研究所与汉诺威大学大地测量研究所共同实施综合大地测量计划。德国汉诺威大学大地测量研究所卢迪格·罗德、鲁格·迪曼、曼费莱德·舒努尔、斯特芬·圣德一行 4 人,在滇西、武汉、北京完成绝对和相对重力测量。

5 月 14 日至 23 日

德国汉诺威大学大地测量研究所 W. 托尔格教授为执行中德综合大地测

量合作计划来华,检查先期来华在滇西进行联合重力测量的德方小组的工作,并与地震研究所就合作项目进一步进行磋商。

5月21日

国家地震局以震发人〔1990〕188号文,对地震研究所调整、充实学位评定委员的请示做出批示,组成新的学位评定委员会。主任赖锡安,副主任吴翼麟,委员邵占英、张海根、周硕愚、李瑞浩、胡国庆、高锡铭,秘书陈发荣。

5月25日

国家科委常务副主任李绪鄂在湖北省副省长韩南鹏、省科委主任何忠发和武汉市科委副主任鄢祖林等人的陪同下,视察了地震研究所地震仪器厂。

7月15日至31日

地震研究所李瑞浩赴加拿大约克大学访问、讲学。

7月29日

受中国地震学会委托,由湖北、湖南两省地震局(办)共同筹办的"第八届全国青少年地震科学夏令营"在湖北宜昌开营(共有营员117人),湖北省地震局副局长李锡山和湖南省地震办李运2人任营长。8月5日在湖南张家界闭营。

8月3日至15日

李瑞浩在从加拿大返国途中应中川一郎之邀,赴京都大学进行海潮负荷效应讲学。其间,参加了在日本金泽召开的国际地震与火山讨论会,并作学术报告。

9月6日

国家地震局以震发科〔1990〕356号文下发《关于我局参加南海岛礁联测工作情况暨嘉奖有关人员的通报》,通令嘉奖地震研究所王启梁、潘明、王琪、华小伟、游新兆5位同志。

9月21日

地震研究所以震研发人〔1990〕82号文下发《自然科学研究、工程技术、实验技术高级专业技术职称评审办法》。

9月

周硕愚参加由国家地震局组团在苏联加尔姆国际地震预报试验场召开的中苏地震预报学术研讨会,并作学术报告。

10月10日

第一个国际减灾日,受湖北省政府办公厅委托,湖北省地震局主持召开湖北省"国际减灾十年"座谈会,副省长张怀念讲话。

11月1日

省地震局以鄂震发字〔1990〕39号文印发《湖北省地震局(地震研究所机关)工作人员廉政、勤政的暂行规定》。

11月2日

由杜为民、谭适龄、高平、潘方位、蔡惟鑫完成的北京正负电子对撞机工程静力水准测量系统,获国家地震局科学技术进步三等奖。

11月14日至21日

美国国家宇航局地球动力学办公室首席科学家巴尔塔克(M. Baltuck)博士应邀来地震研究所,就人卫激光测距资料交换及其他合作事宜进行磋商。

12月4日至7日

国家地震局科技监测司在我局(所)召开国家地震局地方地震观测技术调研会,共有30家单位的40名代表到会。

12月13日至22日

日本东京大学地震研究所石井紘教授等一行3人,应邀来地震研究所,共同总结中日第一期地形变科技合作情况,并商谈进一步合作事宜。日方向地震研究所提供一个分量水管倾斜仪,安装在宜昌地震台。

12 月

我局聂磊和水电部长江勘测技术研究所赵全林等联合研制的大坝垂直位移自动监测系统,获国家科学技术进步三等奖。

由傅辉清、齐乘光、宋小平、崔行顺、宁金忠研制的"JJZ 大地仪器计量标准",获国家地震局科学技术进步三等奖。

由李道中、蒋幼华研制的 SCM-Ⅱ型自动数据记录仪,获湖北省科学技术进步三等奖。

由陈德福、张建民、冯留意、陈伟民研制的 DQG 型综合监控仪,获湖北省科学技术进步三等奖。

由谢广林、李志良、胡庭辉、朱源明、余步厚、孔凡键、蒋蔺珍、古成志、周秀琼完成的《中国主要活动断裂带卫星影像图集》,其英文版(1989 年由科学出版社出版),获国家地震局科学技术进步二等奖。

本年

我局承担三峡地区链子崖和黄蜡石地质灾害防治方案可行性研究中的工程地震研究,成立了 40 余名科技人员参加的专题研究组,年底提交了 16 万字的综合研究报告及其附件。该研究报告经湖北省地震局烈度委员会和国家地震局烈度委员会审查批准,已正式提交工程部门使用。

1990 至 1991 年

曾心传在意大利米兰工业大学作访问教授。

1991 年

1 月 9 日

国家地震局以震发科〔1991〕028 号文批准《湖北省地震观测台网调整优化方案》。

2 月 21 日

国家地震局党组以震发党〔1991〕008 号文下发《关于丁朝晖同志任职的通知》:丁朝辉任中共湖北省地震局党组副书记。

3 月 14 日至 15 日

湖北省第二次地震工作会议在武昌召开。国家地震局局长方樟顺、湖北省副省长韩南鹏、省科委副主任王宗贤出席会议并讲话。

3 月 30 日至 4 月 21 日

地震研究所蔡惟鑫、周坤根和国家地震局国际合作司陈洪飞等,为执行中-比-卢合作研究项目,赴西班牙考察了西班牙莱斯诺德地球动力学实验室、比利时皇家天文台和卢森堡欧洲地球动力学与地震研究中心。

4 月 16 日

卢森堡授予中、德、法、比等国 8 名科学家国家荣誉勋章——骑士荣誉勋章,我局(所)蔡惟鑫获得该荣誉勋章。

4 月 17 日

16 时 04 分 43 秒,长阳县都镇湾(北纬 30°30′、东经 110°54′)发生 $M_L 4.2$ 级地震,震中烈度Ⅴ度。

5月2日

省局召开1991年台站工作会议,贯彻湖北省第二次地震工作会议精神。

5月15日

中共湖北省委省直机关工作委员会以鄂直工任〔1991〕33号文下发《关于改选中共湖北省地震局直属机关委员会的批示》,同意党委由11人组成,丁朝晖任书记,刘德胜、黄社珍任副书记。同日,中共湖北省委直属机关工委以鄂直工任〔1991〕34号文下发《关于改选中共湖北省地震局直属机关纪律检查委员会的批示》,同意纪委由5人组成,朱代远任纪委书记。

5月24日

国务院总理李鹏签发荣誉证书:"武汉地震研究所,在荣获国家科学技术进步特等奖的北京正负电子对撞机建设中作出贡献,特发此证予以表彰。"

6月5日

中共湖北省地震局党组纪检组和直属机关党委为进一步贯彻中共中央纪委《关于加强党风和廉政建设的意见》,以鄂震发党〔1991〕44号文做出《关于加强党风和廉政建设教育的安排意见》。

6月29日

03时58分,湖北秭归县鸡鸣寺发生大滑坡,60多万平方米土石从300米高处呼啸而下,掩埋105亩农田、76间房屋,损坏房屋219间,造成约153万元的直接经济损失。我局根据省政府秘书长5月30日"请省地震局密切注意这一地区变化和加强指导"的批示,先后派出王清云、姚运生2人和由周明礼、王清云、姚运生组成的专家组,协助地方政府工作,做出了短期临滑意见。由于事先有预报和正确的决策,险区内1126人无一伤亡。

7月5日

地震研究所以震研发人〔1991〕53号文印发《关于调整地震研究所职称改革领导小组的通知》,调整后,朱煜城为组长,邵占英为副组长,陈发荣为秘书兼办公室主任。

湖北省直属机关工会工作委员会以鄂直工组〔1991〕23号文下发《关于省地震局工会工作委员会组成人员的批示》，同意工会工作委员会由11人组成，蒋瑞来任主任，张国元任副主任。

7月22日至28日

湖北省地震局、中国灾协湖北分会、湖北省地震学会、武汉市地震办公室联合举办纪念唐山地震15周年地震科普知识宣传教育活动周，在武汉三镇开展了有各级政府领导参加的各种纪念活动。

7月24日

国家地震局人事教育司以震人编〔1991〕182号文批准武汉地震中心台按正处（县）级配备领导干部，享受正处级待遇。

7月27日

我局在洪山礼堂主持召开湖北省纪念唐山地震15周年座谈会。省政府秘书长肖传荣、省科委副主任泽裕民、省科协秘书长栗逃生等在会上发言，要求全社会重视地震工作。

8月1日至9月1日

地震研究所徐菊生、王琪赴德国执行中德科技合作观测资料处理研究。其间，赴奥地利出席第二十届IUGG大会。

8月8日至16日

美国国家宇航局地球动力学计划副主任德格南（J. Degnan）来地震研究所访问、讲学。

8月10日至13日

日本地震调查所地震构造研究室主任依笠善博博士访问地震研究所，介绍日本在该领域的研究状况。

8月10日至24日

邵占英出席第二十届IUGG会议。

8月15日至22日

地震研究所陈文明赴香港接受卫星通信设备使用培训。

9月16日

国家地震局党组以震发党〔1991〕发046号文下发《关于蒋富等二同志职务任免的通知》,蒋富任中共湖北省地震局党组成员、纪检组组长,免去邵占英同志兼任的纪检组组长职务。

9月29日

国家地震局人事教育司以震人〔1991〕225号文下发《关于重新组建高级专业技术职称评审委员会报告的批示》,同意我局由邵占英等25人组成新的评委会,原评委会自行解散。

国家地震局人事教育司以震人〔1991〕237号文下发《关于重新组建中级专业技术职称评审委员会报告的批示》,同意我局由郑松华等25人组成新的评委会,原评委会自行解散。

10月11日至11月14日

德国汉诺威大学大地测量研究所克·万尼格(K. Wanninger)、奥·魁格(O. Kruger)和沃·彼得(V. Boder)一行3人,为执行中德合作项目,与地震研究所、云南省地震局和国家地震局第二形变监测中心,共同完成了滇西实验场GPS网第二期测量任务,共18个点,60余条边。

10月12日

共青团湖北省省直机关工作委员会以鄂直青组〔1991〕23号文下发《关于共青团湖北省地震局第三届委员会的批示》,同意团委由熊伟等5人组成,熊伟任团委副书记。

10月22日至26日

地震研究所夏治中赴香港参加东南亚地区地震学术讨论会并宣读论文。

10月22日至30日

应国家地震局邀请,西班牙天文大地测量研究所所长维尔哈(R. Vleira)一行来华,执行中西地震科技合作计划。在华期间,与地震研究所专家就形变测量、地球动力学等方面开展合作研究进行讨论;确定由地震研究所为西班牙天文台提供高精度长基线水管倾斜仪,用于Lanzarote地球动力学实验室的观测和研究。

10月23日

由夏治中、叶文蔚、蔡庆福、郭唐永、夏炯煜、王华林、谭业春、刘汉钢等15人团队研制的DZR-Ⅲ型厘米级卫星测距仪,获国家地震局科学技术进步一等奖。

由李瑞浩、陈益慧、陈冬生、贾民育、李辉研发的重力学科预报地震方法指南及实用软件系统,获国家地震局科学技术进步三等奖。

由陈德福、李正媛、罗荣祥、刘国培、张建民完成的《中国部分地倾斜台站观测资料汇编》,获国家地震局科学技术进步三等奖。

由我所陈步云与其他单位陈学波等合作完成的"长江三峡坝区及外围深部构造特征研究",获国家科学技术进步三等奖。

10月25日

地震研究所孙和平赴比利时皇家天文台进行为期1年的进修学习。

10月28日至31日

美国国家宇航局戈达德空间飞行中心地球物理学家赵丰博士访问地震研究所,并作学术报告。

11月9日至23日

为执行中比地震科技合作计划,比利时皇家天文台范·隆贝克博士来华,与地震研究所就安装在中国的ORBES各种仪器所得的结果进行评价;对SSY-Ⅱ型伸缩仪改进和对ORBES-81的升级换代开展工作。同时,传达了卢森堡驻华大使参观地震研究所的意向。

11月11日

地震研究所伍吉仓赴香港理工学院进行为期半年的协作研究。

本年

湖北省有地、市、州、县地震局(办)36个,其中地、市、州局(办)11个,县地震局(办)25个,负责组织管理本地区的地震监测预报、科普教育与地震宣传、工程地震、震害预测与社会防灾等工作。

湖北省地震局承担清江隔河岩水利枢纽遥测地震台网的建设任务,包括建7个子台和1个中继站的选址、征地、土建及设备购置、安装、调试、台网运行管理、观测资料处理、人员培训等。台网建成后,可以监测到水利枢纽区的微震活动,地震定位精度达到一类水平。

1991至1992年

曾心传在日本东京理科大学建筑工程系作客座教授。

1992 年

1 月 18 日至 24 日

香港理工学院土地与测量中心主任 Anan Brimicambe 和邓康伟博士来地震研究所访问。

1 月 21 日

国家地震局以震发人〔1992〕023 号文下发《关于享受一九九一年政府特殊津贴人员及有关事宜的通知》,根据人事部人专发〔1991〕12、16 号文件通知,我局赖锡安获准享受政府特殊津贴,每月 100 元,从 1991 年 7 月开始发放。

2 月 10 日

国家地震局人事教育司通知,聘请地震研究所邵占英、赖锡安 2 人为国家地震局科研系列高级专业技术职称评审委员会委员,任期 2 年。

3 月 27 日

湖北省直属机关工会工作委员会以鄂直工文〔1992〕11 号文发布《关于表彰省直机关优秀女职工、先进女职工干部、先进女职工委员会的决定》,省地震局聂磊被评为优秀女职工,受到表彰。

3 月 30 日至 4 月 1 日

湖北省地震局在武昌召开全省地市、州、县地震局(办)局长(主任)会议,省科委副主任胡凌到会并讲话。

3月

俄罗斯莫斯科测绘大学教授内依门来地震研究所,就有关申办去俄罗斯大学攻读硕士、博士的资格,申请方法等内容举办了讲座。

应邵占英邀请,莫斯科测绘大学代表团来地震研究所介绍空间技术在大地测量及地球物理研究中的应用。

4月2日

国家地震局人事教育司以震人〔1992〕099号文下发《关于郑松华同志任职的批示》,同意郑松华任湖北省地震局副局级调研员。

4月10日

中共湖北省委保密委员会以鄂保〔1991〕2号文发布《关于表彰全省保密工作先进单位和先进个人的决定》,我局时同连被评为先进个人。

4月22日至6月5日

德国汉诺威大学大地测量研究所罗得尔(R. Roder)博士等4人来华执行合作项目,与地震研究所贾民育等7人,在昆明、滇西地震预报实验场和北京香山地震台就共同完成中德合作第2期重力测量任务进行了商谈。

4月24日

湖北省人民政府以鄂政发〔1992〕43号文发布《省人民政府关于命名表彰湖北省劳动模范的决定》,我局胡国庆荣获劳模称号。

4月27日至5月1日

为执行中-比-卢科技合作计划,地震研究所蔡惟鑫、谭适龄与国家地震局国际合作司陈洪飞3人赴西班牙、比利时、卢森堡进行访问,共同讨论地壳变动观测技术用于工程及灾害监测研究、固体潮形变仪器的改进和仪器安装及资料分析等问题。

5月3日

国家地震局保密委员会以震密〔1992〕003号文发布《关于表彰地震系统

保密工作先进集体和先进工作者的通报》,我局保密委员会为先进集体,时同连为先进工作者。

5月5日至18日

台湾两岸发展研究基金会访问团李咸享一行10人参观了地震研究所。

5月17日至25日

地震研究所夏治中、叶文蔚2人赴美国参加第八届激光测距仪器专业会议。

5月22日至6月5日

国际大地测量协会主席、德国汉诺威大学W.托尔格教授偕夫人,应地震研究所邀请来华进行学术访问与交流,并商讨中德合作总结及下一步合作意向。

5月25日至26日

应地震研究所邀请,奥地利气象与地球动力学研究所斯坦豪森教授来华,就有关重力测量应用于地震预报研究方面进行讲学交流。

5月29日

国家地震局科技监测司震科〔1992〕035号文《对"关于申请建立三峡大坝区地震前兆综合观测站的报告"的批示》,同意宜昌市地震局在坝区建立地震前兆综合观测站的报告。

6月10日

我局(所)以鄂震发办〔1992〕048号文印发了《湖北省地震局、国家地震局地震研究所机关职能部门工作职责》。

6月14日至21日

地震研究所吴翼麟、陕西省地震局冯希杰2人应邀赴土耳其执行中土地震科技合作"滑坡监测"合作项目。

6月22日

地震研究所以震研发人〔1992〕050号文印发《自然科学研究、工程技术、实验技术高级专业技术职称评审办法》(1992年修订稿)。

6月27日

地震研究所伍吉昌赴香港理工学院，参加"交互式具有分析和高级后验数据统计分析的测量数据处理软件包"的研究工作。

6月30日

湖北省科委党组以鄂科发〔1992〕028号文下发《省科委党组关于表彰党风建设先进集体和先进个人的决定》，我局党组书记、局长朱煜城被评为党风建设先进个人。

7月25日至31日

为纪念唐山地震16周年，我局举办了"地震科普知识宣传周"活动，省电视台、省人民广播电台、湖北日报等新闻单位分别于7月25日、28日、29日进行了地震工作综合报道。

8月5日

省政府办公厅以鄂政办发〔1992〕48号文将《湖北省破坏性地震应急反应预案》印发各地区行政公署，各市、州、县人民政府和省政府各部门。

8月16日至22日

地震研究所赖锡安赴香港，参加由美国地球物理联合会举办的西太平洋国际地球动力学会议。

9月5日

地震研究所以震研发办〔1992〕号文印发《国家地震局地震研究所（湖北省地震局）关于深化改革的若干意见》，并贯彻执行。

9月8日至20日

比利时皇家天文台台长巴盖(P. Paquet)教授应邀来华，商讨中比地震科技合作，并访问地震研究所和中国科学院测量与地球物理研究所，参观黄石固体潮综合观测实验站。

9月12日

中华人民共和国科学技术委员会以国科发情字〔1992〕612号文下发《关于奖励和表彰全国科技情报系统优秀成果和先进工作者的通知》,地震研究所杜桂芳为先进工作者,受到全国科技情报工作会议通报表扬。

9月19日

国家地震局以震发人〔1992〕299号文下发《关于聘任国家地震局第三届科学技术委员会委员的通知》,地震研究所胡国庆、赖锡安2人被聘为委员。

9月26日至31日

地震研究所赖锡安赴香港理工学院讲学。

10月21日

地震研究所以鄂震发监〔1992〕086号文印发了《湖北省地震系统震情应急反应实施方案》。

10月23日

湖北省物价局、省财政厅以鄂价费字〔1992〕243号文印发了《地震安全性评价收费暂行办法》。

10月25日至28日

国家地震局在桂林召开纪念《中国地震年鉴》创刊十周年暨第四次工作会议,地震研究所胡朝明被授予"《中国地震年鉴》优秀特约撰稿人"荣誉证书。

11月1日至14日

地震研究所秦小军赴古巴考察地震研究工作。

11月4日

由吴翼麟、李孟聪、李旭东、陈绍绪、陈光齐、李平、刘序俨、杨军、白大伟完成的定点形变预报地震方法指南及其软件系统,获国家地震局科学技术进步二等奖。

11月9日

国家地震局以震发科〔1992〕348号文下发《关于奖励、表彰科技情报优秀成果及先进工作者的通知》，地震研究所"1856年湖北省咸丰大路坝地震的声像研究"获三等奖，杜桂芳、万巨发为先进工作者。

11月11日至12日

美国加州理工学院地震实验室艾伦（C. R. Allen）教授应李安然邀请，来华进行学术交流。

11月19日至23日

美国国家海洋与气象总局Wayne Fischer博士应地震研究所邀请，来华访问并探讨技术合作意向。

12月30日

湖北省地震局、湖北省城乡建设厅以鄂震发〔1992〕105号文联合报告省政府，要求印发国家地震局、建设部关于发布《中国地震烈度区划图（1990）》和《中国地震烈度区划图（1990）使用规定》的通知。

本年

由李瑞浩、江先华、孙和平、胡延昌完成的"弹性地球海潮负荷效应研究（含效应软件系统）"，获国家地震局科学技术进步二等奖。

由周明礼、曾心传、于品清、严尊国、杨淑贤、王清云、龚平完成的"清江隔河岩水利工程地震综合研究及高坝洲水利工程地震地质基础研究"，获湖北省科学技术进步二等奖。

由周硕愚、吴云、孙建中、张荣富、施顺英、陈子林、黄清华组成的"首都圈地壳形变追踪小组"，被国家地震局评为"1992年度地震分析预报与地震现场工作优秀集体"。

1993 年

1月8日

根据人事部人专发〔1993〕22号通知,国家地震局以震发人〔1993〕009号文发布《关于获准享受一九九二年政府特殊津贴人员的通知》,湖北省地震局(地震研究所)吴翼麟、夏治中、胡国庆3人享受100元档政府特殊津贴;李瑞浩、邵占英、俞飞鹏、周硕愚、蔡惟鑫、李树德、谢广林、李安然、徐菊生9人享受50元档政府特殊津贴。

根据人事部人专发(1992)21号通知,国家地震局以震发人〔1993〕010号文发布《关于1992年有突出贡献的中青年专家审批结果的通知》,地震研究所胡国庆被批准为1992年有突出贡献的专家。

1月13日

成立湖北省灾害防御研究中心,聘请蔡惟鑫任中心主任。中心直属省地震局领导。

1月14日

湖北省直属机关工会工作委员会以鄂直工文〔1993〕第2号文发布《关于表彰先进工会集体、优秀工会工作者和优秀工会工作积极分子的决定》,省地震局蒋瑞来被评为优秀工会工作者,陈杏双被评为优秀工会工作积极分子。

2月2日

湖北省地震局、湖北省城乡建设厅以鄂震发办字〔1993〕006号文联合转发国家地震局、建设部关于发布《中国地震烈度区划图(1990)》和《中国地震烈度区划图(1990)使用规定》。《湖北省地震烈度区划图(1977)》停止使用。

2月15日

国家地震局以震发人〔1993〕045号文发布《关于表彰地震系统审计监察工作先进集体和优秀审计、监察工作者的决定》,我局(所)审计监察处为先进集体,王占庭为优秀审计工作者。

2月26日至8月6日

荣建东应美国联邦内政部调查局金继宇教授邀请赴美进行断层气观测研究。

3月18日

湖北省地震局批准成立具有独立法人资格的武汉现代测绘工程公司,属全民所有,独立核算。

4月29日

国家地震局科技监测司以震科〔1993〕030号文发布《关于成立地震监测系统各科技术协调组的通知》,地震研究所所长赖锡安为地壳形变学科技术协调组组长,陈德福为秘书,夏治中、蔡惟鑫、吕宠吾、魏望生为成员;徐菊生为数据信息技术协调组成员。

5月24日至29日

美国匹茨堡大学地质科学系主任、著名地震和地质灾害预测学家H.安德尔逊及其助手谢觉民,应地震研究所邀请,就地震和地质灾害预测等进行学术交流。

5月25日至6月2日

欧洲地球动力学和地震学中心主任弗利克来地震研究所执行中-比-卢合作项目,并顺访上海市地震局。

5月30日

18时28分10.1秒,长阳县资丘巴山(北纬30°19′、东经110°58′)发生M_L 3.3级地震,震中烈度Ⅳ度,震源深度3千米。属水库蓄水诱发地震。隔河岩水库于1993年4月开始蓄水,立即产生大量微震,主要分布于资丘至都镇湾库段,最大为此次 M_L 3.3级,$M_L \geq 3.0$ 地震5次,至1997年末活跃期结束,绝大多数属岩溶塌陷型地震。

6月1日

湖北省城乡建设厅和湖北省地震局以鄂建〔1993〕147号文联合发出《关于建筑场地地震地面运动评价工作中有关问题的通知》,并公布地震研究所等为建筑场地地震安全性评价第一批单位。

6月9日至7月30日

地震研究所高伟民赴卢森堡进行合作研究。

6月12日

国家地震局以震发人〔1993〕156号文发布《关于湖北省地震局领导班子换届的通知》,新的领导班子由赖锡安任局(所)长,高锡铭、刘正国任副局(所)长,任期4年。免去朱煜城的局(所)长职务,免去邵占英的副局(所)长职务。

国家地震局党组以震发党〔1993〕015号文发布《关于赖锡安等五同志职务任免的通知》,赖锡安同志任中共湖北省地震局党组书记,高锡铭、刘正国2位同志任中共湖北省地震局党组成员。免去朱煜城同志的党组书记职务,免去邵占英同志的党组成员职务。

6月23日

地震研究所成立国家地震局地震研究所工程勘察测试中心,直属研究所领导,聘殷志山为中心主任。

6月24日

咸宁(南川)地方地震台通过省局验收,同年11月纳入湖北省地震监测台网,结束了自1986年撤销蒲圻地震台后、我省鄂东南地区缺失地震台的窘况。该台随后在监测7月25日至8月17日咸宁温泉 M_L 4.1级地震序列中发挥了重要作用。

7月15日

我局以鄂震发人〔1993〕043号文印发《关于机关精减调整,合并更名的通知》,调整后机构为办公室、科学技术处、灾害防御处、人事教育处、计划财务处、条件资产处、审计监察处(纪委与该处合署办公)、机关党委(工会、团委与机关党委合署办公)。

7月24日

国家地震局评出首届"地震科技新星"18名,我局(所)郭唐永被授予"一九九二年度国家地震局科技新星证书",并晋升一级工资。

7月25日至8月17日

咸宁市南郊龙潭乡白鹤村、大泉口村和古田乡程益桥村发生了$M_L \geqslant 1.0$地震326次。其中$M_L \geqslant 2.0$地震50次,$M_L \geqslant 3.0$地震6次(见表)。最大震级为7月30日01时58分20.8秒的$M_L 4.1$级地震,震中烈度Ⅵ度。Ⅵ度区内大量房子掉瓦,民房、校舍和企业、政府单位住房、库房有千余间或震裂或老裂纹增大。其中,轻微、中等和较严重破坏分别占比60%、30%和9%,倒塌和接近倒塌房屋5间。死1人,伤1人。地震直接经济损失860万元。根据破坏区范围和有感面积判定,主震震源深度约3千米,其他地震大部分小于3千米;微震震源绝大多数接近地表。地震趋势判定认为有发生5级地震的可能性,加之当地缺乏应对经验,造成人员恐慌外流,为时月余。

1993年7月咸宁$M_L \geqslant 3.0$级地震目录(据杨福平等,2001)

序号	发震时间					震中位置		震级	h
	月	日	时	分	秒	纬度	经度	(M_L)	(km)
1	7	25	14	53	4.7	29°53′	114°10′	3.1	
2	7	25	16	18	25.6	29°48′	114°15′	3.0	
3	7	25	22	03	51.0	29°48′	114°17′	3.4	3
4	7	28	23	56	41.7	29°49′	114°16′	3.0	
5	7	30	01	58	20.8	29°49′	114°15′	4.1	3
6	7	30	04	48	34.8	29°46′	114°10′	3.2	4

7月27日

地震研究所以震研发〔1993〕050号文批准成立武汉三维科技开发总公司。总公司为独立核算、全民所有制,法人代表万巨发。

8月3日

湖北省人民政府办公厅鄂政发〔1993〕44号文通知各地区行政公署,各市、州、县人民政府,省政府各部门,为加强湖北省的防震减灾工作,经省政府同意,成立湖北省防震减灾工作领导小组。组长韩南鹏(副省长),副组长孙樵声(省政府副秘书长)、赖锡安(省地震局局长),成员14名。小组下设办公室,办公室主任由小组成员、省地震局副局长高锡铭兼任。

8月3日至5日

地震研究所孙和平、陈德福参加第十二届国际地潮学术讨论会。

8月8日至11日

西班牙天文大地测量研究所所长维尔哈教授及托洛博士、拉蒙博士在参加武汉国际地壳动力学仪器与观测技术研讨会期间,在地震研究所就地壳形变观测资料的传输与采集进行合作研究。

8月9日至14日

由维尔哈、范·隆贝克和蔡惟鑫联合发起,国际地球动力观测技术与仪器委员会和国家地震局地震研究所共同主办的国际地球动力学观测仪器与观测技术研讨会在武汉召开,共有20名专家、学者参会。会议期间,代表们参观了黄石固体潮综合观测实验站和宜昌地震台,并考察了长江西陵峡地区的地质灾害现场。

8月12日至16日

比利时皇家天文台范·隆贝克博士与冰岛火山研究所霍德多尔逊工程师,在参加国际地球动力学观测仪器与观测技术研讨会后,在地震研究所测试并标定仪器。

8 月 15 日至 20 日

日本京都大学地球物理和重力学家中川一郎在参加北京举行的国际固体潮学术会议后,顺访地震研究所。

9 月 9 日

国家地震局以震发人〔1993〕242 号文发布《关于表彰优秀教师和优秀教育工作者的决定》,地震研究所范春琳为优秀教育工作者。

9 月 10 日

我局以鄂震发〔1993〕053 号文批准成立湖北三乐实业总公司。总公司为独立核算、全民所有制,法人代表贾平安。

10 月 12 日

湖北省测绘学会鄂测会字〔1993〕15 号文下发《关于公布湖北省测绘学会各专业(工作)委员会委员名单的通知》,省地震局李树德任测绘仪器专业委员会主任委员,贾民育、吴翼麟、赖锡安分别任大地测量专业委员会、工程测量专业委员会和学术委员会副主任委员,虞廷林、李志良、余慎武、邢灿飞、余绍熙为相关专业委员会委员。

10 月 24 日至 11 月 3 日

澳大利亚新南威尔士大学测量学院布鲁勒教授应地震研究所邀请,就 GPS 在地壳形变及地震研究中的应用问题进行学术交流。

10 月 26 日

由周硕愚、吴云、宋永厚、刘放、韩键完成的"应用系统科学研究大陆地震前兆与地震预报",获国家地震局科学技术进步三等奖。

10 月 29 日

地震研究所以震研发〔1993〕063 号文下发《关于我所公有住房出售的有关规定》。

10月29日至11月2日

地震研究所蔡亚先、高士钧、吴亚明随陈章立团长赴日本参加东亚地震讨论会。

11月2日至5日

国家地震局在武汉召开部分经济发达、人口稠密省市地震应急对策研讨会,上海、安徽、江西、浙江、河南、广西、湖南、湖北八省(直辖市、自治区)地震局(办)主管震情的局长(主任)和分析预报中心(室)主任参加了会议。湖北省政府副秘书长孙樵声、省科委副主任胡凌到会并讲话。

11月3日

国家地震局人事教育司以震人〔1993〕311号文发布《关于表彰"国家地震局防震减灾宣传工作先进单位"的通知》,我局被评为"国家地震局防震减灾宣传工作先进单位"。

11月25日至27日

召开首届职工代表大会,审查通过了《地震研究所整体改革方案的说明》《分房方案的说明》及《财务形势的汇报》等。

12月5日至14日

地震研究所李瑞浩、黄建梁、赖锡安赴日本参加第八届国际现代地壳运动会议。会后,赖锡安顺访东京大学地震研究所和京都大学地球物理部。

本年

清江水电开发公司投资兴建由7个子台(鸡公山、方家湾、观坪、刘家包、落雁山、土堰子、马鞍山)、2个中继站(观坪、金子山)和1个台网中心(隔河岩水电厂调度大楼)组成的无线传输模拟遥测地震台网,同时在坝体廊道内安装了3套强震观测系统。隔河岩水库区地震监测能力达$M_L \geqslant 0.5$级。隔河岩水库地震台网由省地震局负责运行管理。清江台台长为黄仲,组员为张辉、王明贵。

由陈德福、吴翼麟、罗荣祥、刘国培、李正媛、张建明、林穗平、沈建华、李晓军完成的"中国地倾斜台基本台网技术改造与综合效能",获国家地震局科学技术进步二等奖。

由胡瑞华完成的"中国地震面波震级量规函数的比较研究",获国家地震局地震研究科学技术进步三等奖。

由李安然、秦小军、严尊国、王清云、韩晓光、陈步云、徐卓民、周明礼、于品清完成的"长江三峡地区链子崖黄蜡石地质灾害体工程地震研究",获湖北省科技进步二等奖。

由虞廷林等完成的"新滩链子崖地质灾害体防治国家测量控制点的建立与地形图测绘",获湖北省科技进步三等奖。

1994 年

1月13日

国家地震局震以发人〔1994〕007号文发布《关于获准享受1993年政府特殊津贴人员的通知》,湖北省地震局(地震研究所)享受100元档的有高锡铭,晋升100元档的有李瑞浩、周硕愚、邵占英;享受50元档的有曾心传、贾民育、王建华、蔡庆福、张世照、蔡亚先、朱煜城、郭唐永。津贴从1993年10月起发放。

1月14日

国家地震局以震发科〔1993〕345号文发布《关于表彰1993年度地震监测预报先进单位、先进个人、优秀集体和授予有贡献的地震预报专家称号的通知》,国家地震局地震研究所为10个"先进单位"之一。

1月22日

我局以鄂震发防〔1994〕005号文通知竹山县人民政府,同意竹山地震台通过检查验收,正式列入湖北省地方地震台站。

3月3日

为理顺公司与研究所以及有关职能部门之间的关系,地震研究所以震研发〔1994〕015号文发布《关于武汉三维科技开发总公司有关问题的决定》。同日,国家地震局地震研究所以震研发〔1994〕016号文发布《关于湖北三乐工贸总公司有关问题的决定》。

3月9日

地震研究所以震研发〔1994〕021号文印发《地震研究所专业技术人员实

行定额管理及有关政策的若干规定》。

3月18日

中共湖北省委组织部、湖北省人事厅以鄂人号〔1994〕36号文发布《关于杨铸等277名同志为1993年度湖北省有突出贡献中青年专家的通知》,我局夏治中、李瑞浩2人被评为1993年度湖北省有突出贡献的中青年专家,调高一档职务工资。

3月20日

地震研究所以震研发人〔1994〕031号文印发《关于我所(局)研究机构调整的通知》,根据研究所的综合改革方案,经研究所学术委员会讨论通过,将研究机构调整为6个研究室、4个研究中心。

3月25日

中共湖北省地震局党组制定《中共湖北省地震局党组议事规则》并报国家地震局党组、省委组织部、省直机关工委、省科委党组。

4月7日

地震研究所以震研发〔1994〕033号文印发《国家地震局地震研究所综合改革方案》。

5月3日

地震研究所以震研科〔1994〕047号文印发《国家地震局地震研究所基金课题管理办法》。

5月15日

地震研究所吴翼麟、兰迎春应邀赴俄罗斯参加莫斯科测绘大学建校225周年校庆,并赴圣彼得堡考察。

5月15日至24日

德国斯图加特大学哈特(P. Harte)教授及助手伊丽莎白(A. Elisabeth)女士和华人夏耶博士3人来地震研究所访问,并就人造卫星遥感对地球表面重要现象的快速高精度的信息确定及应用于地震监测和地震预报进行讲学和交流。

5月

土耳其灾害评估部主任 Hilm 和 Seval 来地震研究所参观、访问。

英国学者应严尊国的邀请来地震研究所访问。

6月22日至25日

德国达姆斯塔达德大学物理大地测量研究所教授格罗腾（E. Groten）访问兰州地震研究所，顺访我所并商谈重力合作事宜。

6月22日至29日

西班牙天文大地测量研究所所长维尔哈教授等2人应邀来地震研究所执行合作项目，并赠送1套数据采集与传输系统，同时商定下一步具体合作事宜。

6月29日

中共湖北省委宣传部和湖北省地震局以鄂宣发〔1994〕10号文，联合转发中央宣传部、国家地震局《关于防震减灾宣传工作的规定》。

7月20日

湖北省科技进步奖励评审委员会以鄂科〔1994〕第01号文发布《关于成立第四届省科技进步奖评审委员会的通知》，湖北省地震局局长赖锡安为评审委员会委员，兼任自然灾害监测预报评审小组组长。

7月24日至30日

地震研究所郑文衡、赖锡安赴香港参加西太平洋地球物理会议与国际GPS技术研讨会。

7月25日至8月2日

地震研究所高伟民赴比利时、卢森堡进修。

7月29日

国家地震局人事教育司以震人〔1994〕111号文发布《关于对调整高级专业技术职称评审委员会审批结果的通知》,同意地震研究所科研系列新一届高级专业技术职称评审委员会由高锡铭等25人组成。

8月5日

湖北省人民政府以鄂政函〔1994〕65号文向国家地震局发出《省人民政府关于省级地震工作机构改革方案意见的复函》。

9月5日

国家地震局以震发人〔1994〕184号文发布《关于成立国家地震局工人考核委员会的通知》,湖北省地震局副局长刘正国为考核委员会委员。

9月3日至10月2日

地震研究所赖锡安、李瑞浩赴土耳其参加第一届国际形变讨论会。会后,赖锡安应邀赴德国参加"地壳运动与地震关系观测与研究"合作项目执行情况交流及有关国际重力和国际定位会议,其后又顺访奥地利。

9月16日

14时20分,台湾海峡南部澎湖西南发生7.3级地震,我省东部有较强震感,部分乡镇有轻度破坏;中部地区,武汉市有感。

9月17日至19日

冰岛大学校长比恩松(S. B. Ornsson)一行6人应国家地震局邀请来华访问,顺访地震研究所。

9月24日

国家地震局以震发人〔1994〕208号文发布《关于重新组建国家地震局科研系列高级(研究员)专业技术职务任职资格评审委员会的通知》,地震研究所赖锡安、周硕愚2位同志被聘任为新一届评委会委员。

11月1日至4日和11月13日至20日

地震研究所张国安、游新兆、徐菊生、王琪,分两批赴香港执行GPS联测任务,于11月完成内地—香港GPS联测。

11月上旬

澳大利亚召开第九届国际卫星激光测距仪专业会议,地震研究所夏治中参加会议并当选为西太平洋地区激光跟踪网第一届执行委员会委员。

11月15日

省人民政府办公厅发出《关于气象、水情、旱情、疫情、农作物病虫害和地震地质灾害发布的通知》,明确规定:除县以上人民政府、地震主管部门和新华社按规定权限发布有关地震信息、地震预报、地震宏观现象、震灾损失和震情外,其他单位和个人均无权发布上述有关内容。

11月15日至12月15日

地震研究所蔡惟鑫、谭适龄、高伟民(当时在比利时)3人应邀赴西班牙,执行中西合作"地壳变动观测技术运用于灾害、工程的监测和研究"项目。

11月23日

地震研究所以震发人〔1994〕084号文发布《关于调整地震研究所中级专业技术职称评审委员会成员的通知》,调整后,主任高锡铭,副主任傅辉清、吴云,成员18人。

11月29日

省直机关工委鄂直工任〔1994〕第64号文《关于郑德元同志任职的通知》,同意郑德元同志任中共湖北省地震局直属机关委员会副书记。

11月

为使香港回归祖国前就与国家坐标系统一,省地震局科技人员与港府地政署测绘处及香港理工大学共同完成了内地—香港GPS联测及坐标系的传递和转换。它不仅有利于香港和内地之间的各类基本建设(如铁路、公路、航运和通信建设等)的统一规划和实施,而且为香港今后的高精度工程测量、空间大地测量、地籍测量等提供了基准,同时也为香港参与国际性的地学研究、空间大地测量研究、港岛地壳稳定性研究等打下较好的基础。

12月17日

国家地震局以震发人〔1994〕300号文发布《关于1994年地震科技新星评选结果的通知》,地震研究所吴云被评为1994年"地震科技新星",晋升一级工资。

12月22日

湖北省首届防震减灾工作会议在武昌召开。湖北省委常委、副省长李大强,省政府副秘书长孙樵声,国家地震局副局长何永年出席会议。省直各单位、各地市州负责人参加会议。副省长李大强、国家地震局副局长何永年在大会上讲话。

会上,成立了湖北省防震减灾领导小组,并召开了第一次会议。副省长韩南鹏任组长,省政府副秘书长孙樵声和省地震局局长赖锡安任副组长,成员14人。领导小组在省地震局设办公室,负责全省防震减灾日常工作。办公室主任由领导小组成员、省地震局副局长高锡铭兼任。

同日,还成立了"湖北省地震安全性评定委员会"和"湖北省地震灾害损失评定委员会",省地震局局长赖锡安为2个委员会主任。

12月26日

湖北省科学技术委员会以鄂科财〔1994〕026号文发布《关于表彰1993年至1994年全省大型精密仪器使用管理先进单位(集体)和先进个人的通知》,湖北地震局卫星激光测距仪管理组、拉科斯特G型重力仪管理组为先进集体,刘冬至为先进个人。

12月30日

鄂震发防〔1994〕066号文通知随州市人民政府,随州地震台通过省级验收,1995年1月1日起正式纳入湖北省地震监测台网。同日,通知房县人民政府,房县水化站通过省级验收,自1995年1月1日起正式纳入湖北省地震监测台网。

本年

武汉地磁台因豹澥镇乡镇企业的发展,观测环境遭到破坏,经国家地震局批准于1988年选定新台址,1994年在武汉市洪山区九峰乡建成新的地磁台。

由蔡亚先等研制的JCA-1超宽频带地震仪通过国家地震局组织的技术鉴定。

由魏望生、蔚大西、李瑞浩、喻节林、钟蔚民完成的"中国重力固体潮台网建设与优化研究",获国家地震局科学技术进步三等奖。

由张锡令、郭熙枝、张志阳完成的黄梅地震台定点形变观测资料成果,获国家地震局科学技术进步三等奖。

1995 年

1月4日

国家地震局以震发科〔1995〕002号文发布《关于表彰1994年度地震监测预报及地震现场工作先进单位、先进个人、优秀集体的通知》,国家地震局地震研究所为1994年度地震监测预报工作先进单位。

1月13日

湖北省政府批准湖北省地震局高锡铭赴德国进行合作研究,为期4个月。

2月11日

地震研究所以震研发科〔1995〕009号文印发《国家地震局地震研究所研究机构设置与管理的若干规定》。

3月14日

国家地震局以震发人〔1995〕060号文向各省、自治区、直辖市地震局(办)发出《关于推进地方地震工作机构建设的若干意见的通知》。

3月27日

中共湖北省委办公厅、省政府办公厅以鄂办发〔1995〕8号文发布《关于表彰全省保密工作先进集体和先进个人的决定》,省地震局保密委员会被评为先进集体。

3月28日

傅辉清获准享受1994年度国务院政府特殊津贴,从1994年10月起发放,每月100元。

3月30日

地震研究所以震研发科〔1995〕021号文通知,将国家地震局地震研究所学术委员会更名为科学技术委员会:主任高锡铭,副主任周硕愚、蔡亚先,委员陈德福、吴云、郭唐永、蔡庆福、贾民育、李辉、李安然、高士钧、刘鼎文、王威中、严尊国、胡国庆、李树德、聂磊、谢广林、俞飞鹏、黄广思、曾心传、刘锁旺、徐菊生、邢灿飞、殷志山、王基尧、傅辉清,秘书邢灿飞(兼)、毕云莉。荣誉委员邵占英、吴翼麟、李瑞浩、夏治中、蔡惟鑫。

4月1日至7日

德国汉诺威大学大地测量研究所 W. 托尔格教授应国家地震局邀请来华,顺赴云南滇西实验场查看重力测量工作,并就前几年工作和今后继续合作内容与地震研究所所长赖锡安等广泛交换意见。

4月4日至6日

由我局承建的清江隔河岩遥测地震台网(1个中心台、2个中继台、7个子台),通过委托方清江水电开发有限公司组织的专家验收,清江隔河岩遥测地震台网正式投入运行。

4月12日

国家地震局以震发人〔1995〕094号文发布《关于制定地震队伍结构调整优化初步方案的通知》。

4月15日

03时53分,江西瑞昌南(北纬29.60°、东经115.61°)发生 Ms4.5级地震,湖北武穴、黄梅、阳新大部分区域有较强震感。湖北省地震局06时30分由赖锡安局长主持召开了紧急会商会,决定立即派出现场工作组赴武穴等地开展工作。

4月17日

省局鄂震发人〔1995〕029号文发布《关于表彰1994年度先进集体、先进工作者的决定》,第一研究室、第一中心、黄梅地震台、审计监察处为先进集体,周硕愚等 15 人为先进工作者。

4月18日至21日

地震研究所召开首届二次职工代表大会，68 名代表到会。会议听取所长赖锡安的工作报告、计划财务处处长韩晓光的财务工作报告和首届一次职工代表大会提案办理情况说明。

4月26日

国家地震局科技监测司以震科〔1995〕031 号文发布《关于成立国家地震局无线通讯技术协调组和调整各学科技术协调组的通知》，地震研究所赖锡安为地壳形变学科技术协调组顾问，周硕愚为组长，邢灿飞为副组长，李正媛为秘书，陈德福、吕宠吾、魏望生、吴云为成员；吴亚明为通讯技术协调组成员。

4月28日

地震研究所伍吉昌赴香港理工大学进行"城市测绘专家系统"合作研究，为期 1 年半。

4月

由陈德福、温兴卫、李农长、胡长才、林穗平、聂磊、张建民、郑开碧、余慎武研制的倾斜仪观测自动调零、自动标定系列仪器（ZKY、SPB 和 BY），获湖北省科学技术进步二等奖。

5月16日

省局以鄂震发防〔1995〕036 号文发布《关于撤销郧县地震台的决定》。但郧县台经 2004 年改造后，于 2005 年恢复运行，测震仪为 FSS-3 型地震仪，光纤网络传输。

5月19日

中共湖北省地震局党组以鄂震发党〔1995〕043 号印发《1995 年度湖北省地方地震工作要点》。

6月10日

凌晨,巴东县新城区发生滑坡,5人遇难、7人重伤、2人轻伤,毁坏路段100米。省灾协迅即组成10人专家组于6月12日赴现场考察,省地震局蔡惟鑫、周明礼、殷志山3位专家参加专家组工作。专家组向当地政府提出救灾应急建议与初步治理方案。

6月20日

湖北省省长蒋祝平、省委副书记杨永良赴巴东县新城区滑坡地段考察,了解灾情,研究综合治理措施。省地震局副局长刘正国陪同前往。

6月25日

省地震局机关党委鄂震党〔1995〕020号文《关于表彰先进党支部、优秀共产党员的决定》:第一研究中心、第四研究室、地震仪器厂3个党支部为先进支部,胡国庆等11名党员为优秀党员。

6月28日

印发《湖北省地震局灾情速报暂行规定》,将地震灾情分为一般破坏、中等破坏、严重破坏和特大破坏4类。速报内容包括地震参数、人口影响、经济影响、受灾区域、环境影响和社会影响6个方面。

6月29日

我局以鄂震发计〔1995〕047号文,向省政府报送湖北省防震减灾"九五"计划和2010年规划,并请省财政在经费上尽快落实,副省长韩南鹏批示同意。

7月2日至14日

李瑞浩、夏治中、杜慧君、徐菊生4人,赴美参加在科罗拉多大学召开的第二十一届IUGG大会。

赖锡安随国家地震局代表团出席第二十一届IUGG大会,同时应IAG主席W.托尔格教授的邀请,在IUGG大会期间作为副召集人共同主持东南亚区域大地测量会议,并应美国雅尔(Yale)现代测量技术公司经理的邀请访问该公司。

7月6日

省局以鄂发防〔1995〕049号文发出《关于1995年全省防震减灾宣传教育工作的意见》，供各地、市、州、县地震局（办）参考，要求在宣传活动中注意适度、讲求实效，以防止地震谣言传播。

7月7日

国家地震局以震发人编〔1995〕212号文印发《湖北省地震局职能配置、内设机构和人员编制方案》，湖北省地震局与国家地震局地震研究所一个机构、两块牌子。

7月15日至10月6日

宜昌地震台张传中工程师在黄柏河中只身救出困于涨水沙洲中的3名落水青少年，得到当地群众的好评。9月13日，省地震局鄂震发〔1995〕056号文，做出《关于向张传中同志学习的决定》，号召省地震系统向张传中学习。10月6日，省地震局鄂震发人〔1995〕063号文做出决定，给7月15日勇救3名落水青少年的张传中记二等功一次。

8月1日至15日

日本东京大学地震研究所村田一郎教授应福建省地震局邀请来访，就GPS观测与资料处理等进行学术交流，顺访地震研究所。

9月19日

湖北省地震局以鄂震发人〔1995〕057号文向国家地震局报送《湖北省地震局（国家地震局地震研究所）地震队伍结构调整优化的初步方案》。

9月25日

省地震局以鄂震发防〔1995〕059号文，向各地区行政公署，有关市、州、县人民政府发出《湖北省地震局关于在机构改革中加强地方地震机构设置建议的函》。

10 月 18 日至 11 月 24 日

地震研究所蔡亚先携带自行研制的数字地震计 JCZ-1,赴日本东京大学地震研究所锯山地震观测所执行地震计观测试验及和瑞士仪器 STS-1 对比,结果表明 JCZ-1 地震计达到国际水平。

10 月 27 日

由蔡惟鑫、谭适龄、高伟民、程华春、唐小林、丁伟民、高平、蒋骏等 13 人团队等完成的"中、比、卢 ORBES 系列地球动力学观测技术及仪器合作研究",获国家地震局科学技术进步一等奖、国家科学技术进步三等奖。

由傅辉清、魏风岭、齐乘光、宁金忠、陆建国、沈妮、李江应、崔行顺完成的 JSJ 精密水准仪(含经纬仪)综合检验仪,获国家地震局科学技术进步二等奖。

由陈德福、张建民、文习山、林穗平、张钟瑶完成的"形变台站防震保护及接触改进"和地震研究所作为主要完成单位之一的"跨断层测量基础理论及标准化研究与实施",获国家地震局科学技术进步三等奖。

10 月 29 日

05 时至 07 时半,巴东县城再次发生大型滑坡。滑坡体东西长 500 多米,南北宽 320 多米,面积约 16 万平方米。省地震局专家严尊国、李安然接受湖北省电视台采访时呼吁尽快落实省政府的"组织多学科、多部门的专家联合论证"的决策。

10 月

地震研究所孙建中赴香港理工大学,从事"利用现代大地测量方法和空间技术进行地震预报的研究问题"合作研究,为期 10 个月。

11 月 6 日

省地震局鄂震发人〔1995〕071 号文,通知成立湖北省地震局财务室,定编 8 人,为事业机构,挂靠计划财务处。

12 月 14 日

地震研究所以震研发人〔1995〕059 号文印发《国家地震局地震研究所地

震科技跨世纪学术和技术人才培养计划实施方案》。

12 月

施顺英、张燕、吴云等基于滇西滇东长时间大尺度断裂网络系统的整体演化定量研究,在《中国地震局地震研究所1996年度全国地震趋势研究报告》中,做出"1996年滇西可能发生7级左右地震"的预测意见,在地域和震级上与后来实际发生的地震基本吻合。

本 年

国家地震局在现有前兆台站基础上,经过严格筛选,多方征求意见,确定134个台站进入国家基本前兆台网,湖北省地震局麻城、宜昌、武汉、黄梅台进入地壳形变基本台网,武汉台进入电磁基本台。进入国家基本台网的企业和地方台全国只有二汽台和胜利油田台。

国家科委"中国科学研究与技术开发机构综合实力和运行绩效评价"课题组,利用1993年度统计数据,对全国自然科学与技术方面的4875个研究所与开发机构中有参评资格的2807个单位进行综合科技实力评价,并排出前300强,国家地震局地震研究所榜上有名。科技实力评价包括科技潜在力、科技发挥力、科技综合力、综合科技实力及运行绩效5个方面,每种评绩都排出300强。地震研究所全在其中。按行业分,综合科学研究与技术服务有102个单位进入300强,地震研究所排名第67,其中地震系统有6个,地震研究所排名第2;武汉地区有4个(数学物理研究所、水生生物研究所、地震研究所、岩土力学研究所),地震所排名第3。

1996 年

1 月 30 日

湖北省人事厅、财政厅、计委以鄂人薪〔1996〕11 号文联合印发《湖北省机关、事业单位工作人员晋升工资档次的实施办法》，凡 1993 年 10 月 1 日以后，两年考核成绩均为称职（合格）以上人员，可从 1995 年 10 月 1 日起在本职务（技术等级）所对应的工资标准内晋升一个工资档次。

2 月 3 日

17 时 14 分 18 秒，云南省丽江县（今丽江市）发生 7.0 级强烈地震。震中位置北纬 27°18′、东经 100°13′。丽江、大理、迪庆、怒江 4 个地州的 9 个县 51 个乡镇受到严重破坏，伤亡 17366 人，其中 309 人遇难，4070 人重伤，直接经济损失 40 余亿元人民币。烈度 Ⅵ 度以上破坏面积 18720 平方千米，震中烈度达 Ⅸ 度。Ⅸ 度区北起丽江县大具乡以北，南到丽江县城以南的漾西，东起文化、大东一线，西达文海玉龙雪山一线，面积约 1225 平方千米。Ⅸ 度区内的孟山乡新团六队，黄山乡开文、中海、白河乡文裕、荣华等村遭 Ⅹ 度异常破坏。

在地震的时、空、强方面，与施顺英等 1995 年 12 月的预测意见吻合。

2 月 4 日

地震研究所张传中随国家地震局一行 16 人赴泰国考察地震观测技术。

2 月 5 日

国务院办公厅以国办发〔1996〕2 号文转发《国家地震局关于我国地震监视防御区的确定和加强防震减灾工作意见报告》，全国共确定 21 个重点监视防御区、13 个重点防御城市。其中湖北的武汉、宜昌（含三峡库区）两市被列入重点防御城市。

2月9日

中共湖北省委组织部、湖北省人事厅以鄂人专〔1996〕017号文通知,地震研究所周硕愚、蔡亚先为1995年度湖北省有突出贡献的中青年专家。

2月

新建的武汉九峰地磁台通过国家地震局验收。该台建设费148.4万元,1995年建成。台址位于武汉市林业科研所东侧30米处,占地53.63亩,建有探测室、观测室、比测室、维修实验室、办公楼、住宅楼等。

3月14日

省政府发布鄂政发〔1996〕24号文,对张传中1995年7月15日不顾个人安危,只身救起3名落水学生的事迹记一等功一次。

3月19日

新疆阿图什-伽师地区(北纬39.9°、东经76.8°)发生6.9级地震,在其后1年多的时间里相继发生6级以上地震,形成伽师强震群活动,地震研究所王琪等承担国家科委下达的科技攻关研究项目,在伽师地区开展GPS测量工作。

3月22日

国家地震局以震发科〔1996〕078号文发布《关于成立"国家数字化地震台网建设和地震前兆台站(网)技术改造(95-01)"项目有关机构的通知》,地震研究所邢灿飞为前兆总体设计组副组长,李正媛为成员;周硕愚为前兆学科计划组成员。5月29日,补充通知增补蔡亚先为测震总体设计组成员。

4月10日

国家地震局党组以震发党〔1996〕019号文发布《关于中共湖北省地震局(国家地震局地震研究所)党组组成的通知》,党组书记为丁朝晖(正厅级)。党组成员为王建华、殷志山、陈发荣,党组纪检组组长为陈发荣(兼)。免去刘正国、高锡铭党组成员职务。免去蒋富党组纪检组组长、党组成员职务,按国家规定退休。

国家地震局以震发人〔1996〕090号文发布《关于湖北省地震局(国家地震

局地震研究所)新一届领导班子组成及有关人员职务任免的通知》:副局(所)长丁朝晖主持全面工作;王建华、殷志山、陈发荣为副局(所)长;免去刘正国副局(所)长职务,任助理巡视员;免去高锡铭副局(所)长职务,保留副厅级待遇。

4月15日

省局以鄂震发防〔1996〕016号文,决定将竹山、随州、南川地震台纳入湖北省区域地震速报台网。至此,湖北省共有16个地方地震台和企业地震台纳入湖北省和国家地震台网。

4月17日

省政府办公厅以鄂政办函〔1996〕44号文发布《关于印发湖北省1996年地方性法规、政府规章计划项目的通知》,我局提请省政府审议的《湖北省地震安全性评价管理办法》纳入计划。

4月20日至5月5日

省政府副秘书长孙樵声,省长助理王少阶,副省长韩南鹏、李大强,省长蒋祝平等领导依次对省地震局机构改革方案做出批示:省地震局为正厅级单位,领导体制为国家地震局与省政府双重领导,以国家地震局为主。

4月22日

省地震局鄂震发人〔1996〕018号文,任命吴云为湖北省地震局(国家地震局地震研究所)局长助理(正处级),免去其地壳形变研究室副主任职务;免去万巨发所长助理职务,保留正处级待遇。

5月2日

共青团湖北省委省直机关工作委员会以鄂直青〔1996〕第8号文发布《关于表彰1995年度省直先进团组织、优秀团干部、优秀团员的决定》,省地震局团委为省直先进团组织,熊伟、曾燕为优秀团干部,付蜀英、李晓军、余斌为优秀团员。

5月7日

地震研究所以震研发科〔1996〕015号文下发通知,调整王建华为科学技术委员会主任委员,免去高锡铭主任委员职务。

5月15日

国家地震局、人事部以国震发〔1996〕112号文发布《关于表彰全国地震系统先进集体和先进工作者的决定》,湖北省地震局宜昌地震台工程师张传中为15名先进工作者之一,享受省部级劳动模范和先进工作者待遇。

5月16日

国家地震局以震发人〔1996〕119号文发布《关于表彰全国地震系统先进个人和对在地震系统连续工作满30周年人员颁发荣誉证书的决定》,我局郭唐永、吴翼麟、周硕愚3人为先进个人。

5月29日至10月31日

地震研究所纪小军赴西班牙,执行中西地震科技合作观测数据分析与处理项目。

5月

由陈步云、倪焕明、殷志山完成的"清江隔河岩遥测地震台网的建设与蓄水初期诱发地震研究",获湖北省科学技术进步二等奖。

地震研究所邵占英赴加拿大,进行激光测距学术交流。

6月7日

国家地震局地震研究所学位评定委员会以震研发人〔1996〕024号发出通知,新增蔡庆福、严尊国、蔡亚先、吴云、蒋骏、郭唐永、李辉、王威中、吴国镛、葛林林、黄广思、秦小军12人为地震研究所"地球动力学与大地构造物理学"专业硕士学位研究生指导教师。

调整学位评定委员会组成,主任王建华,副主任殷志山、吴云,委员12人,秘书张荣富、范春林。

6月14日

地震研究所以震研发科〔1996〕025号文发布《关于成立国家地震局地震研究所科学技术咨询委员会的通知》,咨委会由退休知名专家组成,主任吴翼麟,委员李瑞浩、夏治中、蔡惟鑫、邵占英。

6月17日

湖北省机构编制委员会办公室党组书记、副主任张怀平,为落实省政府领导对地震工作管理体制的批示意见,在我局召开关于局职能配置、内设机构和人员编制方案座谈会。

6月

地震研究所夏治中赴俄罗斯、西班牙参加第四届西太平洋地区激光跟踪网国际会议。

7月

省政府转发《湖北省地震局职能配置、内设机构和人员编制的三定方案》。

7月4日

省长助理王少阶等一行3人来省地震局检查工作,并在汇报会上强调指出:"省地震局作为省政府防震减灾工作的职能部门,应该有职、有责、有权。"

7月16日

地震研究所以震研发人〔1996〕034号文发布《关于地震研究所中级专业技术职称评审委员会换届调整的通知》,新一届评审委员会组成如下:主任吴云,副主任傅辉清,委员李正媛等18人。

7月25日

国家地震局震发计〔1996〕200号文《湖北省地震局〈关于武昌时辰站房地产权权属问题的请示〉的批示》:"任何单位在未经国家地震局同意,单方面对上属划归单位的固定财产权做出违背中科院〔(1970)院革字第111号〕文精神的决定都是无效的。"责成湖北省地震局"据此意见及时通报测地所及有关单位,制止他们转让'时辰站'房地产权的行为,维护我局房地产权的安全与完整。"

7月28日至8月1日

国家地震局副局长岳明生和地方地震工作处处长李革平,出席在襄樊市举办的"第四届全国青少年地震科技夏令营"开幕式活动。其间,对湖北省襄樊市地震台、十堰市地震局和襄樊市地震办公室的地震工作进行考察,详细了解台站人员工作和生活情况,解答他们提出的问题。考察期间,岳明生副局长还会见了十堰、襄樊两市分管地震工作的市领导,就地方地震工作交换意见和看法。

8月30日

湖北省地震局以鄂震发监〔1996〕056号文,将《湖北省地震台站管理制度》印发全省地震台贯彻执行。

9月1日

省财政厅对省政府办公厅转去的《关于解决湖北省重点地震监测台站维修经费的请示》,做出"建议安排1997年年初预算时一次性解决维修经费40万元"的答复。

9月1日至26日

地震研究所杨慧杰赴西班牙、比利时、德国和法国,参加理论固体潮模型及高精度潮汐数据处理工作组国际会议。

9月6日

国家地震局人事教育司以震人〔1996〕140号文下发《关于对高级专业技术职务评审委员会换届调整的批示》,同意地震研究所新一届科研系列高级专业技术职务评审委员会由王建华等25人组成。

9月16日

国家测绘局以国测法字〔1996〕12号文发布第二批甲级测绘资格证书单位名单,国家地震局地震研究所取得甲级《测绘资格证书》。

9月19日

国家地震局局长陈章立、副局长汤泉来我所检查工作,并在所领导汇报会上讲话。

9月25日

湖北省地震局鄂震发审(监)〔1996〕065号文,印发《湖北省地震局领导干部收入申报的规定》《湖北省地震局关于局属企业实行业务招待费报告制度的规定》和《关于对我局工作人员在国内交流中收受礼品实行登记制度的规定》。

9月25日至10月31日

地震研究所蔡惟鑫、谭适龄、罗运珍和国家地震局国际合作司陈洪飞一行4人,赴比利时、西班牙执行地震科技合作项目。

9月28日

国家地震局以震发办〔1996〕271号文发布《关于表彰"二五"法制宣传教育先进集体、先进个人的决定》,湖北省地震局普法办公室为先进集体,韩其曦为先进个人。

9月底

我局举行庆功表彰大会,表彰奋勇抢救3名落水学生的张传中及获国家地震局先进工作者称号的吴翼麟、周硕愚、郭唐永。再次号召全省地震系统向英雄学习。

10月3日

地震研究所为加强对地震安全性评价、桩基检测等项目的管理,以震研发产〔1996〕053号文印发《国家地震局地震研究所工程、技术项目管理条例》。

10月4日

地震研究所工程勘察测试中心技术工作报告审核小组成立:组长秦小军,副组长龚平、陈蜀俊,成员姚运生、黄江、苏新洲。

10月10日

国家地震局以震发科〔1996〕281号文发布《关于组建国家地震局科技进步奖评审委员会的通知》，地震研究所王建华为国家地震局科技进步奖评审委员会委员，胡国庆、王建华为大地测量、空间技术与高新技术学科评审组委员。

10月16日

地震研究所以震研发产〔1996〕059号文印发《国家地震局地震研究所公司管理暂行规定》。规定共分7章30条。

10月17日至18日

《地壳形变与地震》编委会换届及第四届编委会工作会议在武汉召开，38位代表到会。第四届编委会由47名委员组成，陈鑫连任名誉主编，王建华任主编，周硕愚、吴云、文机星任副主编。

10月22日至24日

国家地震局1996年度统计工作会议在湖北省咸宁市召开，湖北省地震局副局长陈发荣出席会议。会议表彰了国家地震局系统1993—1995年综合统计年报先进单位，向从事地震统计15年以上人员颁发荣誉证书。地震研究所荣获1993—1995年统计年报一等奖。

10月28日

湖北省地震局以鄂震发〔1996〕071号文，印发《湖北省地震局、国家地震局地震研究所机关各处室主要职责》。

10月

地震研究所李辉赴日本，参加国际重力与水准面研讨会。

地震研究所牛安福赴俄罗斯，进行形变定量分析技术交流。

由王静瑶、胡瑞华、陈重嘉、罗岚、张国安完成的"现代地壳运动与地震科技信息研究与服务"，获全国科技信息系统优秀成果三等奖。

11月4日

由吴翼麟、薄万举、周硕愚、蒋骏、周克昌、陈德福、李旭东、吴静、谢觉民完成的"形变、应变短临前兆信息开发前兆标志体系及综合判定方法",获国家地震局科学技术进步二等奖。

由张国安、王静瑶、陈洪飞、赵晓晨完成的中国、比利时、卢森堡国际合作项目"科技情报的分析与服务",获国家地震局科学技术进步三等奖。

11月4日至11日

德国汉诺威大学W.托尔格教授偕夫人来所访问,并顺访江苏省地震局。

11月25日

湖北省地震局以鄂震发人〔1996〕076号文,印发《湖北省地震局国家公务员制度实施方案》。

11月

地震研究所研究员蔡亚先荣获"国家'八五'科技攻关先进个人"称号,应邀出席"八五国家科技攻关总结表彰大会",受到江泽民等党和国家领导人的接见。

12月1日

湖北省人事厅鄂人专〔1996〕235号文通知,湖北省地震局(地震研究所)姚植桂为1996年享受湖北省政府专项津贴人员,从1996年10月1日起每月发放80元专项津贴费。

12月14日

国家地震局以震发委〔1996〕348号文发布《关于聘任国家地震局第四届科学技术委员会委员的通知》,地震研究所王建华被聘任为委员。

12月15日

国务院办公厅国办发〔1996〕54号文,将《国家破坏性地震应急预案》印发各省、自治区、直辖市人民政府和国务院各部委、各直属机构遵照执行。

12 月 18 日

地震研究所研究员蔡惟鑫出席全国科学技术奖励大会,受到江泽民等国家领导人的接见,他负责完成的"中国、比利时、卢森堡 ORBES 系列地球动力学观测技术与地球动力学"国际合作项目获国家科学技术进步三等奖。

12 月 30 日

国家地震局人事教育司以震人〔1996〕207 号文发布《关于强化"跨世纪科技人才培养系统工程"人员培养的通知》,地震研究所李辉、吴云 2 位同志为国家地震局"跨世纪科技人才培养系统工作"1996 年度第一层次人选。

12 月

国家地震局发布震办〔1996〕027 号文,对近 2 年《中国地震年鉴》编写工作进行评价,决定对稿件质量较好、报送及时的湖北省地震局等 25 家单位和发行工作较好的 14 家单位给予通报表扬。

地震研究所蔡亚先、张国安赴比利时,进行超宽频带数字地震仪技术合作。

本年

湖北省地震局(国家地震局地震研究所)领导班子制定 1996—2000 年任期目标,分监测预报、法规建设、基础研究、国际合作、产业开发、科技队伍建设、职工福利、精神文明 8 个方面。

1979 年由黄冈、阳新、九江、安庆地震局(办)4 个单位共同发起的鄂、赣、皖三省毗邻地区联防会,至 1996 年底发展到鄂、赣、皖、豫四省毗邻 8 个单位,共计召开了 18 届联防会。

1997 年

1月1日

湖北省科委鄂科情〔1997〕3号文转发国家科委等五部委《关于公布全国科技信息优秀成果和先进工作者的通知》,省地震局(地震研究所)的"现代地壳运动与地震科技信息研究与服务"获五部委三等奖。

1月6日

以鄂震发监〔1997〕001号文,印发修改后的《湖北省地震台站责任承包实施意见》。

1月14日

国家地震局地震研究所以震研发科〔1997〕004号文发布《关于成立实施"九五"重点项目有关机构的通知》。项目实施领导小组组长为王建华,副组长为殷志山;技术专家组组长为胡国庆,副组长为郭唐永。

1月15日

省局鄂震发防〔1997〕008号文,印发《湖北省地震局中等地震应急对策方案》。

1月22日

国家地震局科学技术委员会以震委〔1997〕001号文发布《关于聘任第四届科学技术委员会专业组成员的通知》:地震研究所胡国庆为观测与技术实验组组长,王建华、蔡亚先为该组成员;赖锡安为地球物理与大地测量组成员。

1月27日

湖北省地震局以鄂震发防〔1997〕011号文,向省政府报送《湖北省防震减灾条例》(草案),请求修改、审定并要求纳入1997年省人大审议、立法。

1月

地震研究所研制的JCZ-1型超宽频带数字地震仪首批10台向日本出口。

2月10日

湖北省地震局鄂震发防〔1997〕016号文,在省政府常务会议审议《湖北省地震安全性评价管理办法》时,因省住建厅反对未能按计划通过,故再次向省政府说明有关情况,请求重新审议并尽快颁布《湖北省地震安全性评价管理办法》,以便全省实施。

2月14日

国家地震局以震发人〔1997〕039号文发布《关于1996年度有突出贡献的中青年专家审批结果的通知》,根据人事部《关于批准第七批有突出贡献中青年科学、技术、管理专家人选的通知》,地震研究所吴云被批准为1996年度有突出贡献的中青年专家,自1997年1月1日起奖励晋升一个职务工资档次。

2月17日至1998年2月16日

王军应香港理工大学邀请赴香港进行合作研修任务。

2月18日

监察部驻国家地震局监察专员办公室以震监〔1997〕001号文,印发《关于地震系统纪检监察部门1995—1996年"双文明"活动总评结果的通报》,我局被评为先进单位。

2月28日

鄂震发党〔1997〕020号文《关于表彰1996年度先进集体、先进工作者的决定》,表彰先进集体地壳形变研究室、地球科学仪器研究中心、计划财务处、地震仪器厂、黄梅地震台,先进工作者有蔡亚先等12人。

2 月

由梁淑芬、朱煜城、许春福、蔡惟鑫完成的《湖北省自然灾害及防治对策》，获湖北省科学技术进步三等奖。

3 月 1 日

19 时 34 分 33 秒，房县上龛(北纬 31°44′、东经 110°36′)发生 $M_L 3.1$ 级地震，震中烈度 V 度。

3 月 17 日

以鄂震发防〔1997〕027 号文向各地、市、州、县地震局(办)发出关于在"九五"普法期间加强防震减灾法规学习的通知，要把学习宣传防震减灾法规作为一项重要工作，并切实抓好。

3 月 25 日

以鄂震发监〔1997〕029 号文印发修改后的《湖北省区域地震速报补充规定及评比标准》。

3 月 27 日

遵照省委和国家地震局有关文件精神，为加强对离退休干部工作的领导，决定成立离退休干部工作领导小组，组长丁朝晖，副组长陈发荣，成员金世雄等 7 人。

4 月 4 日

以鄂震发办〔1997〕035 号文，印发《湖北省地震局、国家地震局地震研究所领导班子任期目标》。

4 月 8 日

以鄂震发办〔1997〕038 号文，印发《湖北省地震局、国家地震局地震研究所 1997 年度工作要点》。

4 月 14 日

省政府办公厅鄂政办发〔1997〕49 号文,将省地震局《关于确定我省防震减灾重点工作区和进一步加强防震减灾工作意见的报告》转发咸宁地区行政公署,各市、州、县人民政府及省政府有关部门贯彻执行。

4 月 28 日至 5 月 4 日

地震研究所蔡惟鑫应香港理工大学土地测量与地理资讯学系主任陈永奇和邓康伟邀请,赴香港理工大学就地壳变动观测技术进行讲学。

4 月

由李树德、赵全麟、陈志遥、李明、宋厚双、张道中、姚植桂研制的 EMD-S 型遥测垂线坐标仪,获湖北省科学技术进步二等奖。

5 月 4 日

以鄂震发防〔1997〕044 号文,对十堰市地震局自 1993 年起连续 5 年荣获全省年度震情趋势综合研究报告评比第一名进行通报嘉奖,授予"五连冠"奖匾,颁发奖金 300 元。十堰市地震局荣获全省震情分析"五连冠",授匾仪式于 5 月 9 日在十堰市举行,200 余名代表到会,十堰市政府副秘书长袁绍北主持授匾仪式。

6 月 3 日

以鄂震发办〔1997〕61 号文,印发《湖北省地震局保密法制宣传教育第三个五年规划》。

6 月 3 日至 8 日

国家地震局科技发展司在九江召开国家地震局"九五"重点项目"中国若干近代活动火山的监测与研究(95-11)"第一次工作会议,决定成立项目专家协调委员会,地震研究所蔡惟鑫为委员。

6 月 11 日

省地震局以震发计〔1997〕053、054 号文,再次向省政府申请提高我省防震减灾事业经费基数和国家地震局"九五"重点工程项目（湖北部分）配套经费,省政府孙樵声秘书长,李大强、王少阶副省长,蒋祝平省长均作了拟同意的批示。

6月19日

向国家地震局上报《国家地震局地震研究所近年来的改革举措、效果、存在问题及建议》。

6月23日至10月28日

地震研究所王琪应美国阿拉斯加大学地球物理研究所S. I. Akasofu教授邀请,赴美就"GPS数据分析处理"进行合作研究。

7月9日

以鄂震发人〔1997〕016号文向省政府呈送《关于要求解决我局职工子女就读问题的请示》,要求与南苑地区省直机关子女上学同等待遇,免收择校费,副省长王少阶批示同意。

7月9日至11日

湖北省防震减灾宣传教育工作暨《中国减灾报》湖北记者站通讯员会议在武汉召开。

7月17日

以鄂震发防〔1997〕062号文向省政府报送《湖北省防震减灾十年目标实施纲要》,请求审定转发。

7月22日

以鄂震发党〔1997〕065号文印发《湖北省地震局社会主义精神文明建设"九五"计划》。

7月22日至8月12日

地震研究所蒋骏赴比利时参加第十三届国际固体潮学术讨论会。

8月10日

远安北8月10日连续发生有感地震,呈震群型,至9月26日共发生M_L1.0至M_L2.9级地震26次,M_L3级以上地震5次。最大为8月10日11时29分28秒远安北(北纬30°18′、东经111°36′)M_L3.6级,震中烈度Ⅴ度,震源深度7千米。

8月28日

常务副省长李大强主持省长办公会,研究制定《湖北省破坏性地震应急预案》等,会议原则同意省地震局的送审稿,印发全省施行。省地震局副局长殷志山参会。

9月17日

由朱思林、徐菊生、赖锡安、刘鼎文、甘家思等完成的"滇西试验场区及周围地区现代地壳动力学特征和强震危险地点的判定",获国家地震局科学技术进步三等奖。

9月24日

鄂震发防〔1997〕080号文,发出关于开展《大中城市震后早期趋势快速判定工作预案》制定工作的通知,要求各地、市、州地震局(办)立即向当地政府汇报,以取得有关领导、部门的支持和帮助。

10月6日

国家地震局以震发人〔1997〕277号文发布《关于第二批"跨世纪科技人才培养系统工程"第一层次人选评审结果的通知》,地震研究所郭唐永、蒋骏2人入选。

10月15日

中共湖北省地震局党组召开党组扩大会议,学习贯彻党的十五大精神,研究今后3年科研、监测、开发工作的新思路。

10月17日

"长江三峡工程水库诱发地震监测系统"项目启动会在北京召开,会议确定了子项目(或课题)承担单位和负责人:地壳形变监测网络(95-12-02)由地震研究所负责,负责人为邢灿飞和中国地震局第一形变监测中心的黄立人;地震监测总站(95-12-04)由地震研究所王建华、陈步云负责;水库诱发地震研究(95-12-05)由地震研究所负责,地质研究所等单位参加。

11月3日

地震研究所温兴卫赴朝执行"中朝地震科技合作"项目。

11月4日至25日

地震研究所贾民育、李辉、邢灿飞一行3人,赴德国执行中德综合大地测量合作研究项目。

11月5日至7日

由国家地震局地震研究所、中科院测量与地球物理研究所、武汉测绘科技大学联合发起的东亚及东南亚地区现今地壳运动和减灾国际学术讨论会在武汉测绘科技大学召开,16个国家和地区40余位学者与会。

11月6日

国家地震局陈章立局长、陈建民副局长来地震研究所检查工作。

11月7日

国家地震局陈章立局长在参加长江三峡大江截流仪式之前,同宜昌市副市长张建一就三峡水库诱发地震、地震监测和宜昌市防震减灾工作进行了商谈。

日本东京大学地震研究所加藤照之教授应地震研究所邀请,来华作关于"利用GPS监测西太平洋地区的构造形变和日本岛的地壳应变"的学术报告。

11月10日

国家地震局震发计〔1997〕310号文《关于下达三峡项目1997年度计划的

通知》,"长江三峡工程诱发地震监测系统"(95-12)项目,由省地震局(地震研究所)王建华和国家地震局分析预报中心庄灿涛2人负责。总经费249.5万元,湖北省地震局(地震研究所)为136.4万元。

11月12日

湖北省机构编制委员会鄂编发〔1997〕083号文《关于给省地震局增加人员编制的批示》,同意给省地震局增加15名全额拨款事业编制。

11月14日

国家地震局地震研究所成立"长江三峡工程水库诱发地震监测系统"建设项目协调小组,组长王建华,副组长吴云,成员邢灿飞、韩晓光、张建民、张光正。

11月17日

国家地震局人事教育司以震人〔1997〕194号文,批复同意我局关于成立"湖北省地震局工程勘察研究院"的请示。

以震研发办〔1997〕081号文印发国家地震局局长陈章立11月6日在地震研究所部分科技人员和中层干部座谈会上的讲话。

11月20日

中国地壳运动观测网络工程中心以工发〔1997〕01号文《关于下达中国地壳运动观测网络项目1997年基本建设投资计划的通知》,给省地震局(地震研究所)的投资为1177万元。同日,又以工发〔1997〕02号文,再次下达第二批基建投资180.9995万元。

11月25日至12月17日

地震研究所副所长王建华和室主任蔡亚先赴比利时执行"中比地震科技合作"项目。

11月27日至30日

傅辉清研究员出席在北京召开的全国专利工作会议,以他为主完成的"精密水准仪综合检验仪"发明专利,荣获第五届中国专利金奖。这是省地震局

(地震研究所)首次获得中国专利金奖。

12月1日

中共湖北省委宣传部、湖北省地震局以鄂震发办〔1997〕094号文印发《关于转发中央宣传部、国家地震局〈关于进一步加强防震减灾宣传工作的意见〉的通知》,同时还印发了《湖北省防震减灾宣传教育提纲》《湖北省防震减灾应急宣传预案》和《湖北省防震减灾强化宣传教育方案》等文件。

12月3日

国家地震局以震发计〔1997〕329号文发布《关于1996年度财政事业单位产权登记年度检查和企业占有产权登记及年检工作情况的通报》,我局因成绩突出受到表彰。

12月8日

国家地震局以震发防〔1997〕338号文发布《关于组建国家地震局"九五"重点项目9510专家组的通知》,9510专家组在国家重大科学工程"中国地壳运动观测网络"国家专家组成员马宗晋院士、丁国瑜院士、陈鑫连研究员、赖锡安研究员指导下工作,实行总工程师负责制。陈鑫连为总工程师,赖锡安为总工程师助理兼设计组组长,王琪、郭唐永为实施组成员,邢灿飞、游新兆为监理组成员,王建华为执行组成员。

12月24日

以鄂震发防〔1997〕104号文向省政府法制办公室报送《湖北省地震安全性评价管理办法》(草案)和《湖北省防震减灾条例》(草案)两项立法计划。

12月29日

省人事厅以鄂人专〔1997〕225号文发布《关于确定湖北省跨世纪"111人才工程"第一批人选的通知》,地震研究所郭唐永、戚克军2人入选,成为北省跨世纪学术和技术带头人的重点培养对象。

12月31日

以鄂震发防〔1997〕108号文印发《关于加强县级地震机构建设的通知》,

学习十堰市地震局的先进经验,做到名称统一、规格一致、职责明确、经费落实和编制到位。

12月

台湾明新技术学院校长林世明教授、副校长李小超博士、科学合作处处长程名台博士、土木工程技术系主任林果庆博士及张瑞刚博士一行5人,应武汉测绘科技大学邀请访问该校,12月31日来地震研究所参观访问。

王峰得到ITC(国际航空航天测绘与地球科学院)地球资源勘测系冯·亨特仑(J. L. Van Henderen)邀请和资助,作为访问学者派往荷兰ITC学习InSAR(合成孔径雷达干涉)技术,期限1年。

本年

由长江水利委员会投资兴建的三峡模拟遥测地震台网,在三峡库坝区原有的有人值守三峡台网基础上改造而成,由8个子台(巴东、兴山郑家坪、夷陵长岭、夷陵黄牛岩、点军、秭归双山、秭归大块田、秭归周坪)、1个中继站(黄牛岩)、1个台网中心(宜昌)组成,网内监测能力达$M_L \geq 1.0$级。

1998 年

1 月 20 日

我局获中国地震局 1997 年度强震观测评比优秀奖。

2 月 13 日

李翠霞等 3 人撰写的《CTCRS 型流动人卫激光测距仪光学系统》被国家地震局科技委、地震科学联合基金会和中国地震学会青年科技工作委员会联合评选为第四届全国青年地震工作者优秀科技论文二等奖。

2 月 16 日

省地震局、省法制办、省司法厅、省委法办联合召开全省宣传、贯彻《中华人民共和国防震减灾法》电视电话会议,省人大常委会副主任朱纯宣、省政府副秘书长汤农生出席会议并讲话;湖北省地震局党组书记、副局长丁朝晖发言,省政协副主席蔡述明、省防震减灾工作领导小组成员单位的领导和省直有关部门负责人共 50 余人参会。武汉、襄樊、宜昌、十堰、黄石等 17 个地、市、州设立分会场,各地市州委、政府、人大、政协的主要分管领导和有关单位负责人参加会议。

2 月 23 日至 25 日

1997 年度湖北省地震观测资料质量评比验收会在省地震局召开。黄梅台、随州台、竹溪台获区域地震观测前三名;武汉台、南川台、恩施台获区域地震速报前三名;麻城台获定点形变综合评比第一名;武汉台远震观测、独山点水化、万山点水位、长阳小坳子中学地磁、武昌固体潮台重力、随州台短波通讯、郧县地震办电磁波、钟祥地震办地磁总强 F,分别取得项目最好的成绩。殷志山副局长在开幕式和闭幕式上讲话,并为荣获 1998 年震情趋势会商优秀研究报告及 1997 年度地震观测资料评比优秀者颁发奖状和奖金。

2月25日

省政府以鄂政发〔1998〕11号文印发了《湖北省防震减灾10年目标实施纲要》,以开拓湖北省由单一的监测预报工作转到管理全社会防震减灾行为的新领域。

国家地震局工会主席刘振民率国家地震局分析预报中心、国家地震局地球物理研究所等地震系统8家单位代表共13人来我局考察职代会工作。

副省长王少阶在《湖北日报》上撰写文章,盛赞《中华人民共和国防震减灾法》颁布实施。这是我国第一部规范全社会防震减灾活动的法律。为做好宣传工作,我局在全省开展宣传周活动。

3月1日

《中华人民共和国防震减灾法》(以下简称《防震减灾法》)正式生效。我局采取一切措施宣传、学习和贯彻《防震减灾法》:一是与省人大法制办、省司法厅、省普法办联合召开全省宣传、贯彻《防震减灾法》电视电话会议;二是组织开展《防震减灾法》宣传周活动;三是在省内主要媒体上发表文章,组织专版、全方位介绍有关地震常识和地震工作要点;四是组织干部、专家座谈、学习,联系实际领会《防震减灾法》的内容实质,做好防震减灾工作;五是省地震局与省法制办联合在咸宁举办《防震减灾法》培训班。

3月10日

地震研究所袁相儒赴香港中文大学地理系,进行"互联网地理信息系统及其在地震信息中的应用"合作研究,为期1年。

3月26日

地震研究所以震研发科〔1998〕24号文,公布第二届科学技术委员会组成:主任王建华,副主任蔡亚先、郭唐永,委员王琪、王基尧、牛安福、李辉、李安然、邢灿飞、严尊国、吴云、周硕愚、胡国庆、秦小军、殷志山、贾民育、曾心传、戚克军、黄广思、傅辉清、蒋骏、谢广林,秘书吕冬争。

3月27日

台湾明新技术学院张瑞刚博士在应武汉测绘科技大学邀请访问该校期

间,27 日来地震研究所访问,并就双方开展合作研究事项进行讨论。

4月3日

中国地震局党组震发党〔1998〕6 号文,任命吴云为中共湖北省地震局(国家地震局地震研究所)党组成员。

4月15日

召开干部大会,中国地震局人事教育司副司长章思亚代表中国地震局宣读震发人〔1998〕101 号文:王建华任湖北省地震局(国家地震局地震研究所)局(所)长;吴云任湖北省地震局(国家地震局地震研究所)副局(所)长。湖北省委组织部蔡勇处长参加会议。

4月20日

中国地震局以中震发人〔1998〕6 号文发布《关于部分机构更名的通知》,国家地震局地震研究所更名为中国地震局地震研究所。

4月21日

中共湖北省委省直机关工委鄂直工任〔1998〕27 号文,批准第四届中共湖北省地震局机关委员会组成,陈发荣任书记,郑德元、李正谋任副书记;批准中共湖北省地震局直属机关第四届纪委组成,饶锦英任书记。

4月25日至5月3日

应所长王建华邀请,美国阿拉斯加州立大学地球物理研究所 Dr. Jeffrey Freymueller(费来勤博士)对地震研究所进行为期 6 天的参观、讲学和学术交流,并就有关科研合作事宜进行商讨和落实。

4月29日至5月14日

地震研究所蔡惟鑫、谭适龄和高伟民 3 人组成"中国地震局地球动力学及火山监测研究"工作组,访问西班牙天文大地测量研究所及其卡那里(Canary)群岛的莱斯诺德(Lanzarote)地球动力学及火山实验场,执行中西科技合作协议中的第三期(1996 至 1998 年)合作计划,并讨论 1999 至 2001 年度合作意向。

5月6日

由省科协、中保财产保险有限公司湖北分公司、省灾协联合组织的湖北省1998年主要自然灾害综合趋势分析会商会在地震局召开,省政府各有关部门、各灾种、各险种的领导、专家和学者共30余人参加会议。

省地震局党组书记丁朝晖等4人,将单位出资1.7万元购置的48张双层钢架床和全局职工捐献的4500册学生读物专程送往地震局支教工作点团风县硫子河中学。团风县童春珍副县长在捐赠仪式上赞扬我局的帮扶行动。

5月6日至11日

台湾明新技术学院张瑞刚博士应邀来所讲学和访问,并就双方开展合作研究事宜进行再次商讨。9月,经中国地震局批准,聘请张瑞刚博士为地震研究所客座研究员。

5月8日

比利时皇家天文台台长P. Paqut教授访问我所,参观甚宽频带数字地震测试中心,了解地震研究所在超宽频带数字观测上的最新进展,并表示了加强合作的愿望。

5月12日至25日

地震研究所王建华赴美国AOA(上奥)设计集团公司考察GPS产品,进行学术交流。

5月13日

省人大常委会副主任吴华品率省人大科教文卫委员会主要领导来我局检查工作。

5月下旬

恩施州咸丰县一带出现将要发生地震的传言,省地震局采取恰当宣传措施后,于7月份恢复正常的生产、生活秩序。

6月8日

根据王生铁副省长的有关指示要求,湖北省地震局专家组对石首市调矶一带长江堤岸震动和变形及堤岸稳定性进行观察研究,并就堤岸安全提出建议。省地震局以鄂震发防〔1998〕36号文《关于石首市长江堤岸震动变形情况的观察及确保大堤安全的请示》报省政府。6月8日,王生铁副省长作了重要批示。

6月13日

武汉市率先完成制定《武汉市震后趋势早期快速判定工作》,举办了全省工作预案制定培训班,十堰市、襄樊市、荆州市、黄冈市、宜昌市、咸宁地区等的业务技术骨干参加培训。根据省政府加强组织和领导、有关部门给予支持和帮助的要求,各大城市地震局(办)已完成《震后趋势早期快速判定工作预案》的起草工作。

6月20日至24日

中国地震局副局长葛治洲在湖北宜昌、武汉考察防震减灾工作。在宜昌考察期间参观三峡工程和葛洲坝,检查宜昌地震台工作,会见宜昌市副市长张建一。在武汉考察期间分别会见副省长王少阶、武汉市科委副主任李纪武,检查武汉地震台、武昌地磁台和武昌固体潮台工作,走访职工家庭。

6月23日

副省长王少阶听取省地震局的工作汇报,并就湖北省综合减灾工作作了指示。

6月23日至7月22日

3月,重庆市政府办公厅转发了重庆市地震办公室《关于1998年地震趋势和加强防震减灾工作意见的通知》,其中提到石柱、黔江、彭水为1998年可能发生5级左右地震的重点危险区,并将邻近的我省咸丰一带划入黔江危险区。黔江地区行署按1998年可能发生破坏性地震进行工作部署。从5月下旬开始,当地将发生破坏性地震的传言,波及我省咸丰一带,个别地方出现恐慌。恩施州地震办和咸丰地震办迅速开展调查,并将调查情况上报省局,省局迅即向重庆市了解情况,并召集有关人员进行震情会商,认为"恩施州及邻区目前没有发生破坏性地震的迹象,近期不会发生中强地震,该地区地震传闻,属谣传",并于 6 月 22 日将会商意见电传至恩施州政府,并要求传达至咸丰一带。恩施州、咸丰县对此迅速反应,平息地震谣言。6 月 23 日,省局向省政府报告了恩施州咸丰一带地震谣言及处理情况。省政府领导指示,要求做好防震减灾宣传工作。7 月 13 日,我局向省政府办公厅报告了批示办理情况:一是结合"7·28"唐山地震纪念日,以恩施州咸丰一带地震谣传为例开展地震科学预防知识宣传,二是组织专家报告团进行防震减灾巡回报告,三是在《湖北日报》办一期地震应急避险常识宣传,四是在重点地区电视台播放地震科普专题片。7 月 22 日,省政府汤农生秘书长批示"措施甚好,望抓紧落实"。

7 月 21 日至 23 日

连续 3 天的特大暴雨使湖北省黄梅水化站和襄樊、黄梅、钟祥、武汉、恩施、麻城等 7 个地震台站院内发生严重渍水,部分地震观测仪器、变压器遭雷击,供电线路被倒下的树枝挂断。面对灾害,受灾台站的职工千方百计地维护台站正常运行。

7 月 21 日至 24 日

应 AGU 会议组委会邀请,赖锡安赴台湾参加 AGU 西太平洋地球物理学术会议,会后考察台湾地区 GPS 地壳运动监测网的布设与管理工作。

8 月 5 日至 9 日

陈发荣副局长一行 3 人赴地、市地震监测第一线慰问受灾职工,并检查荆州、宜昌、荆门 3 个地、市和 6 个台站的震情监视及抗洪救灾工作。

8 月 31 日至 9 月 6 日

德国波茨坦地球物理中心教授 Rainer Kind 应中国地震局邀请来华,在地质研究所访问期间来地震研究所进行学术交流。

9 月 4 日

中国地震局〔1998〕186 号文,授予地震研究所胡国庆、周硕愚为中国地震局优秀研究生指导教师,范春林为中国地震局优秀研究生教育管理工作者。3人均获"中国地震局研究生培养奉献奖"。

9月6日至14日

应台湾成功大学校长邀请,地震研究所王建华、徐菊生、李正媛3人赴台湾出席大陆、台湾第二届测绘科学讨论会,会后参观了台湾成功大学、台湾"中央大学"和太空及遥测研究中心等高等院校与科研机构。

9月17日

由赖锡安等完成的"GPS在地壳形变测量和中长期地震预报中的引用研究",获国家地震局科学技术进步一等奖。

9月18日至10月2日

地震研究所郭唐永赴德国参加第十一届国际激光测距专业学术讨论会。

9月23日至25日

殷志山副局长率计划财务处、地方工作处和办公室负责人专程前往荆州实地考察地震监测网点的受灾情况,慰问坚守在一线地震职工的同时,对荆州市地震监测网点的恢复重建工作提出意见,要求各地区要抓紧水毁地震监测网点的恢复基建工作,经费应纳入各地财政预算,省地震局地方工作处对恢复重建工作做出规划;要吸取这次水灾的教训,把监测网点建在安全地点,能抵御百年一遇的水灾。

10月14日

湖北省1998年国际减灾日报告会在洪山礼堂召开,副省长韩南鹏作报告,省直各单位负责人30余人参加会议。会议由省地震局局长朱煜成主持。

10月16日

经国家科学技术部批准,"国家卫星定位系统工程技术研究中心"在武汉正式挂牌成立,国家科技部代表景贵飞、中国地震局代表朱世龙、湖北省地震局党组书记丁朝晖出席中心成立仪式。省地震局局长王建华任监事会主任。该中心计划投入1900万元,用3年时间建成,主要开展卫星导航定位技术研究,为国民经济建设服务;充分利用高等院校、科研院所的科技优势,发展高科技产业,把武汉建设成国家卫星导航定位技术的基地。

10月20日

湖北省南漳县东巩镇口泉村杨家山附近自1998年8月中旬开始发生山体下陷,省政府领导9月16日批示"请省地震局派专家调查鉴定、指导救灾"。省地震局于当日派出专家组赶赴现场观察,查明此次地面下陷是古滑坡体因7月15日至8月27日连续降雨导致地裂和局部坍塌引起的。省地震局于1998年10月20日以鄂震发防〔1998〕75号文向省政府作了报告。

10月20日至1999年1月7日

地震研究所蒋骏赴西班牙天文大地测量研究所,执行中西地震科技合作"地壳变动观测技术在灾害防御中的应用研究"项目。

10月28日

1998中国(湖北)新技术、新成果、新产品展交会在武汉洪山体育馆隆重举行,地震研究所选送数字地震仪、多功能微声生命探测仪、红外生命探测仪、自救救援装置、精密水准仪、综合检验仪、地形模型自动成型系统、垂线观测仪、地下高温探测仪、滑坡险情现场监测仪参展。

10月

由王静瑶、胡瑞华、罗岚、陈重嘉完成的"现代空间测地技术、海洋重力与数字地震观测技术等科技信息研究",获湖北省科学技术进步三等奖。

11月10日

震研发产〔1998〕73号文,决定在地震研究所地震仪器厂基础上组建武汉科衡地震仪器厂,注册资金195万元。

11月18日

湖北省地震局记者站被中国地震局新闻办公室、《中国减灾报》评为采编发行工作中业绩突出的先进记者站;王佩莲同志被评为采编工作中业绩突出的优秀记者。

12月8日

省地震局帮助"团风县华湾村小康建设五年(1994—1998)工作"通过省小康办验收小组验收。

12月15日至16日

湖北省地震局暨中国地震局地震研究所第二届职工代表大会及第四届工会会员代表大会召开。局(所)50多名职工代表、215名列席代表,特邀的领导、离退休老同志代表参加了大会。

12月18日

以鄂震发防〔1998〕97号文通报表彰黄石市人民政府地震办公室1998年在防震减灾工作中取得特别优异的成绩。

12月23日

省地震局以鄂震发防〔1998〕101号文《关于对"关于加强建设工程抗震设防管理工作的通知"(征求意见稿)的意见》,向省政府作了报告。

12月29日

中国地震局中震发人〔1998〕297号文公布,我局王琪、牛安福被评选为"跨世纪科技人才培养系统工程第一层次人选(培养对象)"。

12月

由赖锡安等完成的"GPS在地壳形变测量和中长期地震预报中的引用研究",获国家科学技术进步三等奖。

由傅辉清等完成的"JSJ精密水准仪(含经纬仪)综合检验仪及其应用",获国家发明二等奖。

本年

牛安福副研究员荣获年度"赵九章优秀中青年科学工作奖"。

由傅辉清科研小组研制的YAO-1型地形模型自动成型系统,获全军科技进步四等奖。

由蔡亚先研制的超宽频带地震计获国家发明专利。

1999 年

1月8日

江泽民、朱镕基、李岚清等党和国家领导人会见国家科技奖获奖代表,湖北省地震局(地震研究所)傅辉清研究员在列。会见后,国务院副总理李岚清就科技兴国战略问题与代表们进行了座谈。

1月26日至28日

1998年度全省地震观测资料质量评比会在武汉召开,与会代表50余人,各专业台、地方台、企(事)业台(点)共37个单位,12个观测项目参加了检查评比。殷志山副局长在闭幕会上作了重要讲话,局党组书记丁朝晖和副局长殷志山为荣获1999年震情趋势会商优秀研究报告及1998年度地震观测资料评比优秀成绩获得者颁发奖状和奖金。经过专家认真评审,黄梅台继续在区域地震观测项目上独占鳌头,襄樊台、随州台并列此项目第二名,竹溪台获第三名;武汉台、随州台、襄樊台获区域地震速报前三名;麻城台获定点形变综合评比第一名;武昌固体潮重力、武汉台远震观测、随州台短波通讯、黄梅独山水化、襄樊万山水位、秭归磨坪中学和武汉园林所电磁波、钟祥地办地磁总强F,分别取得全省同类项目最好的成绩。

2月5日

以省档案局副局长刘庚兰为组长的评审组,对我局机关档案管理升为省一级进行评审验收,并颁发湖北省机关档案管理省一级合格证书。

3月1日

《中华人民共和国防震减灾法》正式实施,为我省制定地震安全性评价管理办法进一步提供了法律和政策依据。《湖北省工程建设场地地震安全性评价管理办法》(草案)经过法制办公室的反复协调、征求意见和修改,获得通过,并由蒋祝平省长签发湖北省人民政府令,正式发布实施。

3月9日

中国地震局中震发人〔1999〕78号文,表彰地震研究所傅辉清研究员为艰苦奋斗、爱岗敬业、无私奉献的先进典型。

3月25日至7月27日

我局(所)一批科技工作者、观测技术员组成GPS区域网观测队,历时4个月,克服重重困难,圆满完成网络工程GPS区域网首次联测任务,获得首批工作成果。

3月

万召侗赴日本进行学术交流与培训(约2周)。

4月15日至30日

地震研究所杨慧杰赴台湾进行学术访问(中国科学院组团)。

4月6日

中国地震局以中震发人〔1999〕117号文发布通知,批准地震研究所蔡亚先为第八批有突出贡献的中青年专家。

4月上旬

省地震局(地震研究所)和中国科学院测量与地球物理研究所因为武昌时辰站土地问题发生纠纷,后经中国科学院、中国地震局、湖北省政府领导做工作后得以解决。

5月11日至12日

中国地震局地壳形变学科协调组在武汉召开地壳形变学科1998年度观测资料评比工作会,评出8个手段的354个观测组(台)的前三名共34个,优秀310个,良好9个,不及格1个。

5月13日至15日

省地震局在随州市召开全省市、州地震局(办)局长(主任)会议,传达全国震害防御和法制工作会议精神;总结1998年全省市、县防震减灾工作取得的成绩、存在的困难和问题;明确1999年工作目标和任务。首次对市、县防震减灾工作进行综合考核评比。十堰地震局、武汉地震办公室和黄冈市地震局获得综合评比前三名;十堰等5个市级地震机构获得单项奖;竹山、竹溪等9个县级地震机构被评为先进单位。

5月15日至26日

殷志山参加中国地震局赴美考察团,执行地震灾害应急管理考察,并出席1999年应急管理技术合作研讨展览会。

6月25日

湖北省科委和湖北省大型科学仪器管理办公室在同济医科大学联合召开1997、1998年仪器管理应用先进集体和先进个人表彰大会暨大型仪器管理协会第十届年会。我局GPS专管共用小组、重力仪专管共用小组获"先进集体"称号。

6月28日

以鄂震发办〔1999〕62号文向省政府上报《湖北省防震减灾工作情况汇报与建议》。

7月21日至10月8日

地震研究所王琪赴美国阿拉斯加大学地球物理研究所进行学术访问,并商讨在水库地区开展InSAR合作研究有关问题。

8月27日

省政府常务会议审议通过《湖北省工程建设场地地震安全性评价管理办法》。

9月11日至13日

中国地震局原局长方樟顺来我局指导工作。

9月13日

牛安福副研究员对以西拨子为中心的40千米~204千米的京西北区域正式提出地震短期预报意见,并填报"中短期地震预报卡"(A类)。实发地震三要素与该同志预报意见基本相符,属较成功的一次预报。

9月21日

向湖北省政府报告台湾花莲西南M7.6级地震对我省东中部的影响情况,省政府办公厅副秘书长汤农生做出批示:请省地震局派人进行调查,并将结果报省政府。

10月1日至14日

傅辉清赴加拿大参加国际高新技术产品博览会。

10月9日

俄罗斯地震专家乌菲姆采夫教授(俄罗斯科学院西伯利亚分院地壳研究所)、马茨教授(俄罗斯西伯利亚分院湖泊研究所)和拉芭茨卡娅教授(俄罗斯伊尔库茨克大学),应王建华所长邀请访问地震研究所,并进行学术交流。

10月25日

召开"三讲"教育动员大会,陈发荣副局长主持,党组书记丁朝晖作动员报告,中国地震局巡视组组长王克元讲话。大会对"三讲"教育活动日程进行了部署。

由蔡亚先、吕永清、周云耀、程骏玲、李星虹、欧阳红、邵中明、王惠群完成的JCZ-1型超宽频带地震计,获中国地震局科学技术进步一等奖。

由吕宠吾、杜为民、李家明、詹碧燕、高平、付水清、宁金忠完成的SS-Y型短基线伸缩仪,获中国地震局科学技术进步二等奖。

首都圈GPS地形变监测网,获中国地震局科学技术进步二等奖。

11月12日

以鄂震发人〔1999〕90号发文,通知组建"湖北省地震局工程勘测研究院",为湖北省地震局下属事业单位(正处级),院长姚运生。同时撤销工程地震与工程测勘研究中心。

11月26日

日本京都大学教授竹本修三博士夫妇访问地震研究所,参观了地震研究所的 SLR 观测站、超宽频带数字地震仪实验室、武昌固体潮观测台和九峰地磁台,作了题为"国际和日本固体潮研究"的报告,并探讨了重力和固体潮合作研究事宜。

11月28日至2000年1月8日

地震研究所蔡惟鑫、谭适龄、蒋骏一行 3 人赴西班牙、比利时执行地震科技合作项目。

12月24日至26日

湖北省市、州地震局局长会议在黄石市召开,省政府、黄石市有关领导出席会议,各市、州地震局(办)局长(主任)、省地震局领导及有关部门负责人40多人参加会议。省政府汤农生副秘书长在会上要求各级政府为地震部门提供"机构、人员和财力"3个方面的保证,地震部门也要切实做好"保三峡、保城市、保稳定"3个方面的工作,努力开创湖北省防震减灾新局面。

12月29日

东风汽车公司向十堰市政府移交东风地震台协议签字仪式在十堰市举行。根据协议,从2000年1月1日0时起,东汽地震台更名为十堰市地震台,并恢复观测工作,向北京、武汉分析预报中心报送观测资料。

12月

由李安然、龚平、严尊国、张飞飞、王清云完成的"鄂西三峡地区地震区划图(1∶50万)与工程地震研究",获湖北省科学技术进步三等奖。

本年

武汉地磁台迁到武汉市洪山区九峰森林公园内新址。

2000 年

1月4日

省地震局党组以鄂震发党〔2000〕1号文向中国地震局党组提交了《关于呈报湖北省地震局"三讲"教育工作总结的报告》。"三讲"教育工作自1999年10月25日开始,于12月30日结束,历时75天。

1月14日至21日

地震研究所薛宏交赴柬埔寨进行地震工程考察。

1月17日至20日

中国地震局副局长刘玉辰一行5人在宜昌、武汉等地慰问地方地震机构和地震台站职工,现场办公,及时解决问题。

1月21日

中共湖北省委组织部、湖北省人事厅以鄂人专〔2000〕8号文发出通知,批准中国地震局地震研究所秦小军、李辉为1999年度湖北省有突出贡献的中青年专家。

1月28日

21时02分15秒,随州市高城镇(北纬32°00′、东经113°41′)发生 $M_L4.2$ 级地震,震中烈度Ⅴ度,震源深度≥20千米。有感范围东到红安县,南到应城市,西到襄樊市,北到河南南阳市、信阳市。

1月

召开全省防震减灾会议,就2000年全省防震减灾工作依法行政、依法治理任务要求,贯彻实施《湖北省工程建设场地地震安全性评价管理办法》,交流贯彻《防震减灾法》的经验与体会,"十五"计划和防震减灾规划等进行了讨论。会议由省地震局副局长殷志山主持,黄石市政府李国斌、贾少华等正副秘书长出席会议。

秦小军赴新西兰奥克兰市出席第十二届世界地震工程大会。

2月15日

中国地震局中震发人〔2000〕048号文《关于核定2000年度编制的通知》,核定湖北省地震局(中国地震局地震研究所)2000年度人员总编制589人,其中行政编制62人,事业编制438人,工厂编制89人。

4月20日至21日

中国地震局副局长何永年等3人来我局调研、指导工作。召开科技干部、中层干部座谈会,传达中组部、人事部、科技部关于科技体制改革的文件精神,并对改革工作作了部署。何副局长在武汉期间还会见了湖北省政府领导,商谈湖北省的防震减灾工作。

4月28日

省政府在洪山礼堂召开庆祝"五一"国际劳动节暨表彰劳动模范大会。我局傅辉清被授予省"劳动模范"光荣称号,并获"湖北省劳动模范"证书。

09时50分28.4秒,荆门市栗溪镇(北纬31°13′、东经112°04′)发生M_L3.4级地震,震中烈度Ⅳ度。钟祥市双河镇,荆门市东宝区盐池河镇、姚河镇、栗溪镇、马河镇及远安、襄樊、南漳普遍有感。其中栗溪镇最强烈,少数居民惊慌逃至室外,个别房屋掉灰、掉瓦,墙壁开裂,门窗作响,少数人听到地下发出闷雷声。

5月23日

中华人民共和国人事部、中国地震局以人发〔2000〕151号文《关于表彰全国地震系统先进集体和先进工作者的决定》,授予我局傅辉清"全国地震系统先进工作者"称号。

5月29日

蒋祝平省长主持召开省长办公会,听取省地震局局长王建华关于全国防震减灾工作会议精神和湖北省防震减灾工作汇报,对我省防震减灾工作给予充分肯定,并要求省计委在制定全省"十五"规划和计划时,一定要把防震减灾工作纳入计划。

6月13日

西班牙天文大地测量研究所所长维尔哈教授一行6人在访问北京、西安之后,来武汉访问,拜会了省地震局领导和地震研究所专家,参观了宽频带数字地震技术实验室、湖北省大地测量仪器检定中心、长江三峡诱发地震监测系统监测总站、武汉固体潮观测台和九峰地磁台,并作了题为"西班牙Lanzarote岛的火山学研究暨中西合作的十年及未来"的学术报告。

6月19日

中国地震局以中震发人〔2000〕212号文发布《关于湖北省地震局(中国地震局地震研究所)新一届领导班子组成及有关人员职务任免的通知》,新一届领导班子组成为:局(所)长李强,副局(所)长殷志山、陈发荣、吴云、姚运生,任期4年。

中共中国地震局党组以中震发〔2000〕029号文发布《关于中共湖北省地震局(中国地震局地震研究所)党组组成及有关人员职务任免的通知》,中共湖北省地震局(中国地震局地震研究所)党组组成为:党组书记李强,党组成员殷志山、陈发荣、吴云、姚运生,党组纪检组组长陈发荣(兼)。

07时22分26秒,兴山县高桥乡(北纬31°14′、东经110°42′)发生$M_L3.6$级地震,震中烈度Ⅴ度,震源深度11.6千米。有感范围涉及高桥乡15个村,东北到龙王洞,西南到朱家湾,南抵贺家坪,北至老湾,等震线长轴呈北东向。极震区在茅草坝村一带。

6月22日至23日

全省防震减灾工作大会召开,副省长王少阶出席会议并讲话。会后,宜昌、黄冈、荆门、十堰、咸宁等市分别召开政府办公会议,听取全省防震减灾工作会议汇报,研究制定和加强防震减灾工作措施。黄冈市政府专门发了会议纪要,要求重点落实地震监测预报、机构建设和急需经费等问题。荆门市市长办公会议决定,各县、区成立地震机构,市地震局定格为副县级,解决数字化地震台改造专项资金,给地震局解决应急车辆,并从2001年起开始将仪器正常运转和维修经费纳入市财政预算。十堰市政府增加地震观测经费。宜昌、咸宁市召开防震减灾工作会议,仔细研究贯彻落实各项防震减灾措施和经费。

6月26日

中国地震局监测预报司以中震测〔2000〕072号文发布《关于1999年度地震监测预报工作质量全国统评结果的通报》,武汉地磁台被评为电磁学科地磁Ⅰ类台的第三名和定点核旋台第二名。

7月18日

省政府办公厅以鄂政办发〔2000〕135号文发布《关于调整省防震减灾工作领导小组组成人员的通知》:组长王少阶(副省长),副组长汤农生(省政府副秘书长)、李强(省地震局局长),成员熊茂浩(省计委副主任)等15人。领导小组下设办公室,主任由省地震局副局长姚运生兼任。

7月

第二届学位委员会组成为:主任吴云,副主任姚运生、蔡亚先,委员12人,秘书黄社珍、范春林。

9月5日至10日

地震研究所凌模应索佳株式会社平野元次郎邀请,赴日本考察空间大地测量仪器制造、检定工作。

9月8日

地震研究所以震研发科〔2000〕30号文发布《关于聘任我所科学技术咨询委员会委员的通知》,第二届科学技术咨询委员会由15人组成:主任周硕愚,委员叶文蔚、李安然、李瑞浩、刘锁旺、吴翼麟、周硕愚、周明礼、胡国庆、高士钧、贾民育、夏治中、徐菊生、曾心传、赖锡安、蔡惟鑫。

9月11日

地震研究所以震研发科〔2000〕29号文发布第三届科学技术委员会通知：主任郭唐永，副主任蒋俊、李辉、王琪、戚克军，委员王建华、王基尧、牛安福、甘家思、申重阳、邢灿飞、吕宠吾、乔学军、李正媛、严尊国、吴云、张雁滨、张勤耕、陈蜀俊、卓力格图、周云耀、贺玉方、姚运生、饶扬誉、秦小军、黄广思、龚平、傅辉清、谢广林、游新兆、蔡亚先，卓力格图兼任秘书。

9月18日至12月16日

地震研究所乔学军、游新兆赴美国阿拉斯加大学执行地震科技合作项目。

9月27日

鄂震发人〔2000〕125号文《关于撤销条件资产处的通知》，决定撤销湖北省地震局（所）条件资产处，原有职能和人员划归计划财务处。

10月18日至2002年11月28日

增补以下15人为科学技术咨询委员会委员：邵占英、李平、陈中林、虞廷林、李志良、于品清、俞飞鹏、陈德福、姚植桂、刘鼎文、李旭东、蔡庆福、聂磊、魏望生、兰迎春。

10月19日

第十九届鄂豫陕地震联防暨学术研讨会在十堰召开。陕西汉中、商洛、安康，河南南阳，湖北襄樊、十堰等地市代表共25人参加会议。十堰市副市长夏国玺应邀出席会议，湖北省地震局副局长姚运生就进一步做好鄂豫陕地震联防工作发表讲话。会议还对收到的7篇地震趋势综合报告、17篇论文进行了评审，评出地震趋势综合研究报告一等奖2篇、二等奖2篇、优秀奖3篇，论文一等奖3篇、二等奖5篇、优秀奖9篇。

10月21日至11月13日

地震研究所蔡惟鑫、谭适龄、蒋骏、唐小林等赴西班牙，执行"2000年中西地震科技合作"项目。

11月12日至23日

地震研究所郭唐永、谭业春、李翠霞3人应意大利空间局空间大地测量中心C.Bianco博士邀请,赴意大利参加第二十届激光测距工作会议,顺访捷克技术大学。

11月28日至30日

2001年度湖北省地震趋势会商会在武汉召开,各市(州)地震局(办)、省属有关厅、委,省地震局局属有关研究室、地震台,以及长江、清江、丹江口有关单位30余名代表出席会议。与会代表认真分析研究了2000年度湖北省及邻区地震活动情况,提出了2001年度湖北省地震活动趋势。省政府副秘书长汤农生讲话,省地震局副局长吴云介绍了《"十五"期间湖北省地震应急系统建设方案》,局长李强对会议进行总结。

12月16日至18日

海峡两岸暨香港"关于中国东部沿海海平面变化趋势研究"合作项目阶段工作交流会在深圳召开,大陆方面出席会议的有王建华、徐菊生、秦小军和卓力格图,台湾方面有明新技术大学张瑞刚博士和陈明宣处长,香港方面有香港理工大学莫志明博士。

12月26日

湖北省国家保密局以鄂国保〔2000〕23号文,发布《关于表彰全省"三五"普法期间保密法制宣传教育工作先进集体和先进工作者的决定》,我局获"先进集体"称号。

12月28日

以鄂震发监〔2000〕184号通知,向各市(州)地震局(办)、地震台站、有关处室印发《湖北省地震系统地震应急预案》。

本年

长江三峡工程开发总公司投资兴建"长江三峡工程诱发地震监测系统",

包括数字地震遥测台网、地壳形变监测网络、地下水动态监测井网和地震监测总站四大部分。地震监测总站设在我局监测大楼6楼，主要汇集三峡水库24个微震遥测子台及8口地下水动态监测井网的原始资料。总站负责数据收集、处理、分析，同时具有数据存储和服务功能。

中国地震局决定在"九五"期间对全国重点地震监测台站实施数字化改造（95-02-01项目）。重点对武汉、恩施、丹江口3个地震台进行数字化改造。历时5年，按期完成了武汉（国家基准台）、恩施（CDSN）、丹江（区域）数字地震台站建设各项任务，台站环境改善、业务人员培训、仪器设备安装调试、试运行及考核运行等技术指标均达到了设计要求。

2001 年

1月14日

湖北省地震局(地震研究所)完成的国家重点科技攻关项目"强震中短期(一年尺度)预报技术研究"在北京通过科技部组织的专家验收。

2月16日

省发展计划委员会批准省地震局关于湖北省地震应急快速反应系统建设立项的请示。该项目的主要内容包括：全省地震台网数字化改造、完善；地震数据通信网络与分析预报网络系统建设；地震应急决策指挥中心建设；地震现场流动指挥系统建设；地震应急救援技术系统与紧急救援队伍的建设等。预算总经费4264.57万元。

3月

杜瑞林赴瑞士伯尔尼大学进行 Berrese GPS 软件培训。

5月12日至14日

科技部国家重点野外观测站考察小组，对第三批国家重点野外科学观测站武汉地震、重力与固体潮观测研究站进行考察，充分肯定台站的观测手段、技术条件和观测环境条件等。

5月30日

应李强局长邀请，哈佛大学 SMITHSONIAN 天体地球物理研究中心普尔曼教授访问湖北省地震局(地震研究所)。普尔曼教授介绍了 SLR(卫星激光测距)、GPS、VLBI(其长基线干涉测量)国际合作及地球物理应用研究方面的一些情况，并希望与地震研究所进一步深化 SLR 等技术合作。

5月31日

湖北省第九届人民代表大会常务委员会第二十五次会议审议通过了《湖北实施〈中华人民共和国防震减灾法〉办法》(以下简称《实施办法》)。《实施办法》共19条,紧密结合湖北实际、简明扼要,具有较强的操作性,是全省防范地震、减轻地震造成的损失、保障经济发展和维护社会稳定、依法进行防震减灾工作的法律保证。该《实施办法》于8月1日起施行。

6月21日至30日

地震研究所王基尧、戚克军2人赴日本尼康公司,商讨研发测绘仪器事宜。

7月2日

01时32分50.7秒,房县上龛乡(北纬31°50′、东经110°26′)发生$M_L3.3$级地震,震中烈度Ⅳ度。有感范围东边接近银坪,最南端通过水田坝,西北抵雷家坪,北到西沟垭。Ⅳ度区分布于花家垭、五泄街一带。

10月8日

丹江口市政府召开专题会议,研究解决丹江口市防震减灾工作中存在的问题。针对丹江口水库蓄水量达170亿立方米的情况,为防止水库蓄水诱发地震,市政府要求地震部门加强地震前兆观测及地震预报研究,并由市科委每年拨专款用于防震减灾工作。

10月11日

16时04分27.6秒,秭归梅家河(北纬30°54′、东经110°29′)发生$M_L3.6$级地震,震中烈度Ⅴ度。梅家河和两河口乡震感强烈,梅家河招待所电视机上的花瓶被震落,梅家河乡张音才家掉瓦20余片。

10月13日

由科技部批准,省科技厅举办,湖北省地震局、湖北省灾害防御协会共同承办的地学减灾及工程安全性动态变形监测技术和预测方法国际培训班在武汉举行。参加培训班的主要是来自印度、越南等第三世界国家的专家、学者。

此次培训班旨在加强技术援外,向第三世界展示中国在地学灾害领域的监测研究成果及水平,开展国际间的双边和多边技术合作与交流。培训期间,中外学员对三峡库区进行了实地考察。

10月19日

中国地震局地震研究所研究员王琪撰写的《GPS监测中国大陆现今地壳变形》刊登在美国《Science》杂志上,标志着中国在运用GPS监测地壳形变和地震监测预报领域进入国际先进行列。

10月26日

中央机构编制委员会向中国地震局印发中编发〔2001〕4号文,关于《省、自治区、直辖市地震机构改革方案的通知》,明确各省地震局为事业单位性质,实行中国地震局与省级人民政府双重领导、以中国地震局领导为主的管理体制,湖北省地震局与中国地震局地震研究所为一个机构、两块牌子。

10月27日至28日

"长江三峡工程诱发地震监测系统"项目建设完工验收会在宜昌召开。项目由长江三峡工程开发总公司委托并投资,中国地震局和长江水利委员会承担建设。该项目由4个课题组成。湖北省地震局(地震研究所)负责地壳形变监测和地震监测总站2个课题。验收专家组根据项目设计任务书、合同书及其《建设完工验收大纲》的要求,一致通过项目建设完工验收。

11月14日

青藏昆仑山口西发生Ms8.1级大地震。11月16日至次年5月21日,地震研究所王琪、杜瑞林参加中国地震局组织的科学考察队赴地震现场执行GPS测量任务,其后地震研究所付广裕、张勇军等执行重力测量任务。

11月30日

中国地震局向各省、自治区、直辖市地震局印发《中国地震局关于省、自治区、直辖市地震局机构改革方案的实施意见》一文,在其机构设置的附录中,湖北省地震局、中国地震局地震研究所为一个机构、两块牌子。

12月3日

湖北省数字地震前兆台网在武汉通过中国地震局组织的验收。该台网是中国地震局和湖北省政府共建的"九五"重点项目之一,也是中国地震台网的重要组成部分,由省地震局实施。1997年开始进行实施方案的设计,2001年上半年完成各台站和前兆台网中心仪器设备的安装,并进入仪器的调试阶段。通过为期3个月的运行考核,于12月上旬通过中国地震局组织的测试。该项目利用现代化技术,对全省原有的地震前兆台网中的5个台站,包括地磁地电、地下流体、地壳形变三大学科13个测项的观测仪器进行数字化技术改造,并增加23套设备,新建1个数字地震前兆台网中心。该项目完成后,湖北省前兆台网观测综合化、数字化程度将大幅提高,数据自动化传输速度将明显加快,可实现全省地震前兆观测数据资源共享,为及时而准确地捕捉地震前兆信息,提高湖北省地震前兆监测能力发挥重要作用。

12月9日至21日

应越南国家自然科学中心地球物理研究所所长阮廷川教授邀请,吕宠吾、杜为民、高平访问该所。

12月13日

13时43分04秒,秭归与兴山交界处(北纬31°04′、东经110°52′)发生 M_L 4.1级地震。震源深度18千米,震中烈度Ⅵ度,震感强烈,部分房屋遭到损坏。秭归县4个乡镇、兴山县5个乡镇有感。此次地震由于发生在未来的三峡库区,而且比10月11日秭归梅家河地震震级大,震感强烈,因而引起各级政府和地震部门的关注。省地震局、宜昌市地震局即刻派出调查小组赴现场调查,并将调查报告提交省政府。

12月15日至20日

应中国地震局邀请,比利时皇家天文台范·隆贝克教授访问湖北省地震局(地震研究所)。其间,双方回顾彼此间20多年的合作历程,对21世纪的进一步合作进行商谈和展望,并就2002年中国、比利时科技合作ORBES计划的实施进行具体磋商:在未来的合作中,将互派青年专家,共同进行理论、方法和仪器研制方面的探索。以中、英两种文本签署中国、比利时合作项目2002—2003年计划备忘录。

12月

由高锡铭、张秋文、高士钧、陈步云、甘家思、王清云、袁金荣完成的"长江三峡水库与毗邻的清江隔河岩水库诱发地震类比及预测研究",获湖北省科学技术进步三等奖。

本年

武汉市政府投资兴建由4个子台(黄陂太阳山、新洲道观河、江夏龙泉山、蔡甸面子山)、1个中继站(龟山电视塔)和1个台网中心(武汉市地震监测中心)组成的数字信号、无线传输(扩频微波)数字遥测地震台网,武汉及邻区监测能力达 $M_L \geqslant 1.7$ 级。

2002 年

1月21日

根据中国地震局的要求,上报《湖北省地震局职能配置、机构和人员编制方案》的报告,明确湖北省地震局、中国地震局地震研究所一个机构、两块牌子的管理体制和主要职责。

1月22日至24日

省地震局在武汉召开全省市、州地震局局长会议。会议对2001年全省市、州防震减灾工作进行认真总结。

1月24日至2月8日

傅辉清赴欧洲11国进行WTO(世界贸易组织)考察。

2月

我局制定3项企业标准,经湖北省质量技术监督局审批后颁布实施:(1)EMD型电磁差动位移测量系统,QB420000/4623—2002;(2)CG系列光机式垂线观测系统,QB420000/4624—2002;(3)JCY-Ⅰ型液体静力水准遥测仪,QB420000/4625—2002。

3月至10月

对全省防震减灾行政执法人员重新进行资格审查,为80人核发全省防震减灾行政执法证,为6人核发全省防震减灾行政执法监督证。

3月15日

副省长王少阶一行3人来我局检查指导工作。

3月16日

湖北省地震局领导班子届中考核,中国地震局人事教育司副司长刘宗坚及省委组织部有关人员主持。

3月18日

19时08分10.3秒,襄阳白龙庙(北纬32°08′、东经111°55′)发生M_L3.4级地震,震中烈度Ⅳ度,震源深度17千米。谷城茨河、白龙庙、新集一带震感强烈,200多人跑至户外。

4月11日

省人大、省政府对武汉市、宜昌市、十堰市、荆门市、黄冈市、黄石市、荆州市、襄樊市、随州市、咸宁市、秭归县、兴山县、巴东县、丹江口市、郧县等17个市、县进行防震减灾执法检查,并用简报形式通报检查结果。

4月

地震研究所工程勘测研究院转制,成立武汉地震工程研究院,为独立法人企业、国有企业,落户东湖高新技术开发区。院长陈蜀俊,总工程师黄广思。

4月21日至25日

日本东京大学地震研究所大庆保修平教授、孙文科博士访问地震研究所。

5月30日

湖北省地震局首次举行三峡地区(湖北境内)模拟地震应急演练。省局相关部门、长江水利委员会三峡工程研究院地震处和宜昌市地震局等单位参加演练。

6月11日至20日

香港理工大学土地测量与地理资讯学系25名学生由Esmond Mok博士带领,来地震研究所参观、学习。其间,由地震研究所徐菊生陪同赴三峡大坝工地考察。

6月23日至7月14日

地震研究所蔡惟鑫、秦小军、申重阳等一行5人,赴西班牙执行地震科技合作项目,顺访比利时皇家天文台。

6月24日

省长办公会议(省长办公会议纪要〔135〕),批准《湖北省地震应急快速反应系统建设》项目,并增加我省防震减灾工作经费80万元。

6月26日至27日

中国地震局局长宋瑞祥等来地震研究所检查指导工作,湖北省省长张国光、武汉市代市长李宪生会见宋瑞祥局长。

7月8日

地震研究所王琪赴新西兰参加西太平洋地球物理学会议。

7月16日

中国地震局党组成员李友博、人事教育司副司长潘怀文来我局,宣读邢灿飞任局党组成员、副局(所)长的任职决定。

7月21日至8月1日

吕宠吾一行6人访问越南地球物理研究所。

7月

廖成旺赴日本考察ACROSS地震震源研究情况。

8月29日至11月27日

地震研究所刘少明赴比利时皇家天文台,执行中比地震科技合作项目。

8月

王建华和徐菊生应邀访问香港理工大学。
田琳应邀访问加拿大卡尔顿大学。

9月9日至14日

地震研究所举办"大地测量与地球动力学"院士论坛,叶叔华、丁国瑜、宁津生、魏子卿、许厚泽、刘经南6位院士参加论坛并作学术报告。

9月

杨慧杰应邀访问法国 Paul-Sabatier 大学并考察法国城市防震减灾工作。

9月至10月

意大利达努齐奥大学 P. Boncio 博士一行3人访问地震研究所,并由饶扬誉博士陪同,前往山西调研汾渭裂谷带伸展构造。

10月20日至24日

地震研究所李辉赴日本东京大学,执行地震预测合作研究项目。

10月30日

由申重阳、黄建梁、李辉、孙少安、刘冬至、甘家思、白志明、徐菊生、项爱民完成的"重力变化、位错与密度时变的综合研究",获中国地震局防震减灾优秀成果二等奖。

11月1日至8日

傅辉清赴埃及和土耳其进行科技、文化考察。

11月2日

"长江三峡工程诱发地震监测系统地壳形变监测网络"通过由省科技厅组织的项目鉴定。

11月6日至12月15日

地震研究所乔学军、杜瑞林赴美国阿拉斯加大学,执行地震科技合作项目。

11月21日

07时12分56秒,通山杨芳(北纬29°34′、东经114°25′)发生M_L3.1级地震,震中烈度Ⅳ度,震源深度10千米。

11月26日

中国地震局在中震发科〔2002〕259号文《关于印发中国地震局直属科研机构管理体制改革实施工作意见的通知》中提出,将中国地震局地震研究所并入湖北省地震局,转为地震事业单位;保留50名科技人员进入中国地震局地壳应力研究所武汉科技创新基地(简称创新基地),推进大地测量、重力、水库诱发地震和地震仪器等优势学科的发展。创新基地仍由地震研究所(湖北省地震局)代管。

创新基地的研究方向与任务。(1)大地测量:①定点形变理论与技术研究;②卫星定位测量与地球动力学研究。(2)重力与固体潮:①重力场变化观测与研究;②重力固体潮观测与研究。(3)地震观测技术与仪器:①地震观测技术;②前兆观测技术;③其他观测技术。(4)水库诱发地震:①水库诱发地震成因与机理研究;②水库诱发地震监测与工程防护。(5)地震观测卫星技术与应用:①卫星观测技术;②卫星观测数据分析处理与地震预测。

11月29日

地震研究所以震研发科〔2002〕54号文,发布关于调整第三届科学技术委员会的通知:主任郭唐永,副主任王琪、李辉、李正媛,委员蔡亚先、陈蜀俊、陈志遥、杜瑞林、杜为民、甘家思、龚平、贺玉方、黄广思、李强、李盛乐、路杰、吕宠吾、吕永清、乔学军、秦小军、饶扬誉、申重阳、孙少安、王晓权、吴云、邢灿飞、许光炳、严尊国、姚运生、周云耀、卓力格图,秘书卓力格图(兼,2002年11月至2003年6月)和杜瑞林(兼)。

地震研究所对科学技术咨询委员会进行调整:主任周硕愚,委员蔡惟鑫、蔡庆福、陈德福、傅辉清、高士钧、胡国庆、贾民育、赖锡安、李安然、李瑞浩、李平、李志良、李树德、李旭东、刘鼎文、刘锁旺、聂磊、兰迎春、吴翼麟、徐菊生、邵占英、于品清、俞飞鹏、曾心传、周明礼、王静瑶。

11月

卓力格图应邀赴香港理工大学开展合作研究,为期1年。

地震研究所成立武汉地震科学仪器研究院,为独立法人企业。

12月1日至7日

越南国家自然科学技术中心 NGUYEN HUU TUYEN 等一行4人访问地震研究所。

12月5日

为开拓中国与伊朗在地震观测技术与应用方面的科技合作,受湖北省政府副省长辜胜阻邀请,伊朗能源部副部长 Saoed Kharghani 博士率伊朗能源与水利技术科学家代表团于12月5日访问湖北省地震局,与局领导进行座谈和交流。访问期间,代表团参观了长江三峡、葛洲坝和清江隔河岩水利枢纽工程。

12月12日

与省物价局联合发布《湖北省防震减灾技术服务收费管理办法》。

12月

经湖北省编制办公室批准,成立湖北省地震监测预报中心、湖北省地震文献信息中心和湖北省地震局后勤服务中心3个独立法人事业单位。

根据中国地震局中震发人〔2002〕121号《湖北省地震局职能配置、机构设置、人员编制方案的通知》精神,完成湖北省地震局机关"三定"工作。

根据省政府《关于进一步加强防震减灾工作的通知》(鄂政发〔2001〕7号)要求,仙桃、潜江、神农架林区、孝感、鄂州落实了地震工作管理部门。至此,全省除天门市外均设立了地震工作管理部门。

宜昌、荆门、黄冈、十堰、襄樊、随州、荆州等市、州、县将地震安全性评价工作纳入行政审批程序。

"三峡水库诱发地震监测研究"项目获科技部批准,2002年度计划经费90万元。

李强局长当选湖北省第九届政协委员。

比利时皇家天文台范·隆贝克教授夫妇访问地震研究所。

本年

"中国数字地震观测网络"项目正式启动,建设:(1)湖北省防震减灾中心;

(2)湖北省数字地震和数字前兆台网;(3)省、市区域地震信息网络系统;(4)地震应急指挥系统。根据中国地震局的工作安排和要求,须完成1个省级防震减灾中心、7个前兆台、21个测震台和16个信息节点等建设场址的勘选和设计工作。10月底完成项目设计和选勘报告的编写工作。初步确定分布于全省各地的44个地震观测台站台址及建设规模。

《地壳形变与地震》更名为《大地测量与地球动力学》,为季刊,国内外公开发行。由中国地震局地震研究所、中国地震局第一地形变监测中心、中国地震局第二地形变监测中心、中国地震局地球物理勘探中心和中国地震局综合观测中心5家联合主办;武汉大学测绘学院、中国地震学会地壳形变测量专业委员会和中国地震学会地球物理勘探专业委员会协办。刊物定位为高级学术期刊。内容侧重于全球地壳运动与形变监测、形变地球动力学、地震学与地球物理学有关的科研成果、新理论、新方法和观测技术的新进展。

名誉主编叶叔华,顾问陈章立、陈鑫连、周硕愚、赖锡安,主编李强,副主编黄立人、张先康、丁平、巩曰沐、李建成、薛宏交,委员68人,薛宏交兼任编辑部负责人。

2003 年

1月23日至24日

中国地震局副局长刘玉辰等一行5人来我局调研指导科技体制改革工作。

2月10日

湖北省人大常委会副主任鲍隆清等10人来省地震局检查指导工作。

2月12日

省地震局被省委宣传部、省科技厅、省科协联合评为2002年度"科技活动周"优秀单位。

2月17日至19日

我局编写的《长江三峡工程库区及邻区地震活动本底报告》通过评审。

2月18日至19日

中国地震局科技发展司在北京组织召开地震卫星计划编制工作专家研讨会,我局吴云等应邀参加。

2月23日

日本京都大学教授竹本修三顺访地震研究所,就超导重力仪和超长基线激光应变仪在地学基础研究方面的应用作了题为"印度尼西亚的超导重力观测及结果"和"日本超长基线激光应变仪观测"的学术报告。

2月24日

辜胜阻副省长听取省地震局局长李强关于全省防震减灾工作情况的汇报。

2月26日至28日

蔡亚先在北京参加中共中央、国务院召开的全国科技奖励大会,并受到胡锦涛、江泽民、朱镕基等党和国家领导人的接见。

2月27日

湖北省人大教科文卫委员会和省地震局在武汉联合召开全省纪念《中华人民共和国防震减灾法》施行5周年座谈会。省人大常委会副主任鲍隆清,省人大教科文卫委员会主任委员余风盛,省人大常委会副秘书长、法规工作室主任张绍明,省人大教科文卫委员会副主任委员彭小海等领导,省委宣传部、省政府法制办、省人大法规工作室、省依法治省办公室、省计委、省经贸委、省科技厅、省建设厅、省财政厅、省民政厅、省公安厅、省卫生厅、省水利厅、省信息产业厅、省交通厅、省广电局、省军区、省武警总队以及省地震局有关部门负责同志出席会议。

3月3日

11时51分20.4秒,荆门(北纬31°19′、东经112°02′)发生 $M_L 3.1$ 级地震,震中烈度Ⅳ度,震源深度6千米。

3月9日至10日

长江三峡开发总公司在宜昌组织召开2003年三峡水库诱发地震趋势会商会。公司副总经理曹广晶、中国地震局科技发展司司长朱世龙、湖北省地震局副局长姚运生、长江水利委员会的专家以及三峡总站、测震、形变、地下水网等项目组共30余名代表出席会议。

3月19日至23日

中共中央宣传部和中国地震局在北京联合召开全国防震减灾宣传工作会议,省地震局震害防御处、长江三峡工程开发总公司和武汉钢铁(集团)公司被评为先进集体。省地震局王佩莲和十堰市地震局许光炳获"先进个人"称号。

3月

湖北省新世纪高层次人才工程启动,我局李强、李辉2人入选。

我局被中国地震局授予"2002—2003年度纪检监察工作先进集体"称号。

湖北省地震局工会被省直机关工委评为"省直机关先进基层工会";副局长陈发荣被评为"省直机关工会工作积极支持者";饶锦英被评为"省直机关工会优秀工会干部";王琪、李辉被评为"四学四比一创"先进个人;蒋幼华、路杰被评为"强素质、比奉献,争当职业女标兵"先进个人。

调整学位评定委员会。主任吴云,副主任姚运生,委员14人,秘书张荣富、范春林。

4月2日至18日

蔡亚先随中国地震局组团访问缅甸,执行中国地震局环球数字台网建设任务。在缅甸仰光、曼德勒安装2台数字地震仪并进行人员培训。

4月19日

"十五"新建、改造台站(址)野外选勘、测试工作全部结束,共选定测震台址14个,改造前兆地震台址12个。省局宜昌台、麻城台、黄梅台、钟祥台、襄樊台、丹江口台、郧县台、恩施台相继新建与改造。各地方台亦相继建设完成,形成现代化数字地震台网。

4月20日

我局与武汉电视台联合摄制的《解读地球》电视片在中央电视台播放。

4月22日至25日

日本东京大学地震研究所大久保修平教授和孙文科博士访问我局。

4月27日

三峡输变电工程地震安全性评价工作协调会在武汉召开。与会人员建议并一致认为,三峡输变电工程属重大能源建设工程,依法开展工程建设场地地震安全性评价工作,对湖北省开展重大工程项目地震安全性评价工作将起到较大示范、推动作用。

5月4日至6月2日

我局完成"中国数字地震观测网络"湖北项目的初步设计。

5月15日

辜胜阻副省长一行来我局视察,听取李强局长的工作汇报,并参观实验室和研究室。

6月1日

按中国地震局的要求,对长江三峡库区蓄水期间地震监测实行每日报告制。

6月2日

召开会议宣布中国地震局地壳应力研究所武汉科技创新基地正式组建。副局长吴云主持会议,局长李强在会上作了动员,人事教育处负责人对组建地壳应力所武汉科技创新基地有关问题作了说明。

6月9日至13日

省人大教科文卫委员会与省地震局对宜昌市、恩施州巴东县等地进行防震减灾法律法规执法检查。省人大常委会副主任鲍隆清,省人大常委会委员、教科文卫委员会主任余风盛和副主任彭小海,省地震局局长李强等领导参加检查。

6月15日

公开招聘武汉创新基地大地测量研究室、重力与固体潮研究室、地震观测技术及仪器研究室、水库诱发地震研究室4个主任岗位任职人员。

6月17日至20日

中国地震局副局长赵和平等6人来我局就组建中国地震仪器装备集团有关问题进行专题调研。

6月23日

我局蔡惟鑫研究员、秦小军研究员、谭适龄高级工程师、申重阳副研究员和吉林省地震局郑亚琴副局长一行组成的代表团,对西班牙进行访问,并对第五期合作的内容进行深入探讨。双方就共同开展长白山天池火山及Tenerife的Taide火山监测研究达成共识。

6月24日

"湖北省地震应急快速反应系统建设"项目经省长办公会议讨论通过,省政府批准立项。该项目是本省"十五"计划重点项目,建设总经费为4265万元,由中国地震局和湖北省人民政府共同出资。其中,省、市(州)、县(市、区)共同承担项目建设经费2135万元,并由省发展计划委员会负责落实。根据中国地震局的指示精神,为配合监测预报司编制《中国数字地震观测网络》可行性研究报告,省地震局编写了《中国数字地震观测网络》湖北省建设方案。

6月27日

中国地震局局长宋瑞祥一行来省地震局,视察地震监测预报中心、三峡水库诱发地震监测研究室、重力与固体潮研究室、空间大地测量研究室、地壳形变与地震中心、武汉地震工程研究院,听取省地震局局长李强关于地震科研和湖北省防震减灾工作汇报。

6月至12月

6月始,长江三峡水库蓄水,即刻产生岩溶溶洞型水库诱发地震,长江南岸巴东金子山地震台附近0级以下极微震千余次,西侧火焰石、北岸东瀼口等地亦微震频发,西陵峡、香溪等地亦有零星微震发生。省局派出大型现场调查组,携多台流动仪监测。最大为12月19日巴东官渡口镇马鬃山村的M_L2.5级,震源深度小于2千米,民房有损裂。

7月1日

张传中、李辉、蒋跃、路杰、时文涛5位同志被省地震局授予"优秀共产党员"称号;饶锦英同志被授予"优秀党务工作者"称号。

7月3日

22时17分47.1秒,钟祥长寿镇(北纬31°23′、东经112°35′)发生M_L3.5级地震,震中烈度Ⅳ度,震源深度10千米。长寿镇居民震感明显,少数人惊慌外逃。

7月5日

地震研究所建立研究生教育基金。

7月21日至8月1日

吕宠吾研究员一行6人访问越南,与越南地球物理研究所所长Nguyen Ngoe Thoy教授、副所长Le Huy Minh博士和地球动力学实验室主任Cao Dinh Trieu博士等进行交流,就地震科学技术的发展、SS-Y伸缩仪的发展、重力与固体潮观测、中国地壳形变观测网络、甚宽频带数字地震计等作专题报告;参观越南国家自然科学技术中心和距河内80千米处的Hoa Birth水电厂断层观测站。

7月25日

10时05分0.5秒,咸宁向阳湖(北纬30°01′、东经114°04′)发生M_L3.1级地震,震中烈度Ⅳ度,震源深度9千米。

8月12日至27日

周云耀随中国地震局组团访问乌兹别克斯坦,执行中乌合作建设数字地震台网的任务。携带两台CTS-1E低功耗甚宽频带地震计分别安装在塔什干中心地震台和阿格列克地震台,并进行人员培训。

8月13日

中共湖北省委、省政府在洪山礼堂召开全省防治"非典"表彰大会,省地震局党办主任饶锦英被大会授予"湖北省防治非典先进个人"称号。

8月26日

04时59分53.7秒,竹山、竹溪间(北纬30°01′、东经114°04′)发生M_L3.9

级地震,震中烈度Ⅴ度。伴有前震和余震。有感范围长轴约65千米,短轴40千米。

8月

我局成立监测预报中心,负责省属专业地震台站的运行和管理,地方地震台站的技术指导和服务,长江三峡工程诱发地震监测总站、长江三峡地下水动态监测网、清江遥测地震台网、省局局域网系统的运行和管理,湖北省流动重力、跨断层流动水准和丹江口水库面水准测量与管理,湖北省区域地震速报,湖北省区域地震分析预报和年度地震趋势会商以及现场流动监测等工作。

9月8日

我局申报增设"防灾减灾工程及防护工程"硕士点,获省政府学位委员会批准。

9月18日

我局与武汉电视台联合拍摄的《人卫激光测距仪》在中央电视台播放。

9月20日至12月12日

地震研究所王琪应美国阿拉斯加州立大学费尔班克斯分校地球物理研究所邀请,赴美进行学术访问。

9月21日至28日

王建华、李辉赴台湾出席海峡两岸重力与大地水准面研讨会。

9月22日

在瑞典定居的潘明博士来地震研究所访问。介绍了GPS监测地壳形变和高程变化的研究、瑞典南部断层监测、与冰岛合作监测冰层融化引起的地壳反弹现象等,同时,希望促成地震研究所相关学科与瑞典皇家工学院的合作。

10月8日

日本东京大学孙文科博士来访,讨论地震研究所与日本东京大学的合作事宜。

10 月 8 日至 11 日

省灾害防御协会与中国长江三峡工程开发总公司在湖北宜昌联合举办三峡库区综合减灾战略与可持续发展研讨会。中国灾害防御协会和湖北、北京、上海、天津、安徽等省市的代表共 40 余人参加会议。省灾害防御协会韩南鹏会长出席会议并讲话。

10 月 19 日至 11 月 5 日

我局完成了"中国数字地震观测网络"湖北项目的工程设计与建设场址选勘测试报告。

10 月 20 日至 31 日

应中国地震局邀请,美国巴罗极地科学理事会主席、地质学家理查德·格林及其夫人阿伦·格林(爱斯基摩文化中心负责人)和女儿来华访问,主要与中国地震局商讨在北极开展科技合作事宜。10 月 26 日至 28 日,由地震研究所科技处外事办公室人员陪同参观三峡大坝。

10 月 20 日至 11 月 7 日

李强局长、姚运生副局长分别率局办公室、法规处负责人前往黄冈、黄石和咸宁等市开展防震减灾工作执法检查。

10 月 22 日至 28 日

为执行国家科技部中越两国合作项目,以副所长吴云为团长,吕宠吾、秦小军等 4 人组成的代表团访越。参观了越南地球物理研究所、和平地壳形变观测站;考察了沿红河断裂带的典型构造地貌和岩溶地貌等;检修了安装在和平(Hoa Bmh)水电厂山洞内的 SS-Y 型伸缩仪;升级了新版控制管理软件。

10 月 23 日至 25 日

中国地震局副局长刘玉辰、震害防御司副司长杜玮等 5 人来我局检查工作。

10 月 29 日至 11 月 1 日

中国地震局工程研究中心副主任牛之俊检查我省"地震应急快速反应系

统"建设项目工程设计工作的进展情况。

11月12日

由李正媛、陈志遥、吴云等完成的形变台网数据中心技术与信息系统,获中国地震局防震减灾优秀成果二等奖。

11月21日至24日

省地震学会在宜昌召开三峡水库诱发地震研讨会,来自省地震局、长江水利委员会三峡勘测设计院、长江科学院爆破与振动研究所、中国水利水电科学研究所、中国地质大学、三峡大学、长江水利委员会勘测技术研究院、大桥勘测设计院、中国地震局第一形变监测中心、武钢防震减灾办公室以及宜昌市地震局和黄冈市地震局等单位的专家和代表48人参会。省地震局、长江水利委员会三峡勘测设计院和中国水利水电科学研究院的6位专家就三峡水库诱发地震研究进展作了专题报告。

11月25日

省委宣传部、省地震局在武汉联合召开全省防震减灾宣传工作会议,总结10年来防震减灾宣传工作,表彰防震减灾宣传工作先进集体和先进个人,部署"十五"期间我省防震减灾宣传工作。省委宣传部副部长李以章和省地震局局长李强分别讲话。会上授予省地震局办公室、震防处,省地震学会,省灾害防御协会4个部门为全省防震减灾宣传工作先进集体;王佩莲、许光炳、刘进贤、熊伟、宋明英、黄驰、刘可、刘俊英8位同志为全省防震减灾宣传工作先进个人。

11月29日至12月12日

经姚运生副所长联系,以伊朗能源部副部长为团长的伊朗能源投资公司、水电与技术研究所科学代表团来我国访问,受到中国地震局领导、湖北省政府领导的接见。地震研究所所长李强就研究所的学科发展、技术优势作了介绍,伊方表示非常重视和中国地震局的合作,并和地震所签订了科技合作的意向书。

11月至12月

为执行中西科技合作协议,申重阳赴西班牙大地测量研究所访问并短期工作。

12月1日至13日

吴云副所长随中国地震局地震卫星考察团访问法国、意大利，考察地震电磁卫星技术、城市活断层探测技术。

12月12日

为规范湖北省境内地震安全性评价、抗震设防、震害预测等防震减灾技术服务工作的收费行为，根据《财政部、国家计委关于服务性收费（价格）的通知》精神，省物价局、地震局联合发文，印发《湖北省防震减灾技术服务收费管理办法》，内容适用于湖北省行政区域内新建、扩建、改建工程项目及区域开发建设项目的地震安全性评价、抗震设防技术服务、震害预测、抗震性能鉴定等防震减灾技术服务工作。

12月21日至24日

美国阿拉斯加大学地球物理研究所李澍荪教授来我所访问，作了关于"InSAR技术与地壳形变监测"的报告。

12月28日至1月12日

李强所长随中国地震局地震灾害与地震风险管理组团访问美国。考察团一行9人对美国地震危险性评估和地震灾害与地震风险管理以及美国地震调查应急进行考察。

12月30日

我局"测试计量技术及仪器""大地测量学与工程"2个硕士学位点通过立项。

12月

越南国家自然科学技术中心陶克安教授一行4人访问我局。

由邢灿飞、赵全麟、杜瑞林完成的"长江三峡工程诱发地震监测系统地壳形变监测网络"，获湖北省科学技术进步二等奖。

2004 年

1月28日至2月14日

李辉、孙少安访问日本东京大学,讨论有关重力观测技术合作事宜。

1月30日

副省长辜胜阻、副秘书长王永高等5人来省地震局慰问。

省地震局党组书记、局长李强被授予"全省落实党风廉政建设责任制先进工作者"称号。

1月

由戚克军、李明研制的高精度GPS气象仪,获武汉市科技进步三等奖。

2月7日

长江三峡工程总公司在宜昌主持召开2004年度"长江三峡工程诱发地震监测系统"工作会议。

2月12日至15日

中国地震局岳明生副局长慰问我局台站职工。辜胜阻副省长会见岳明生副局长。

2月19日至21日

在武汉召开全省市(州)地震局(办)局长(主任)会议。

3月1日

武汉地震科学仪器研究院被武汉市东湖高新技术开发区正式授予"高新

技术企业"称号。

3月2日至3日

湖北省国家保密局在武汉召开全省保密工作会议,我局被明确为2004—2005年度省直保密工作协作组成员单位。

3月5日

巴东县官渡口镇马鬃山村再次出现地面振动,村民房屋开裂由原来的50余户增加到110户。省地震局立即组织专家召开灾情趋势会商会,并派出地震现场应急专家组开展监测工作。

此前的春节期间,省局派监测中心张传中、黄仲进行流动地震应急观测,并于3月5日再次派出流动台,进行了长达4个月的强化观测,震级范围 $M_L0.1$ 至 $M_L2.2$,由最初的每日3至5次逐渐降至每日不足一次极微震。调查表明,极微震与马鬃山溶洞群洞顶剥离和洞体调整有关。最后,地质专家刘广润院士等现场调查,认为马鬃山村基岩山体稳定,马鬃山村地震事件遂告结束。

3月28日至4月3日

比利时皇家天文台范·隆贝克来访。双方就断层活动与地震、火山、岩崩和滑坡等地质灾害之间的关系进行了深入探讨。范·隆贝克博士作了题为"现代构造运动的洞体监测"的报告;地震研究所科研人员作了"小波多尺度分解特征分析"(刘少明)、"潮汐资料处理与地震预报"(张燕)、"国家地壳形变网络数据中心的发展前景"(吕品姬)、"TPCA、TPTA预测地震活动性"(朱平)等报告。双方同意开展进一步合作,签订了2005—2007年合作意向书。

4月2日至11日

比利时鲁汶大学IMEC微电子中心的高伟民博士来访,并以"现代经营管理理念和国际科技发展前沿的微电子技术应用"为题作专题学术报告。

4月6日

省人大常委会教科文卫委员会听取省地震局关于全省防震减灾工作情况的汇报。

4月23日

召开2003年度工作总结表彰大会,机关处室、科研机构、二级企事业单位全体干部职工参会。姚运生副局长主持会议,李强局长作2003年工作总结。

5月3日至7日

省地震学会组织地震地质专家到咸丰县小南海地震遗址进行地震灾害科学考察。

5月4日

湖北省地震局团委荣获"省直机关五四红旗团委"称号。

5月24日

16时54分30.1秒,巴东野山关(北纬30°38′、东经110°22′)发生 $M_L3.0$ 级地震,震中烈度Ⅴ度,疑似煤矿矿震。

5月31日

中国地震局党组以中震党发〔2004〕50号文下发《关于湖北省地震局(中国地震局地震研究所)领导班子组成的通知》。新领导班子组成人员如下:局(所)长、党组书记姚运生,副局(所)长、党组成员吴云、邢灿飞、龚平,纪检组长吴云,任期5年。龚平试用期1年。同时免去李强局(所)长、党组书记职务,另有任用。免去陈发荣副局(所)长、党组成员、纪检组组长职务,转任助理巡视员。

6月3日

召开局领导班子换届大会,中国地震局党组成员李友博宣布新领导班子名单。

6月6日至14日

郭唐永赴西班牙圣费兰多市参加西太平洋卫星激光跟踪网委员会主办的第十四届国际激光测距工作会议,介绍了中国地壳运动监测网络中的流动SLR系统研发进展情况。

6月16日至18日

中国地震局人事教育司副司长潘怀文等来我局调研科技体制改革工作。

6月17日

受国家科技部农村与社会发展司委托,中国地震局人事教育和科技司在武汉主持召开我局(所)承担的"地震救助自定数字成像系统"项目验收会。验收专家组听取了项目负责人王建华研究员的报告,经过认真讨论,一致通过项目验收,并评为优秀。

我局(所)承担、国家科技部和中国长江三峡总公司共同资助的公益性项目"长江三峡水库诱发地震监测研究"通过验收。

6月28日至7月2日

副省长辜胜阻率团对伊朗进行为期5天的访问。省地震局局长姚运生、前任局长李强及省政府办公厅、省政府外事办、省教育厅、湖北工业大学、三峡大学、长江大学的有关专家随团访问。代表团受到了伊朗能源部第一副部长 Amrolahy 博士、副部长 Saeed Kharaghani 博士、格什姆自由区主任 Eng. S. F. Anvar 的热情接待。代表团先后访问了伊朗水资源研究中心、伊朗水电技术研究所、伊朗地震研究中心、伊朗自然灾害研究中心、伊朗水电技术教育培训中心、德黑兰科技大学、Tarbyat Modaresse 大学、石油科技大学、伊朗能源投资公司等。双方签署了3份合作备忘录。

6月30日至7月2日

廖成旺博士出访日本,参加第一届固体地球物理主动监测国际研讨会。作了题为"Development of ACROSS in China:Overview"("中国 ACROSS 发展概况")的报告;宣讲论文"A Sompi Ceptrum Method for ACROSS:Numerical and Practical Examination"(《一种应用于 ACROSS 的存否倒谱方法:数值和实际数据检验》)。

7月8日至11日

意大利达努齐奥大学波罗(P. Boncio)博士应姚运生所长邀请访问地震研究所。

7月10日至14日

意大利专家波罗,比利时专家范·隆贝克,西班牙专家维尔哈、阿纳尼和埃梅尼,葡萄牙专家维克多,澳大利亚专家葛林林,越南专家高庭朝等11人来华参加由中国地震局主办的第三届大陆地震、紧急救援暨灾害保险国际会议,并顺访地震研究所,与各方达成合作意向,签署了合作备忘录。

7月13日至14日

香港理工大学土地测量与地理资讯学系副主任莫志明副教授偕夫人来访。双方探讨了8月在香港举办"首届大陆与香港两地城市环境与减灾高级学术研讨会"事宜,并就人员互访、开展GPS测定高程方面的科技合作达成共识。

7月15日至22日

越南地球物理研究所高庭朝教授等4人应吴云副所长邀请访问地震研究所,执行国家科技部"关于越南境内地壳运动的基本科学研究方法"项目。

7月22日

局召开会议传达全国防震减灾工作会议精神。

7月30日

省人大常委会副主任鲍隆清听取省地震局关于省灾害防御协会工作情况汇报。

由省科学技术协会、《楚天都市报》、湖北省远大旅行社、省地震局共同举办的楚天科普夏令营的70名营员走进武汉基准地震台,探访地震监测工作奥秘。

调整学位评定委员会:主任吴云,副主任龚平,委员9人,秘书贺玉方、范春林。

8月2日至6日

由湖北省科学技术协会、香港测量师学会、香港理工大学、湖北省灾害防御协会联合主办的首届大陆与香港两地环境与减灾高级学术研讨会在香港理工大学召开。地震研究所王琪、蔡惟鑫、郭唐永、王建华、徐菊生、申重阳、刘俊英出席研讨会,分别在会上交流了"GPS在中国大陆地壳运动监测中的应用"

(王琪、蔡惟鑫)、"卫星大地测量现状与展望"(郭唐永)、"重力测量在地壳运动监测中的应用"(徐菊生)和"GPS技术与实时形变观测在城市减灾中应用"(王建华)等研究报告。会后顺访澳门地球物理观象台。

8月23日

省人大常委会教科文卫委员会副主任委员何根法主持召开座谈会,听取省地震局关于全省防震减灾工作情况汇报。

8月24日至28日

省人大教科文卫委员会组织防震减灾工作执法检查组前往武汉、襄樊、鄂州等市进行防震减灾法律法规执法检查。

9月7日至8日

中国地震局副局长岳明生一行4人来我局检查南北地震带强地震震情跟踪计划任务执行情况。

9月11日至13日

中国地震学会联合河北、河南、广东、湖北四省地震学会在十堰市举办丹江口水库诱发地震及地震地质灾害防治研讨会。

9月11日至16日

伊朗能源部培训局局长阿里扎尔·亚兹迪扎德博士、伊朗水电部职业培训学院院长哈米德·法拉斯特普尔博士、伊朗能源部副部长助理阿巴斯·伊斯梅里·拉德先3人来访,双方就科技合作与人员培训交流方面签署了协议。

9月13日

11时14分8.5秒,巴东野山关(北纬30°40′、东经110°15′)再次发生有感地震,震级 M_L3.8级,震中烈度Ⅴ度,疑似煤矿矿震。

9月19日至12月16日

朱平应邀访问比利时皇家天文台,进行固体潮数据处理方法及处理软件学术交流,完成湖北省外专局培训项目"地学灾害研究与地壳动态信息"培训,执行双方在 3 月签署的协议内容。

9 月 26 日至 10 月 2 日

德国汉诺威大学大地测量研究所所长 J. Muller 教授、重力研究室主任 L. Timmen 博士来地震研究所访问、讲学,并就双方的进一步合作进行讨论。

9 月至 12 月

乔学军应邀访问澳大利亚新南威尔士大学测量与空间信息学院,学习澳大利亚新南威尔士大学在利用 InSAR 技术进行矿区沉降与变形监测研究方面的经验,系统掌握 InSAR 技术用于我国地壳形变监测与地震研究。

10 月 13 日至 19 日

李辉随中国地震局组团访问日本,参加第二届中日地震研讨会。

10 月 22 日

中办机要局、中国地震局办公室对省地震局计算机网络保密管理、密码设备使用、保密规章制度制定与执行等情况进行检查。

10 月 22 日至 26 日

我局与武汉电视台联合摄制的《人卫激光测距仪》《水库诱发地震监测与预防》等声像作品在全国地震声像专业研讨会上展播。

10 月 25 日至 11 月 29 日

秦小军、蔡惟鑫、谭适龄、刘汉钢一行 4 人应邀访问西班牙、葡萄牙、比利时、卢森堡,执行中、西、葡和中、比、卢合作任务。在第三届 Pico 国际火山学术交流会议会上宣读论文;在葡萄牙 Azores 火山群岛上的地球动力学实验中心首次安装中西合作的地壳变动观测仪器和系统;在西班牙 Lanzarote 地球动力学实验室对 20 多台(套)仪器进行全面检查和标定;与比利时皇家天文台范·隆贝克教授讨论合作的执行情况;在卢森堡会见 O. Francis 教授和 J. Flick 先生。

10 月 28 日

日本北海道大学凌苏群博士来访,作了题为"微动勘探法的原理和应用实例"的学术报告,探讨有关微振动勘探合作事宜。

10 月

郭唐永赴韩国参加中韩卫星激光测距研讨会,并讨论有关流动人卫测距仪赴韩合作观测事宜。

11 月 1 日至 4 日

在武汉召开全省《地震监测管理条例》宣传贯彻和防震减灾业务技术学习研讨会。

11 月 5 日

由刘冬至、李辉、孙少安、高荣胜完成的"中国地震局拉科斯特重力仪'局管共用'管理与服务"项目,获中国地震局防震减灾优秀成果三等奖。

11 月 7 日至 28 日

《大地测量与地球动力学》刊物联办单位和主编研讨会在武汉举行,对编委会和主办单位进行了调整。

主编姚运生,副主编牛之俊、谢富仁、黄立人、张先康、丁平、孙和平、吴建春、薛宏交(兼编辑部主任)。

主要版块栏目:理论研究、学术讨论、百家争鸣、科研简报、观测技术、动态综述、院士论坛、学术论文、水库地震。

主办单位调整为:中国地震局地震研究所、地壳运动监测工程研究中心、中国地震局地壳应力研究所、中国地震局第一监测中心、中国地震局第二监测中心、中国地震局地球物理勘探中心、中国科学院测量与地球物理研究所、中国地震应急搜救中心。

11 月 28 日至 29 日

中国地震局监测预报司在宜昌主办水库地震研讨会,会议由我局承办。

12 月 1 日

局长姚运生在省长办公会上汇报全省防震减灾工作。

12月2日至7日

姚运生、饶扬誉应邀访问意大利。此次访问是对 P. Boncio 博士 7 月来访的回访,也是 2000 年中意合作框架协议的延伸。内容如下:(1)参观地球动力学与地震发生实验室,学习地震发生模拟技术;(2)野外考察亚平宁半岛伸展构造;(3)交流水库地震研究成果。

12月14日

省灾害防御协会在省水利厅召开 2005 年度湖北省减轻自然灾害白皮书暨重大自然灾害趋势会商会。来自省地质、气象、地震、消防、农业、卫生防御、森林防火等单位的 20 余位专家出席。

12月18日

地震研究所被省人民政府学位委员会、省教育厅评为"湖北省学位与研究生教育先进单位",所长姚运生荣获"湖北省优秀研究生导师"称号,范春林荣获"湖北省学位与研究生教育管理工作先进个人"称号。

12月

由郭唐永等研制的中国流动卫星激光测距仪 TROS-1,获湖北省科学技术进步一等奖。

由聂磊、温兴卫、李家明、李农发、陈耿琦完成的"DSQ 短基线水管倾斜仪及其标定装置的研制",获湖北省科学技术进步三等奖。

2005 年

1月10日

省地震局召开2004年度领导班子述职大会,党组书记、局长姚运生,党组成员、副局长吴云、邢灿飞、龚平分别向大会述职。

1月21日

辜胜阻副省长来武汉基准地震台看望和慰问坚守在防震减灾一线的台站职工。

2月4日

省发改委巡视员熊茂浩、地方经济处处长章新平等走访慰问省地震局,听取姚运生局长关于全省防震减灾"十一五"规划编制工作和"十五"全省数字地震观测网络项目建设进展情况的通报。

2月14日

15时12分35.9秒,蕲春县青石一带(北纬30°20′、东经115°38′)发生M_L4.0级孤立型有感地震,震中烈度Ⅴ度,震源深度16千米。龚平副局长带领地震现场应急工作队赶赴现场进行地震强化观测,并及时向省委、省政府报告震情。事后,这次地震被看作是2005年12月26日瑞昌Ms5.7级地震的信号震。

2月23日

省地震局召开2004年度总结表彰大会,2个先进集体、7个先进个人、2个文明处室和1个文明台站受到表彰。

2月16日

省人大常务副主任赵文源、鲍隆清慰问我局广大干部职工,向大家祝贺新年。

3月3日

16时03分09.1秒,竹山介垭岭(北纬32°29′、东经109°54′)发生$M_L3.3$级地震,震中烈度Ⅳ度,震源深度5千米。

3月4日

地震研究所以震研发〔2005〕12号文,发布调整科学技术委员会委员的通知:主任郭唐永,副主任王琪、李辉、李正媛,委员蔡亚先、陈蜀俊、陈志遥、杜瑞林、甘家思、龚平、李辉、李胜乐、廖成旺、刘进贤、罗登贵、吕永清、乔学军、秦小军、饶扬誉、邵中明、申重阳、孙少安、王晓权、吴云、邢灿飞、熊宗龙、许光炳、薛军蓉、姚运生、周云耀,秘书熊宗龙(兼)。

3月16日至17日

省政府召开全省防震减灾工作会议,中国地震局副局长赵和平、湖北省副省长辜胜阻出席会议并讲话。全省各市州市长、部分县县长、省防震减灾领导小组成员、部分企业负责人以及各市州建设、民政、地震局负责人参加会议。

3月17日至18日

举办2005年全省市、州地震局(办)局长(主任)会议,开展2004年度市、州地震局(办)防震减灾工作综合评比活动。

3月23日至8月27日

我省积极推进"地震安全农居工程"建设。3月23日,英山县地震局制定我省首个"地震安全农居工程"试点方案。8月27日,湖北省地震局有关领导到英山县,现场指导"地震安全农居试点工程"建设。

3月23日至26日

比利时皇家天文台范·隆贝克博士来访。双方表达了共同开展断层活动与水库诱发地震关系研究,加强在"中国长江三峡库区仙女山活动断层在第二次蓄水前后形变与地下流体的动态监测"方面的合作意向,讨论新一轮的合作计划,签署2005—2007年合作备忘录。

4月8日

省发改委正式发文将《湖北省防震减灾"十一五"规划》纳入湖北省专项规划。

4月11日

省地震局向"鄂州市防震减灾技术服务中心"和"黄冈市抗震设防管理所"颁发地震安全性评价丙级资质许可证书。

4月13日

省地震局召开2005年湖北省地震局防震减灾优秀成果奖评审会议。

4月28日

我局被武昌区委、区政府授予"2003—2004年度最佳文明单位"称号。

5月12日

上海市地震局局长张俊、纪检组长李红芳一行11人来我局考察。

5月12日至19日

伊朗能源部水电技术研究所科学教育代表团瓦都德·阿克巴林等5位教授来华访问,先后参观考察了长江三峡工程、三峡水库诱发地震监测台网、葛洲坝水利枢纽工程、三峡大学、清江隔河岩水利枢纽工程、隔河岩水库地震遥测台网中心、武汉大学水利电力资源学院以及有关研究机构、实验室等,并与局领导进行友好交流。

5月18日

省地震局党组制定建党工作5年规划。

5月22日

省地震局组织召开科研成果鉴定会和GPS在监测预报中的应用研讨会。

6月4日至15日

省地震局组织"中国地壳运动观测网络"2005年GPS基本站联测。

6月13日

省地震局印发《关于加强地震监测设施和观测环境保护工作的通知》。

6月16日

武汉地震基准台被省科学技术协会授牌"湖北省科普教育基地"。

6月21日

中国地震局科技体制改革整改工作调研小组张国民一行7人来我局调研。

6月23日至24日

局领导巡察十堰台测震和地磁观测房、阳新台测震观测房建设,解决施工过程中的技术问题。对已建成的钟祥台地下流体和地磁观测房的建设质量提出了书面整改意见。

6月27日

省地震局与省发改委、民政厅、安监局联合下发《湖北省地震应急检查工作制度》。

6月30日

黄冈李四光纪念馆被中国地震局评为"全国防震减灾科普教育基地"。

7月5日

省地震局印发《湖北省地震应急快速反应系统建设项目管理办法》,对项目管理体制、主管部门、子项目建设种类、仪器设备购置、经费管理与工程质量验收方式等做出规定。

7月8日至26日

比利时鲁汶大学微电子研究所（IMEC）高伟民博士应邀来我局交流访问。

7月10日至22日

傅辉清赴台湾地区进行科技、文化、企业管理等交流。

7月11日

省地震局举行"2005届研究生毕业典礼暨学位授予仪式"，姚运生所长颁发学位证书。

7月25日至31日

机关党委副书记许光炳带领14位专家和中层管理人员参加省人事厅组织的专家赴港、澳考察活动。

7月29日

我局获省科技厅"科技活动周"优秀组织奖。

8月9日

我局（所）质量管理体系通过中鉴认证公司ISO9000国际标准化质量管理体系第三方审核，并取得中鉴公司的认证证书。

宜昌地震台优化改造项目工程通过省地震局组织的专家验收。

8月13日

由国台办组织的"台湾大学生中华文化研习营"一行51人参观武汉地震台。省地震局地震监测预报中心主任甘家思就地震成因、地震监测预报系统运作、湖北省历史地震背景等方面的内容向学生们进行详细介绍，并就我国台湾地区和湖北省地震概况进行对比，还带领学生们参观各种地震监测仪器设备及观测室。

8月22日至23日

省地震局召开全省市、县地震局（办）局长（主任）会议，落实湖北省地震应急快速反应系统建设项目地方配套经费问题。

8月22日至26日

地震研究所王琪赴澳大利亚凯恩斯市，参加由国际大地测量协会（IAG）、国际海洋物理联合会（IARSO）和国际海洋生物联合会（IABO）联合召开的题为"动态行星2005学术大会"，并在本次大会地壳变形专题组作了题为"中国地壳运动观测网络：1998至2004速度场"的报告；介绍我国利用GPS空间观测技术监测中国大陆现今地壳变形的研究成果。会后，应澳大利亚新南威尔士大学同行邀请，对该大学进行为期2天的学术交流。

8月25日

省地震局发函正式启用"湖北省地震局行政许可专用章"。

8月29日

武汉基准地震台获"全国地震系统2004年度优秀集体"光荣称号，王琪荣获"全国地震系统先进个人"光荣称号。

8月30日

我所获国家测绘局颁发的甲级测绘资质证书。

8月31日至9月16日

地震研究所李辉等一行8人联合云南省地震局的科技人员，与日本东京大学地震研究所孙文科博士一行，在云南典型区域开展重力合作观测。此次合作观测的目的是用重力方法研究红河断裂的动力学及其发震机理。地震研究所副所长邢灿飞参与现场观测工作的组织和协调。

9月7日

我局贺玉方被聘为湖北省人民政府参事。

9月12日

我局与南水北调中线水源公司协商解决丹江口水库大坝加高后对我局面水准观测的影响,同时向中国地震局报告有关情况。

9月19日

俄罗斯克拉斯诺亚尔斯克地质与矿产资源研究所所长 Sibgatulin Victor 博士,俄罗斯伊尔库茨克技术大学副校长、地质学教授 Lobatskaya Raisa 女士来访。Sibgatulin Victor 博士作了"地震预报的熵模型"的报告,Lobatskaya Raisa 教授作了"断裂的内部构造及其与地震的关系"的报告。地震研究所所长姚运生博士和俄罗斯克拉斯诺亚尔斯克地质与矿产资源研究所所长 Sibgatulin Victor 博士就共同开展科技合作和人员交流签署 2006 至 2008 年合作备忘录。

9月20日

11 时 16 分 47.5 秒,巴东(北纬 31°15′、东经 110°17′)发生 M_L 2.7 级地震,震中烈度Ⅳ度,震源深度 8 千米。

9月22日

15 时 30 分 56.6 秒,巴东(北纬 31°12′、东经 110°20′)发生 M_L 3.5 级地震,震中烈度Ⅴ度,震源深度 4 千米。

9月26日

01 时 45 分 27.3 秒,巴东西边淌(北纬 31°08′、东经 110°18′)发生 M_L 2.8 级地震,震中烈度Ⅳ度,震源深度 5 千米。

10月13日

组织实施国家新颁布的《地震安全性评价技术规范》(国家标准 GB17741—2005),向省地震安全性评定委员会委员及我省的地震安全性评价资质单位转发通知。

10月14日

省地震局人员参加由国家减灾委员会和民政部举行的2005年"国际减灾日宣传工作暨社区减灾平安行"活动启动仪式,并在社区举办大型减灾咨询宣传活动。

10月15日

省灾害防御协会与省气象学会、省水利学会、长江水利委员会等单位在省气象局联合举办第三届湖北省科技论坛"气象与减灾分论坛"活动。

省政府成立"湖北省应急管理工作领导小组"。省委常委、常务副省长周坚卫任组长,省地震局局长姚运生为领导小组成员。

10月18日

我局召开第三届职工代表大会、第五届工会会员代表大会,选举产生了新一届职代会、工会委员会和工会经费审查委员会。

10月25日

参加省政府办公厅主持召开的应急管理协调组会议,省地震局张建民参加省应急预案编制办公室工作。

美国地质调查局终身教授、美籍华人金继宇博士及夫人应邀来我局,指导协助英文期刊《Geodesy and Geodynamics》的编辑工作。

10月26日

湖北省政府答复中国地震局《关于2006—2020年全国地震重点监视防御区征求意见》的批转函。

11月10日

美国地质调查局终身教授、《Journal of Geophysical Research》编辑、《大地测量与地球动力学》英文版编辑金继宇教授及夫人来访,举办英文论文写作讲座,特邀30多名科技人员及编辑到会聆听。金教授主讲科技论文(英文)的写作及翻译技巧。针对地震研究所科技人员英文论文撰写中出现的问题,金教授选取部分实例进行讲解,并采取互动的方式与在座科研人员进行交流,详细解答他们提出的问题。所长姚运生出席讲座,副所长吴云主持。

11 月 13 日至 16 日

首届中国-西班牙科技创新与高新技术成果展览会在西班牙南部城市马拉加(Malaga)举办。科技部部长徐冠华出席展览会开幕式。地震研究所乔学军和杜瑞林参加展览会,并在展览会上利用展板和宣传册展示地震研究所研制的各种仪器及科研成果,介绍地震研究所的科研实力和特色。本次展览共有100多家中国企业和单位参展,地震研究所研制的人卫激光测距仪器(模型)也参加了展览。

11 月 14 日

省地震局印发《关于成立湖北省地震局地震应急与考察队和综合观测队的通知》。

11 月 14 日至 16 日

省地震局在武昌召开湖北省及邻区2006年度地震趋势会商会。

11 月 20 日

省地震局与省人大联合启动省科技攻关项目《湖北省防震减灾地方性政策与法规研究》。

11 月 25 日至 12 月 15 日

龚平副所长随中国地震局应急救援司组团访美,了解美国地震紧急救援的管理及相关的法律和法规。

11 月 26 日

由吴云负责的"863"课题"中国地震科学卫星计划的预研与制定"通过验收。

08时49分37秒,江西九江、瑞昌间(北纬29°42′,东经115°42′)发生Ms5.7级地震,震源深度10千米,震中烈度Ⅶ度。我省黄梅、武穴、阳新、蕲春等地震感强烈,鄂州、武汉、洪湖、赤壁、通城、咸宁等地有明显震感。

地震发生后10分钟内,省地震局即根据台网测定结果,将震情呈报省委、省政府和中国地震局,同时,局长姚运生宣布启动《湖北省破坏性地震应急预案》,立即进入Ⅱ级地震应急状态,成立地震应急指挥部,在省委、省政府和中国地震局的领导下,组织全省的地震应急队伍,成立现场地震监测、地震灾害损失评估、地震灾害宏观调查等工作队(组),并与江西省地震应急指挥部紧密联系,协调一致地全面开展地震应急处置工作。震后30分钟,由副局长吴云带领的第一批现场流动监测、宏观调查、灾害损失评估工作队伍近20余人,携带3台流动地震仪,分乘4辆车相继出发,在3个小时内赶到地震现场,开展地震应急、地震现场观测、地震灾害调查以及震后安定民心、稳定社会的宣传工作。

09时40分,指挥部召开新闻发布会,姚运生向新闻媒体通报地震基本情况和相关信息,并请地震专家在媒体上滚动宣传防震常识;同时,指定多人专门接听公众的咨询电话。指挥部很快和黄梅、武穴、阳新、蕲春等地地震行政管理部门取得联系,敦请他们立即前往灾区了解灾情并按应急预案的规定迅速报告指挥部和地方各级政府。

13时,姚运生局长陪同湖北省常务副省长周坚卫带领省发改委、省财政厅、省民政局、省卫生厅等部门负责人赶赴地震灾区,15时左右到达武穴市视察灾情,并对现场调查组提出工作要求。

11月26日至29日

我局派出6个调查小组,开展地震灾害损失评估和宏观调查工作。完成8条路线、近百个点宏观烈度调查任务。最终烈度划分与江西省局进行了协调和统一。

主震后发生多次余震,其中4级以上较强余震2次,分别为:09时25分25秒,北纬29.7°、东经115.7°发生Ms4.2级余震;12时55分38秒,北纬29.7°、东经115.8°发生Ms4.8级余震。3次地震时间、距离相距很近,调查烈度为3次地震的综合破坏,震中烈度Ⅶ度,长轴北北东向。我省境内情况如图2,震区Ⅵ~Ⅶ度区分布如图3。

Ⅶ度区:分布在黄梅县境内,包括分路镇(全镇)、新开镇(全镇)、蔡山镇(南部)和小池镇(西部),面积约80平方千米。

Ⅵ度区:包括黄梅县小池镇、蔡山镇、武穴市花桥镇、龙坪镇、石佛寺镇、四

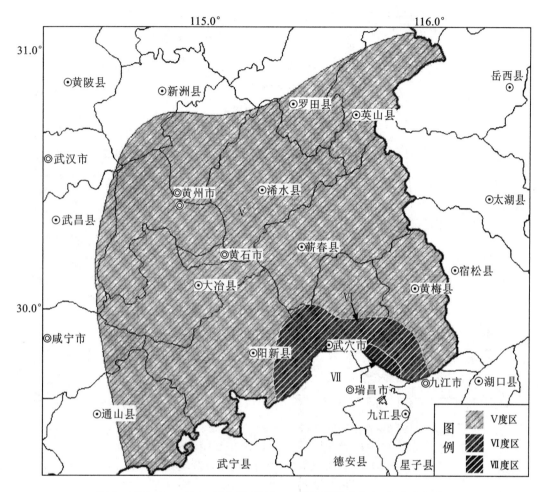

图 2 2005 年 11 月 26 日九江-瑞昌 5.7 级地震烈度分布（湖北省部分）

(引自《2005 年江西省九江-瑞昌 5.7 级地震应急与考察（湖北省部分）》，邢灿飞等著，2008)

望镇、大法寺镇及武穴市城区，阳新县富池镇、枫林镇，面积约 480 平方千米。

Ⅴ度区：东起英山草盘，向西经罗田至团风，沿梁子湖向南至通山慈口、燕夏入江西省界，面积约 12000 平方千米。

地震造成我省 1 人（武穴市龙坪镇）遇难，162 人受伤（学生 84 人），伤势较重者 15 人（学生 11 人），转移安置灾民 9713 人；倒塌农舍 5470 间（严重损坏需要重建 4568 间），直接经济损失 24962.81 万元。综合江西湖北两省情况，地震共造成 13 人遇难（其中江西省瑞昌市 12 人），82 人重伤，683 人轻伤，供水、供电、通信、桥梁、公路、水利、卫生等公共设施遭受不同程度破坏，直接经济损失超过 20 亿元。

我局参加地震调查的人员有韩晓光、秦小军、陈蜀俊、蔡永建、黄广思、王清云、刘进贤、王墩、宋琛、李恒、李井冈、凌模、褚鑫杰、张建波、张俊金、段海

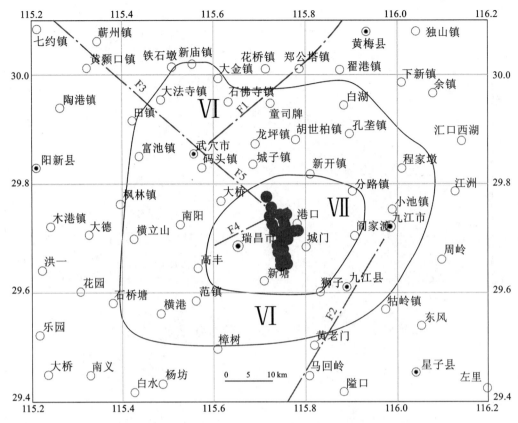

F1. 郯庐断裂南端段；F2. 九江—德安断裂；F3. 襄樊—广济断裂南东段；
F4. 瑞昌断裂北段丁家山段；F5. 洋鸡山—通江岭断裂

图 3　九江-瑞昌 5.7 级地震 Ⅵ～Ⅶ 度区分布图
（据武汉地震工程研究院报告，2015）

峰、范程军、朱耀东、李爱平、杜令甲、龚宏伟、余安元。黄冈市地震局、黄梅县地震办公室、武穴市科技局等单位的人员以及地方政府对调查给予大力支持和帮助。

11 月 26 日至 12 月 4 日

我局完成江西九江-瑞昌间 Ms5.7 级地震应急工作。制作并报送《湖北地震快报》14 期，公文 2 份，为报刊撰稿、组稿 180 余篇，组织召开新闻发布会 3 次，组织协拍专家访谈专题片 6 部，接听社会各界咨询电话 5000 余次，组织专家开展防震减灾科普知识宣传活动 4 次。

11 月 27 日

上午，省地震局第二次召开新闻发布会，副局长邢灿飞向社会公布灾情和震情发展趋势、灾区抗震救灾与现场工作情况。下午,省政府办公厅、省委宣传部专门召开专题新闻发布会:姚运生就地震及监测情况进行了通报;省政府副秘书长王永高向社会公布了湖北省抗震救灾的进展情况,传达了国务院及省委、省政府领导的重要批示精神,通报了中央和湖北省委、省政府已采取的措施和要做的工作;省委宣传部常务副部长李以章布置了地震应急宣传工作。

11月29日

省地震局姚运生局长、吴云副局长陪同中国地震局李友博副局长到湖北黄梅视察灾情。

副省长刘友凡赴武穴、黄梅视察灾情,并到江西九江、瑞昌,向中央政治局委员、国务院副总理、国务院抗震救灾指挥部指挥长回良玉汇报湖北抗震救灾工作。

12月1日

湖北省委书记俞正声到武穴市视察灾情。

我局组织专家赴省口腔医院和武汉理工大学开展防震减灾科普宣传。

12月5日

省地震局召开江西九江-瑞昌 Ms5.7 级破坏性地震应急工作总结大会。

12月7日

湖北省地震灾害损失评定委员会召开会议,评审"2005年11月26日江西九江-瑞昌间 Ms5.7 级地震灾害损失评估报告(湖北省部分)"。

12月8日

省地震局向省财政厅、中国地震局有关部门汇报九江地震对我省的影响和我局在九江地震期间应急工作情况,并请求解决存在的问题。

12月9日

局领导向湖北省人大常委会副主任鲍隆清等汇报11月26日江西九江-瑞昌 Ms5.7 地震及灾害损失的情况。

12月15日至19日

省地震局项目组赴黄梅、石首、秭归、宜都、咸宁、孝感等台站检查建台情况,进行技术指导、仪器测试和验收等工作。

12月16日至2006年2月

地震研究所周云耀等一行3人应伊朗水电技术研究所所长Mohammad Reza Naghashan邀请,赴伊朗执行湖北省外专局培训计划。培训内容主要包括:伊朗能源部水电技术研究所建立水库地震研究室,中国-伊朗地震监测系统合作研究的平台。

12月20日

我局向清江水电开发有限责任公司提出《水布垭遥测地震台网运行管理的建议》。

12月21日

我局与省气象局就双方开展科技合作有关事项达成一致,并签署合作协议。

12月27日

召开科技部重点国际合作项目——"地壳变动观测技术在火山、地球动力学中的监测研究"验收会议,并对中国-西班牙长达15年的科技合作成果进行鉴定。

12月30日

省地震局与省建设厅联合下发《关于做好地震安全农居工程的通知》。

12月

由李正媛、陈志遥、陈德福、王晓权完成的"地震台站地形变观测环境技术要求国家标准建立",获湖北省科学技术进步三等奖。

2006 年

1 月 13 日

中国地震局对 2004 年度中央部门决算工作进行评比,我局获二等奖。

1 月 18 日

省地震局在江夏召开 2006 年度全省地市州地震局长会议。

1 月 19 日

省地震局召开 2005 年度总结表彰大会,对 2005 年度本单位评选出的 3 个先进集体、5 个先进个人、6 个最佳文明处室、3 个最佳文明台站、11 个地震应急先进个人、获得上级单位表彰的先进集体与先进个人,以及获得论文、论著奖的集体和个人进行表彰。

1 月

由吕宠吾团队完成的一种短基线伸缩仪,获中国专利优秀奖。

2 月 11 日

省地震局组织局机关干部赴九江瑞昌县(今瑞昌市)石山村、张家畈村等地,考察地面塌陷与房屋破坏情况。

2 月 18 日

省地震局组织举办地震应急工作培训班。各支应急队及部分机关干部 40 多人参加培训。

2月20日

省人大科教文委员会彭小海主任一行赴英山县,考察我省首个农村民居地震安全工程示范村建设。

2月

由省地震局、省地震学会、省灾害防御协会联合举办的《普及地震科学知识提高全民防震减灾意识》地震科普知识巡回展在省民政厅、省科协展出。

2005年申报增设测绘科学与技术"大地测量与测量工程"专业硕士点,2006年2月获国务院学位委员会第二十二次会议审议批准。

3月5日至6日

省政府参事、省地震局助理巡视员贺玉方,省地震局项目办副主任郭熙枝对十堰市"地震应急快速反应系统"项目进行检查。检查牛头山地磁房、测震项目的内外保温工程、柳林沟内形变观测项目现场,对施工提出严格的技术要求。

3月9日至15日

邢灿飞副所长率团访问日本东京大学地震研究所,会晤该所所长大久保修平教授和孙文科博士,参观隔振系统,考察位于箱根的重力观测点、GPS观测站、丹那断层和箱根火山。

3月9日至16日

伊朗水电技术大学科学教育代表团奈马托拉赫·沙利阿特教授等6人来我局进行为期1周的交流考察,参观地震科学仪器院、三峡地震监测中心、九峰地震地磁台和武汉大学水利水电与发电实验基地,参观三峡水库和发电设备。

3月29日

助理巡视员贺玉方一行到房县指导小温泉地下流体项目建设。房县副县长杨明银陪同。房县小温泉地下流体观测台位于青峰断裂带上,拥有较好的流体观测条件。

4月18日至20日

省人大教科文卫委员会副主任袁焱舫、彭小海,省政府参事贺玉方赴丹江口市、孝感市检查防震减灾法律法规落实情况。

4月

省政府办公厅下发《关于落实县级防震减灾工作机构的通知》,湖北省全部市、州成立地震局(办),全部县(除部分市辖区外)落实承担防震减灾工作的职能部门。

5月16日

加拿大卡尔加里大学教授、IGA"下一代RTK"委员会主席高杨教授访问我局,作了题为"GPS精密单点定位方法和地球动力学应用"的报告,介绍GPS精密单点定位方法的原理、现状以及在全球定位、形变观测和气象等方面的应用情况。

5月25日至28日

在十堰召开省地震应急快速反应系统市县建设项目检查总结会。省财政厅、发改委、地震局有关职能部门负责人以及来自全省33个市(州)县地震局的项目负责人等87人参会。十堰市彭承志副市长致辞,姚运生局长、龚平副局长出席并讲话。

5月26日

韩国天文与空间科学研究所副所长Pil-Ho Park博士率团访问我局,介绍韩国天文与空间科学研究所(KASI)的基本情况以及主要研究方向。郭唐永研究员介绍流动激光测距仪IRC6以及武汉人卫站的工作情况。

5月31日

局办公会讨论并通过《湖北省地震局地震新闻发布实施办法》。

澳大利亚新南威尔士大学测量与空间信息学院(SSIS)院长Chris Rizos教授与葛林林博士访问我局,参观空间大地测量研究室、超宽带测试中心,介绍SSIS的科研和教学工作,尤其是最新的大地测量技术如PLS、GNSS/

INS 等。

6月5日至6日

由省地震局组织,宜昌市、荆州市、秭归县、夷陵区地震局办和长江水利委员会、三峡总公司联合举办地震应急演练,全面检验三峡工程水库诱发地震监测系统的运行管理和地震应急与快速响应能力。

6月7日

省人民政府办公厅通知(鄂政办〔2006〕33号),《湖北省地震应急预案》自印发之日起实行。

6月12日

由省局计划财务处负责,局项目办公室、随州市科技局、随州市财政局、随州市地震局等单位负责人和有关专家参加并组成验收小组,对随州市网络项目、测震摆房、信息节点土建工程进行验收。

6月16日

我省首个地震安全农居示范工程竣工现场会在英山县东冲河村召开。省地震局局长姚运生、英山县副县长王义阶和黄冈市地震局局长朱耀东共同为示范工程揭牌,王义阶副县长代表英山县人民政府致辞,姚运生局长讲话。英山县科技局局长裴朝阳介绍工程概况:试点工程于2005年5月动工兴建,共建26户,建筑面积为6200平方米。

6月20日

国务院在新疆召开全国农居防震保安工作会议,副总理回良玉出席。湖北省政府副秘书长王永高、省地震局局长姚运生参会。

7月2日至7日

我局数字地震观测网络项目验收小组对竹山、竹溪、房县、郧西、南漳地震台建安工程进行验收。

7月11日至21日

吕宠吾研究员等一行4人对越南进行访问,作题为"中国地壳形变观测网络的现状以及中国地震局地震研究所重点学科的研究"的报告,检修省地震局在越南境内和平站 SS-Y 形变仪器,更换部分软件及硬件设备。

7月14日

长江三峡工程诱发地震监测系统地下水动态监测井网观测系统技术改造验收会在宜昌市举行。中国地震局监测预报司吴书贵副司长、陈锋处长,长江三峡工程开发总公司枢纽管理部胡兴娥处长,省局姚运生局长出席,陈锋处长主持。项目通过验收。

7月18日至30日

申重阳研究员等一行4人对比利时、卢森堡进行访问,了解比利时 Menbech 台超导及绝对重力仪比测结果及卫星太阳辐射变化的测量等,并与卢森堡就重力、形变仪器方面的合作签署备忘录。与比利时皇家天文台台长罗纳德·凡·德林登会见。

7月22日至24日

应急救援处在宜昌地震台举办地震应急流动监测培训班,宜昌地震台、恩施地震台、丹江口地震台、襄樊地震台、荆门地震台的业务骨干参加培训。

8月9日至11日

中国数字地震观测网络工程监理部监理组杨军、楼关寿2位专家,到仪器院监理地震观测仪器生产、安装情况。对 DSQ 型水管倾斜仪、SS-Y 型伸缩仪、VS 型垂直摆、DZW 型相对重力仪、EP-Ⅱ型 IP 采集控制器、YRY 型钻孔应变仪、CTS-1 型地震仪等研发生产进行现场监理。认为仪器院仪器生产组织体系健全,生产运行正常,按期完成了中国地震局监测预报司下达的第一批仪器安装任务。

8月15日至17日

韩国卫星技术研究中心(SaTReC)李俊豪博士和李尚云博士访问我所。

李俊豪作题为"SaTReC and its Satellite & Payloads"的报告,双方就长期合作草签备忘录。

9月5日至8日

中国地震局在昌黎中震科技活动中心举办中国数字地震观测网络项目档案管理培训班。地震系统各单位计划财务部门负责人、科技档案管理人员、数字地震项目档案管理人员共142人参会。我局陈柏清、林丽萍、张爱华3人参加培训。

9月12日至14日

邢灿飞副局长一行8人赴北京市地震局、中国地震局第一监测中心、天津市地震局3个兄弟单位学习交流。

中国地震局监测预报司、长江三峡工程开发总公司、山东省地震局、水利部水电科学研究院、湖北省地震局和长江水利委员会三峡勘测研究院专家组成检查组,对"长江三峡工程诱发地震监测系统"的运行情况进行实地检查,一致认为系统运行正常,各子系统达到了工作要求,做好了三峡水库蓄水至156米水位前的各项准备工作。

9月13日至14日

由龚平副局长带队,我局监测预报、震害防御(法规)、应急救援、审计监察、老干等处负责人赴云南局进行学习、考察。

9月20日

三峡水库开始二期156米蓄水。蓄水伊始,三峡库区微震活动增强,省地震局立即启动应急预案,局指挥部全面处于应急状态,现场派出流动监测、科学考察人员分别监守在库区的秭归县和巴东县,对巴东县官渡口镇马家村区域、秭归县泄滩区域、巴东县城关及东瀼口镇区域的微震活动进行组网强化观测和科学考察,及时将蓄水期间的地震活动情况通报三峡总公司。

9月27日至10月2日

王琪研究员赴日本参加挤压板块边界带构造国际学术讨论会,并作了题为"中国大陆构造变形运动特征及构造意义"的报告。

9月

武汉地震科学仪器研究院通过 ISO9001:2000 年度的复查审核,获得由北京陆桥质检认证中心颁发的符合 GB/T19001—2000idtISO9001:2000 标准质量管理体系认证证书。

10月12日至15日

丹麦气象研究所 G B Larsen 博士访问我所,就 GNSS 掩星技术及其处理方法等问题作报告。吴云副所长介绍我所在地震电磁、电离层前兆和 GPS 掩星技术的研究情况和开展电磁卫星掩星探测的构想。双方就合作研究与研究生培养事宜签署备忘录。

10月27日

18 时 52 分,在湖北省随州市曾都区三里岗(北纬 31°29.9′、东经 113°7.1′)发生 M_L4.7 级地震。我局立即按Ⅲ级响应启动《湖北省地震应急预案》,局地震现场工作队迅速集结赶赴地震现场。三里岗镇城区房屋遭到不同程度破坏,襄樊、南漳、远安、松滋、荆州、潜江、随州市区等县、市均遭波及。

10月28日

局长姚运生代表省政府到随州地震现场指导应急工作。局地震现场工作队迅速处置震情,将震中区的灾情和震情传回局指挥部;随州市、曾都区政府协助对震中区群众开展地震知识宣传,消除群众的恐慌情绪,保证震中区社会稳定。随州地震应急 12 天,局应急指挥部每天召开震情协商会,现场工作队较快地完成了灾害评估和科学考察报告。

11月8日

中国地震局办公室组织地震系统公文质量检查评比,评出一等奖 9 名,二等奖 12 名,三等奖 26 名。我局继 2004 年获得一等奖之后,再次荣获公文质量评比一等奖。

11月14日

省长办公会审议通过《湖北省地震监测管理办法》。

11月16日

2007年度全省地震趋势会商会召开。

11月20日

由赖锡安、黄立人、徐菊生、丁国瑜、任金卫、周硕愚、牛之俊、晁定波、朱文耀、游新兆、王敏、赵少荣完成的《中国大陆现今地壳运动》（专著），获中国地震局防震减灾优秀成果二等奖。

由姚运生、袁丽、景立平、黄江、罗登贵、陈蜀俊、黄广思、王平等完成的"京沪高速铁道液化土地基试验测试研究"，获中国地震局防震减灾优秀成果三等奖。

12月16日至24日

由我所研制的JCZ-1T超宽频带地震计在阿尔及利亚安装成功，设计者蔡亚先研究员亲赴现场。此举是我所该型地震计首次落户海外。

12月

由姚运生、杜瑞林、申重阳、李胜乐、刘五洲、黄广思、李强、孙少安等完成的"长江三峡水库诱发地震监测研究"，获湖北省科学技术进步二等奖。

本年

制定了"湖北省地震重点监视防御区（2006—2020）判定结果和加强防震减灾工作的意见"，经省防震减灾工作领导小组审议后，由省政府办公厅发文。

为提高湖北省地震灾害的应急救援能力，经省政府批准，与省公安消防总队共同组建湖北省紧急救援总队。

"地震电磁卫星"等项目组织实施。

《大地测量与地球动力学》从2007年开始，由季刊改为双月刊。

2007 年

1月13日

龚平副局长在恩施西部电业开发公司领导的陪同下冒雪到恩施市高台等地对姚家坪水利水电枢纽库岸监测项目实地检查。

1月15日至16日

中国地震应急技术系统中南区域项目实施研讨会在广西南宁召开。会议由广西壮族自治区地震局主办,中南区域广东、广西、湖南、湖北、海南五省(区)地震局参加会议,我局应急救援处刘进贤、项目办邵中明参会。

1月16日

在宜昌召开全省地市州地震局长会议,姚运生局长、邢灿飞副局长出席,龚平副局长主持。

1月

鄂州程潮铁矿涂桥塌陷区100多户农民喜迁檀树垴地震安全农居一期工程新居。

2月8日

在省消防总队召开湖北省地震灾害紧急救援总队成立大会,中国地震局副局长赵和平、副省长郭生练、省政府副秘书长王永高出席。

2月

省人事厅和省地震局联合发文公布湖北省二级地震安全性评价工程师考核认定合格人员名单。陈蜀俊等28人获得二级地震安全性评价工程师执业资格。

3月9日

十堰市地震局发出通知,要求各县市地震局加强地震监测设施和地震观测环境保护工作,重申《地震监测管理条例》的有关规定,要求十堰市各县级地震部门设置保护标志,并将设置情况建立档案,统一归档到市地震局。

3月14日

省政府办公厅召开全省应急管理专家咨询委员会成立大会,省政府副秘书长杨朝中主持会议,常务副市长周坚卫出席会议并讲话,会议向受聘专家颁发证书。我局龚平、韩晓光受聘。

3月22日

03时28分10秒,松滋市(震中位于北纬30.27°、东经112.00°)发生 $M_L 3.2$ 级地震,震中地区震感强烈,部分房屋有轻微的裂缝,无人员伤亡情况报告。

3月23日

中国致公党湖北省委员会致函我局,对提案办理情况非常满意。2006年,中国致公党湖北省委员会通过省政协向我局提出第065号提案——《关于加强地震预报研究的建议》。收到提案后,我局领导非常重视,组织专人研究落实,及时答复落实情况并上门与提案单位见面座谈。

4月24日至26日

计划财务处组织有关专家对十堰、襄樊、随州信息节点建设项目进行验收。

5月18日

省发改委地区经济处陈水清处长一行在省地震局龚平副局长的陪同下,考察湖北省数字地震网络项目建设情况。

6月3日

06时00分14秒,荆州市荆州区李埠镇(北纬30.35°、东经112.07°)发生 $M_L 4.2$ 级地震,震源深度7千米。荆州市城区和李埠镇震感强烈。省地震局迅速启动预案。姚运生局长主持并部署应急措施。立即组织专家进行震情趋势会商,向省委、省政府及有关部门通报趋势意见。龚平副局长带领现场工作队赶赴震区开展现场应急指导工作。指挥部、现场工作队、各专业工作组(流动监测、灾害评估、宏观考察、宣传报道等)分工明确、行动高效,很好地完成了应急工作。

7月初

湖北省灾害防御协会与湖北省广播电视总台城市电视达成共识,通过与湖北城市公共信息和民生资讯媒体合作,宣传、传播、普及科学知识,推广抗灾、防灾、救灾先进经验,提高公众防灾减灾意识。

7月中旬

根据中国地震局开展1996—2005年全国防震减灾基本情况调查和地震重点监视防御区防震减灾工作调研的安排部署,在市、县两级地震部门的支持配合下,我局完成湖北省防震减灾基本情况数据收集汇总和地震重点监视防御区防震减灾调研工作。

7月18日至20日

省局组织召开"十五"重点项目地震应急基础数据库建设工作检查会议。全省17个市(州)地震局(办)近20位业务负责人参加会议。会议通报了前期各地收集数据情况,各市州地震局(办)汇报了前一段时间所做的工作。龚平副局长出席会议。

7月20日至22日

省地震学会举办2007年湖北省地震安全性评价工作培训班,针对即将举办的"注册地震安全性评价工程师资格考试"的有关事项,聘请地震构造、地震活动性和工程场地地震影响评价3个专业的专家进行讲解。贵州省地震局、武汉地震工程研究院、长江勘测规划设计研究院以及湖北省有关市县地震部门的专业技术人员参加此次培训。

7月20日

武汉市蔡甸区举办防震减灾应急培训班,蔡甸区卫生、交通、民政、供电、电信等13个区直辖部门和11个乡、镇社区负责人参加培训。武汉市人民政府地震工作办公室主任姜祥升同志作防震减灾知识的讲座。培训班由蔡甸区科技局组织。

7月23日

杜瑞林被批准为2006年度享受省政府专项津贴专家。

8月16日

武汉地震工程研究院在深圳成功中标"深圳市典型地质灾害点的监测与示范研究项目断层活动性监测标段"项目。

8月20日

武汉地震科学仪器研究院中标中广核工程有限公司组织的"岭澳核电站二期工程地震仪表系统(LOT104F)国际采购"项目。一家美国公司和一家法国公司参加竞标。

9月3日至6日

在武汉举办地震应急现场工作培训班,各市(州)地震局(办)分管领导及业务骨干30多名代表参加培训。

9月22日至10月18日

秭归县罗圈荒一带发生一次微震群活动,其中最大为10月7日的$M_L2.9$地震。震群的宏观震中位于郭家坝镇黄泥滩一带,极震区较小,微震群震源浅。

10月10日

联合国第18个"国际减灾日",主题是"减灾始于学校"。省民政厅、武汉市民政局、省灾害防御协会、省消防协会、省气象学会联合在武汉市黄陂区祁家湾街道办事处小学开展"国际减灾日"活动。地震、气象、消防等单位的专家现场向群众讲解在水、火、地震、泥石流、冰雹等自然灾害发生时,如何采取正确的避灾自救方式,并赠送VCD、CD光碟。该校600多名教职员工和部分村民还观看了由省消防协会、黄陂消防中队现场开展的灭火演练。

10月11日

中国地震学会地震流体专业委员会和湖北省地震学会在宜昌联合举办2007年全国地震流体学术研讨会。湖北省地震学会理事长、地震局局长姚运生，中国地震学会地震流体专业委员会主任、中国地震局地壳应力研究所研究员刘耀炜出席会议。中国地震局局长陈建民向大会发来贺词。来自全国20多个单位的50余名专家参加会议。姚运生局长讲话。中国地震局地壳应力研究所刘耀炜研究员、中国地质大学（北京）王广才教授、中国地震局地质研究所车用太研究员作专题报告。20位专家进行交流发言。

10月11日至12日

中国广东核电工程有限公司与武汉地震科学仪器研究院在武汉召开岭澳核电站二期LOT104F地震仪表系统（KIS）项目开工仪式。

10月14日

第二届八省（直辖市、自治区）震害防御协作会在长沙市召开，湖南省地震局主办。来自云南、四川、广西、湖北、湖南、重庆、西藏和贵州8个省（直辖市、自治区）的分管震害防御工作的局领导以及震害防御部门负责人参会。

10月15日

省地震局组织机关干部和支部书记收看中国共产党第十七次全国代表大会开幕盛况，聆听胡锦涛总书记所作的十七大报告。

10月21日

07时02分57秒，巴东县平阳坝、罗溪间（震中位于北纬30.19°、东经110.32°）发生$M_L2.3$级地震。部分村落有震感。

10月22日至24日

中国地震局在广西南宁，对湖北等6个建设单位的测震、前兆和信息分项工程进行验收。验收会上，专家组听取我局3个分项工程建设情况的汇报和各分项工程测试结果的报告，观看各分项建设成果的现场演示。验收专家组认为，湖北测震、前兆和信息分项工程完成了全部建设任务，建设质量合格，总体功能和技术指标达到设计要求,文档资料齐全,经费使用合理。一致同意通过验收。

10月25日

组建武汉地震计量检定与工程测量中心,从事大地测量仪器与地震专业测量仪器的计量检定、校准,测绘工程,计量新技术和计量技术装置的研发、销售,测绘新技术和测绘技术装备的研发、销售,以及接受委托合作开发项目。

10月27日

10时22分03秒,巴东县官渡口镇西(北纬31.04°、东经110.16°)发生M_L3.1级地震。震中附近村落震感明显。

11月2日

15时53分31秒,阳新县木港镇(北纬29.71°、东经115.20°)发生M_L2.2级地震。木港镇部分人员有感。

在咸宁市组织召开全省地震系统办公室工作会议,来自各市州(县)地震局(办)办公室的工作人员及局机关各处室的代表30余人参加会议。

11月9日

省武警消防总队在特勤训练基地举办"湖北省消防队伍执勤岗位练兵成果汇报表演"。省委副书记杨松,省政府常务副省长周坚卫,省直有关单位及部分市、州政府领导出席汇演。作为省地震灾害紧急救援总队成员单位,省地震局邢灿飞副局长现场观摩汇演。

11月11日

《楚天都市报》相关人员和武汉市委常委、常务副市长袁善腊一行与20位普通市民零距离座谈,省地震局职工代表参加座谈会。

11月12日

全国地震应急工作会议在济南召开,我局有关人员参加。我局应急救援处被评为"2006年度地震应急工作先进集体"。

11月13日至15日

中国地震局在海南组织召开推进实施全国农村民居地震安全工程研讨会。卢寿德司长出席会议并作工作报告。会议组织考察海南省万宁、陵水、昌江、白沙、儋州等市（县）农村民居地震安全工程示范村。全国各省市区震害防御处负责人参会。我局介绍了全省推进农村民居地震安全工程情况及下一步的工作部署。

11月中旬

中国地震局调研组孙晓竟组长一行4人来我局，对党风廉政建设工作，特别是对党政主要负责人监督工作、廉政文化建设进展情况以及2008年地震系统廉政建设工作思路等进行认真详细的了解与调研。

省地震局与省建设厅联合发文确认襄樊市襄阳区（今襄阳市襄州区）老李家村和咸宁市咸安区浮山村新建为"湖北省农村民居地震安全工程示范村"。

11月20日

湖北省数字地震观测网络项目应急指挥分项工程通过中国地震局组织验收。

11月21日

应随州市地震局邀请，省局震害防御处有关专家赴随州市指导开展农村民居地震安全工程工作。

11月27日

湖北省数字强震动台网通过验收。

11月29日

由湖北省妇女联合会、省儿童教育中心、省教育厅、省公安厅、省地震局、省卫生厅、省气象局等11家单位共同组织创办的"湖北省未成年人安全自护教育基地"启动仪式在武昌水果湖举行。省政府副秘书长李元江，省委宣传部、省文明办、省直工委等单位领导出席启动仪式。武昌区水果湖第一小学部分师生参加"湖北省未成年人安全自护教育基地"启动仪式，并参观教育基地。

11月29日

中国地震局测试专家组对我局"十五"项目国家重力台网中心、地壳形变台网中心分项目进行测试,龚平副局长参加测试会。测试专家组由中国地震局项目办陈金林处长(任组长)、中国地震台网中心周克昌研究员、甘肃省地震局唐九安研究员、山西省地震局李冬梅高级工程师组成。经检查和现场测试,专家组认为各项指标均达到相关要求,项目通过测试。

11月30日

中国地震局国家前兆台网运行规程研讨会在武汉召开,会议由中国地震局监测预报司熊道慧处长主持,龚平副局长参加会议。来自中国地震局项目办、中国地震台网中心、甘肃省地震局、山西省地震局、山东省地震局、云南省地震局和山西省地震局等各单位的领导和专家参加会议。

我局模拟英山县红山镇发生4.7级地震开展应急演练。

12月4日

由省科协主办,省国土资源厅、省灾害防御协会联合承办的湖北省2008年重大自然灾害综合趋势分析会商会在武昌召开。省政府办公厅、省应急办、省民政厅、省科技厅、省农业厅、省林业局、省环保局、长江水利委员会水文局、省防汛抗旱指挥部、省疾病预防控制中心、省血吸虫防治研究所、省社科院、省植保总站、武汉区域气候中心、省气象学会、省水利学会、省地质学会、省地震学会、省消防协会等单位的30多位代表参加会议,对2008年我省主要自然灾害趋势进行分析研究,对可能产生的极端气候和自然灾害,以及可能产生的影响提出综合防御对策建议。

省灾害防御协会在武昌召开常务理事(扩大)会。省人大常委会副主任、省灾害防御协会会长鲍隆清出席会议并讲话。来自省国土资源厅、省农业厅、省司法厅、省民政厅、省气象局、省地震局、省林业局、省环保局、省畜牧局、省防汛办、省疾病预防控制中心、省血防研究所、省消防总队、省社科院、武汉钢铁(集团)公司、清江水电开发公司、武汉安全环保研究院、江汉油田等单位的30多位常务理事及代表参加会议。会议由省灾害防御协会副会长吴云主持,常务副会长姚运生对协会2007年工作进行总结,提出2008年的工作要点;秘书长陈发荣传达中国科协《关于加强学会工作的若干意见》。代表们审议了2007年的工作总结和2008年的工作建议。

在武昌召开的行业性社团评估部署暨公益性社团评估总结大会上,省灾害防御协会被授予四星级"湖北省公益性社会团体"。

12月13日

我局获得中国地震局廉政文化知识竞赛(成都片区)一等奖。来自四川省地震局、湖北省地震局、重庆市地震局、西藏自治区地震局、二测中心共5支代表队参加了比赛,评出一等奖1名、二等奖2名、三等奖2名。

12月18日至20日

省灾害防御协会被湖北省科学技术协会评为"2005—2007年度先进学会"。

12月20日

我局武汉地震科学仪器研究院研制的KIS地震仪表系统,在上海同济大学振动实验室进行抗震试验,获得圆满成功。

12月20日至21日

湖北省委党史研究室在孝感市召开《湖北党史大事》工作会议,我局王佩莲获2006—2007年度《湖北党史大事》工作"优秀撰稿人"称号。

12月25日

湖北省地震学会在武昌召开五届三次常务理事(扩大)会议。学会常务理事、副秘书长等25人参加会议。学会理事长、省地震局局长姚运生对学会2007年工作进行总结,学会副理事长、省国土资源厅副厅长徐振坤传达《中国科协关于加强学会工作的若干意见》。

12月30日

由庄灿涛、王建华、车用太、韩进、胡兴娥、陈步云、杨大克、姚运生等完成的"长江三峡工程诱发地震监测系统设计、研制、建设及应用",获中国地震局防震减灾优秀成果二等奖。

12月底

我局在省政府组织的11·20野三关岩崩滑坡应急抢险救援工作中表现突出,受到任世茂副省长表扬。任世茂副省长在《省地震局关于参加11·20野三关境内岩崩滑坡抢险救援工作情况的函》上批示:"省地震局在这次抢险救援工作中领导重视、反应灵敏、行动迅速、工作认真,深受好评。谢谢同志们!"2007年11月20日,湖北省野三关境内发生岩崩滑坡,省地震局领导高度重视,姚运生局长和龚平副局长亲自部署工作,要求省局应急救援处密切关注事态进展。在接到省应急办通知后1小时内派出应急救援现场工作队。应急救援现场工作队在现场按照现场指挥部的部署高效有序地开展相关工作,及时将现场工作情况向抢险救援指挥部汇报。

2008 年

1月4日

召开2007年度局级领导干部考核述职大会,党组书记、局长姚运生,党组成员、副局长吴云、邢灿飞、龚平分别作了述职报告。

丹麦奥尔堡大学尹雪峰博士应吴云副所长邀请来访并作题为"无线传播信道的特征及参数估计"的学术报告。

1月8日

印发《市(州)防震减灾工作评比内容及分值试行办法》。内容包括防震减灾法制建设、地震监测预报、地震灾害防御、地震应急救援、防震减灾社会动员和附加分6项,规范湖北省市(州)及县(市)、区防震减灾工作评比。

1月9日

湖北省民政厅民间组织管理局负责人王斐遒等一行来省灾害防御协会检查、指导工作。协会秘书长陈发荣介绍协会组织建设和学会改革进展情况。省灾害防御协会办公室负责人汇报协会近几年开展的主要工作。

1月11日

07时42分,公安县黄山头镇发生M2.0级地震。黄山头镇部分人员有轻微震感。

按照《湖北省地震局关于省属地震台站人员轮岗的通知》(鄂震发〔2007〕41号)的要求,省局监测预报中心在省属专业地震台站现有技术人员内完成了为期1年的轮岗,分3批10台次,轮岗人员10人,成效显著。

1月13日

省直机关工委召开党建学会年会,来自省直机关126个单位机关党委和各市、州及省直管市机关工委负责人近200名代表参会。省局机关党委副书记许光炳参会。会上宣读了《关于表彰全省机关党建调研工作获奖成果和先进单位的决定》，我局撰写的《在实践中落实保持党员先进性长效机制》一文，荣获党建设调研论文二等奖。

1月14日

中共湖北省团风县委书记孙璜清、团风县人民政府县长洪再林一行5人来省局，送来"情系老区倾心帮扶"牌匾，感谢几年来我局党员干部向团风县马曹庙镇薛坳村捐赠农村适用书籍2000余册，价值6000余元，连续5年捐献助学金4万多元，累计资助200名家庭困难的中小学生继续学业。

1月17日至18日

2007年度省属地震台站台长会在武汉召开，龚平副局长及有关职能部门负责人、9个专业地震台站台长、监测预报中心共20余人参加会议。

1月18日

省地震局召开2007年度总结表彰大会，表彰4个先进集体、7个先进个人、8个最佳文明处室、3个最佳文明台站。同时对2007年度获得上级单位表彰的先进集体、先进个人以及科技、监测人员获得的科技、监测成果奖、论文奖进行表彰。

1月22日

《2008年湖北省减轻自然灾害白皮书》由湖北省科学技术协会、湖北省灾害防御协会联合编印完成。

省政府召开湖北省防震减灾工作领导小组会议，传达1月21日国务院防震减灾工作联席会议精神，听取省局关于2007年全省防震减灾工作汇报和省局专家关于地震活动情况的报告。郭生练副省长和省防震减灾工作领导小组成员单位领导参加会议。郭生练副省长在讲话中强调要牢固树立"震情第一"的观念，贯彻落实国务院办公厅和省政府办公厅有关文件精神，推进我省农村民居地震安全工程建设，加大对地震科学研究及观测环境的支持力度。省政府王永高副秘书长主持会议。

由武汉地震科学仪器研究院研制的新型微位移仪器原理样机通过我局（所）验收。

1月下旬

省地震局和省建设厅联合发文《关于在新农村建设中加强抗震设防要求和抗震设计审查工作的通知》(鄂震发〔2008〕7号),要求各设计单位为新农村建设(含百镇千村、整村推进、移民搬迁等各类建设工作)设计的图纸除考虑当地的习俗和建筑风格外,必须符合国家标准GB18306—2001《中国地震动参数区划图》和GB50011—2001《建筑抗震设计规范》的规定,已设计的不符合抗震设防要求的图纸,应尽快修改,以免留下安全隐患。

1月21日至22日

湖北省召开第九届纪委第三次全体(扩大)会议,传达学习第十七届中纪委二次全会和胡锦涛总书记在全会上的重要讲话精神,总结2007年反腐倡廉工作,部署2008年工作。我局纪检组长吴云参加会议。

1月23日至24日

我省数字地震观测网络项目档案通过中国地震局项目档案验收组的验收。

1月25日

我局地震科学仪器研究院与创新基地仪器室共同研制的KIS地震仪表系统样机,圆满通过中国核工业第二设计院和核电秦山有限公司的验收。

1月27日

23时36分03秒,在宜昌市秭归县泄滩镇(北纬31.07°、东经110.60°)发生M2.6级地震,当地有感。

1月30日

17时02分,接省直机关工委要求为雪灾地区紧急捐赠御寒衣被的电话通知后快速响应,我局在90分钟内将机关干部用6000元捐款购买的60床成品棉被和30件棉衣送达省备灾中心。

1月

中国地震局指定我所承担"中国地震局'十二五'发展规划研究课题"之第

六专题"现代大地测量学与对地观测发展规划研究",负责人姚运生,成员有周硕愚等20人。经过近3年的调研和修改完成定稿,在北京的验收会上获得专家的一致好评和肯定,通过验收。规划通过后,局(所)决定开展《地震大地测量学》专著的撰写。

2月15日

省政府法制办将《湖北省地震安全性评价管理办法》(修订)放在湖北省政府法制信息网上向社会公开征求意见。

2月18日

省局以鄂震发〔2008〕21号文转发中国地震局《关于开展〈中华人民共和国防震减灾法〉实施十周年宣传活动的通知》,要求各市县地震部门采取多种形式积极开展《中华人民共和国防震减灾法》实施10周年纪念宣传活动。

2月22日

中国数字地震观测网络湖北省数字地震项目,在武汉通过由中国地震局会同湖北省发展和改革委员会组织的验收会验收。

2月27日

省人大教科文卫委员会与省地震局联合召开《防震减灾法》实施10周年座谈会。省人大常委会周洪宇副主任、彭小海副秘书长,省人大教科文卫委员会马海扬副主任、袁军晶副主任、张继年副主任,省发改委刘兆麟副主任,省委宣传部朱兴兰副巡视员,以及省法制办、省依法治省办、省教育厅、省建设厅有关领导参加会议。

2月27日至3月2日

省局纪念《防震减灾法》实施10周年,在局门口悬挂宣传标语。黄冈市地震局在位于市区繁华路段的黄商购物中心广场开展现场宣传活动;襄樊市地震局在城市社区开展防震减灾科普讲座;十堰市地震局通过短信平台发送宣传标语;荆州市地震局在《荆州日报》开辟专版进行宣传。各地都结合自身实际开展各具特色的宣传活动。

2月下旬

贺玉方副巡视员被评为"2007年湖北省政府先进参事",荣获参政咨询二等奖。

3月2日

在湖北省安全生产会议上,我局龚平副局长、张建民同志被湖北省安全生产委员会评为"2007年度全省安全生产先进工作者"。

3月7日

省灾害防御协会在武昌召开秘书长工作会议。陈发荣秘书长对2008年的工作进行部署,各位副秘书长针对协会2008年工作重点进行认真讨论。

3月18日至21日

襄樊地震台、黄梅地震台优化改造项目,通过中国地震局指定考评机构绩效考评。

3月20日

省科技厅郑春白副厅长、社会发展处陈毛生处长、岳耀书调研员一行3人来我局就我省防震减灾科技成果转化与社会发展进行调研。

3月24日至25日

24日23时24分41秒,十堰市竹山县双台乡(北纬32.57°、东经110.08°)发生M4.1级地震,震源深度8千米。省局按湖北省地震应急预案启动Ⅳ级应急响应,姚运生局长主持地震应急工作,1个小时内连夜派出由龚平副局长带队的地震现场工作队(地震现场指挥部、2个宏观考察组和2个流动监测组)赶赴现场开展地震现场应急工作。经6个多小时的行驶,于25日06时30分到达竹山县双台乡,与连夜赶到震区的十堰市副市长彭承志、十堰市地震局局长杞居发、竹山县副县长方孝春及双台乡党委领导会合,立即召开碰头会,部署现场地震应急工作:(1)省地震局流动监测队伍立即在震区选点布台,开展现场监测;(2)省地震局灾害评估和科学考察人员分成4个小组开展相关调查工作;(3)请当地政府通过电话向各村组了解震情、灾情,并做好群众稳定工作,如有情况立即向省局现场指挥部报告;(4)积极开展防震减灾知识宣传和协助地方政府开展社会稳定维护工作。震区各级党委、政府领导高度重视地震应急工作,主要领导做出应急指示,要求迅速研究紧急应对措施,密切关注震情变化。相关单位坚持24小时值班,以最大限度地确保人民群众生命财产安全。十堰市委书记陈天会、市长汪鸿雁连夜听取市地震局的汇报,要求加强监测,做好宣传,维持正常的生产和生活秩序,避免引起群众恐慌。现场流动监测运行正常,流动监测仪实时向省地震监测预报中心传输现场地震监测数据。至25日17时,当地共发生10次余震,较大余震有23时28分47秒茅塔镇(北纬32.55°、东经110.13°)M2.8级地震和3月25日00时04分31秒茅塔镇M1.9级地震。最大余震为25日09时52分的M3.3级地震,震源深度10千米。地震造成震中区及周围竹山、竹溪、郧西、房县、十堰市区、襄樊市区等地有强烈震感,距震中17千米的双台乡有少量房屋震裂。陕西省白河县有震感。震区无人员伤亡报告,未发现房屋倒塌现象,群众生产生活秩序正常。

3月25日

省局计划财务处、审计处、基建办等部门负责人和技术人员一行5人对黄梅地震台环境改造项目进行验收。

3月27日

20时47分37.5秒,十堰市竹山县双台乡(北纬32.56°、东经110.09°)发生M3.2级地震。3月31日14时33分33.4秒,十堰市竹山县双台乡(北纬32.57°、东经110.08°)发生M2.0级地震。3月31日14时33分33.4秒,十堰市竹山县双台乡(北纬32.57°、东经110.08°)发生M2.0级地震。

3月30日至4月1日

全省地震工作会议在武汉召开。

4月7日

召开《竹山县4.1级地震灾害直接损失评估报告》评审会。来自省发展和改革委员会、省财政厅、省民政厅、省地震局的13名评委听取了省地震局现场评估组的报告,进行了认真的讨论和审议,提出了具体的修改意见和建议。会议认为,《2008年3月24日湖北省竹山县M4.1级地震灾害直接损失评估报告》资料充分，内容翔实，符合国家标准 GB/T18208.4—2005《地震现场工作第 4 部分：灾害直接损失评估》的要求，结合评委意见补充修改后可提交正式报告。

4月8日

湖北省人事厅、湖北省国家保密局联合印发《关于表彰全省保密工作先进集体和先进工作者的决定》（鄂人公奖〔2008〕4 号），我局获保密工作先进集体光荣称号。

4月9日

省人事厅、省民政厅联合举办的"全省民间组织及管理工作表彰大会"，湖北省灾害防御协会等 80 个单位获"湖北省先进民间组织"的荣誉称号。

4月10日

中核集团工程有限公司专家前来武汉地震科学仪器研究院进行商务与技术考察，仪器院核电站地震监测系统研发小组详细介绍了秦山核电核岭澳核电工程二期改造地震报警系统项目的进展情况。

北京铁路安全监控研究所殷所长与地震研究所地震科学仪器研究院就"高速铁路地震监测应急处置系统"项目进行技术交流。

4月10日至11日

中国地震局重大项目管理监督工作研讨会在北京召开。我局纪检监察审计部门负责人参加会议。

4月12日

省直保密工作第十二协作组会议在湖北京山召开，省地震局等 9 个协作组成员单位共计 17 人参加会议。

4月15日至16日

福建省地震局金星局长一行到我局考察、交流。金局长作了题为"区域数字地震台网实时速报系统研究与应用"的专题报告。

4月16日

省直机关工会召开工会工作委员会。省直机关126个单位代表参加会议,选举产生35名出席省工会第十一次代表大会的代表。我局机关党委专职副书记、局工会主任许光炳出席会议,并当选为出席省工会第十一次代表大会的代表。

4月18日

省灾害防御协会在武汉召开2008年湖北省自然灾害、突发公共安全事件防治与应急研讨会。省气象局、省林业局、省疾病预防控制中心等单位30多位代表参会。

4月29日

省直机关召开纪念五四运动89周年暨青年工作会议,我局团委获"五四红旗团委"称号,科技发展处获"省直机关青年文明号"称号,骆天天获"省直机关优秀团干部"称号,沈基玲获"省直机关优秀共青团员"称号,李欣、褚鑫杰获"省直机关青年岗位能手"称号。

5月2日至4日

湖南省地震局周剑峰副局长带领局团干部一行12人来我局考察、交流。

5月4日至7日

中国地震应急指挥技术系统建设总结会议在京召开。我局派代表参加会议。

5月6日至9日

我局在武汉举办2008年度湖北省地震应急现场流动监测培训班。来自武汉、十堰、宜昌、黄冈等17个市(州)地震局(办)和竹山、秭归、郧西等9个县的地震局(办),以及6个省属专业地震台和省局应急队伍的45位学员参加培训。

5月9日

湖北省地震局、湖北省科学技术协会在武昌举行共建学会协议签字仪式。省科协党组书记、常务副主席曲颖，省地震局局长姚运生，省科协、省地震局、省灾害防御协会、省地震学会等相关部门负责人出席签字仪式。

5月12日

14时28分，四川汶川县（北纬31.0°、东经103.4°）发生Ms7.8（后修订为8.0）级地震。我省普遍有较强震感。地震发生后，省局立即启动地震应急预案，成立了地震应急指挥部，姚运生局长全面主持地震应急处置工作：一是迅速将震情报省委、省政府和中国地震局。二是派出由龚平副局长带队，包含现场流动监测、灾害评估等方面14名专家组成的现场工作队，携带2台流动监测仪、2台强震仪，赶赴四川灾区，协助当地开展抗震救灾工作。三是要求全省各地震局迅速了解本地区震感情况及震灾情况，随时向省地震局报告，协助地方政府做好维护社会稳定的工作。四是要求全省地震台站密切监测震情，监测预报中心密切跟踪震情，加强地震趋势分析会商。五是加强应急值班和震情值班。要求地震应急指挥部、省监测预报中心及所有台站24小时值班，做好震情的速报工作。六是与四川省地震局保持信息共享及联网监测。

5月12日至13日

省政府领导赶到省地震局了解汶川地震震情和灾情。在听取了姚运生局长关于此次地震对我省造成的影响情况及省地震局采取的应急措施的汇报后，部署了应急工作。要求全面了解我省震情灾情情况并及时上报；加强地震监测及跟踪分析，做好我省地震监测预报工作；及时通过新闻媒体向公众公布震情信息，维护社会稳定；派出地震专业队伍支援四川灾区。由省地震局和省公安消防总队组成的省地震灾害紧急救援总队各组相继开展跨省震灾应急救援行动。继省地震局12日下午派出14人的地震现场工作队赶赴灾区后，13日凌晨省消防总队按照公安部紧急部署，由曾庆亮副总队长率领300名消防救援官兵以及随队医生，携带生命探测仪等轻型地震救援装备和200顶帐篷分乘28辆车赶赴灾区，增援四川抗震救灾工作。

汶川地震波及范围广，北京、天津、上海、陕西、湖北、河南等地许多居民都有强烈震感。12日14时43分，发生M6.0级余震，截至13日14时40分，共发生较大余震 33 次,其中 6 级以上余震 3 次,5 级以上余震 14 次。

截至 13 日,汶川地震造成我省 1 人死亡,20 人受伤,其中 5 人重伤。恩施板桥镇前山村村民李玉双,被临时搭建雨棚掉下的木棒击中身亡;荆门钟祥市胡集镇胡集小学有 18 名小学生被踩踏致伤;十堰丹江口市土关垭一个农民在建房时,被震倒檩柱砸中头部,当场昏迷;荆州一个社区居民被倒房砸伤。受伤人员目前均无生命危险。受损房屋 4810 间,其中倒塌房屋 98 间。

5 月 13 日

15 时 30 分左右,地震现场副指挥长、中国地震局震灾应急救援司副司长苗崇刚,前往都江堰市中医院施救现场看望、勉励正在全力搜救被埋群众的四川省地震灾害紧急救援队官兵。23 时 30 分,国家地震紧急救援队到达德阳,全体救援队员连续作战,在德阳东方中学开展救援行动。四川省地震灾害紧急救援队于 19 时 30 分到达绵竹东方汽轮机厂,并立即在东汽厂子弟中学实施救援,共救出 5 人,其中 3 人有生命体征。另外,18 时 40 分左右,成都市公安局刑侦局警犬大队 10 余名队员携 9 只搜救犬,从都江堰市出发赶赴绵竹东方汽轮机厂,协同国家和省地震灾害紧急救援队开展救援工作。13 日派出的 13 个灾评与科学考察小组,已奔赴灾区,进入指定位置开展工作。

18 时 30 分,中国地震局局长陈建民一行抵达成都,并立即赶赴地震灾区,看望和慰问地震现场工作队队员。

5 月 13 日至 14 日

国务院总理、国务院抗震救灾指挥部总指挥温家宝于 13 日 20 时 30 分在列车上召开国务院抗震救灾指挥部会议,强调当前抗震救灾的核心任务仍然是救人。温家宝总理一行 14 日上午前往北川县察看受灾情况。北川县是本次受灾最严重的地区之一,县城人员死伤和建筑毁损尤为严重。

5 月 14 日

汶川县 7.8 级地震发生后,我局迅速启动应急预案,14 日中午派往四川的地震现场工作队抵达中国地震局现场指挥部——都江堰市体育中心。按中国地震局现场指挥部的安排,我局现场工作队分成 3 个小组,参加由安岳—彭州、内江—新津和汉源—宝兴 3 条路线的调查和评估。另有流动监测和强震监测另行安排。接受完任务后,3 个灾评组人员连夜赶赴目的地。

我局 100 多名干部职工向四川灾区第一批捐款 1 万元送达省民政厅备灾

中心。

为响应省委、省政府支援四川 7.8 级地震灾区的号召,省直团工委在洪山礼堂举行"情系灾区、献我热血"支援活动。省地震局团委组织近 20 名青年职工参加献血。

5 月 15 日

13 时,我局第四批 26 名抗震救灾人员分乘 13 辆越野车赶赴地震灾区。19 时 30 分,我局赴川现场工作队在四川省什邡市湔底镇成功架设流动数字地震观测台,是现场流动监测台网建设中最早成功架设的台站。23 点 30 分,我局现场工作队指挥长龚平副局长率应急处处长卓力格图、科员赵伟及中国船舶重工集团公司 710 研究所(宜昌)(以下简称宜昌中船重工 710 研究所)的 5 位同志,携带卫星电话和 10 台剪力气动剪钳等专用救灾设备赶赴青川县(该地区目前通讯全部中断),与省消防总队救援队伍汇合,到达灾区后立即开展应急救援活动。我局第二批赶赴地震灾区的 GPS 测量队于 5 月 15 日晚抵达四川绵阳开展观测,重力测量队到达汉中。

5 月 16 日

13 时,我局第五批 8 名抗震救灾人员由乔学军研究员带队,分乘 2 辆越野车赴灾区开展震后 GPS 流动应急观测,收集震后地壳运动信息。至此,我局先后派出 5 批次、68 人、24 辆车、近百台仪器投入灾区的地震监测与抗震救灾工作。

13 时 30 分,我局赴四川地震现场工作队在四川省德阳市罗江县白马关镇成功架设第二个流动数字地震观测台。

按照中国地震局震区指挥部的部署,我局第一批赴四川震区现场工作队被编列为第 19、20、21 考察组,5 月 15 日分别按安岳—彭州、内江—新津、汉源—宝兴 3 条路线迅即开展调查和评估工作。第 19 考察组在安岳县选取抽样点 5 个,调查砖混、砖结构和砖木结构的房屋 299 间,确定烈度Ⅴ度;乐至抽样点 2 个,调查房屋 199 间,确定烈度Ⅴ度;简阳县(今四川省简阳市)抽样点 4 个,调查房屋 299 间,确定烈度Ⅴ度,少数砖混、砖木结构受到轻微破坏,个别砖混结构房屋受到严重破坏。第 20 考察组分别在内江县(今内江市东兴区)选取抽样点 2 个,确定烈度Ⅴ度,部分砖混和土木结构房屋出现裂缝,没有人员伤亡;在资中县选取抽样点 4 个,确定烈度Ⅴ至Ⅵ度,少数简易砖房、个别砖混结构房屋中等破坏,承重墙出现穿透性裂缝,3 名小学生因掉瓦受伤;在仁寿县选取抽样点3个,确定烈度Ⅵ度,少数砖砌结构房屋出现中等破坏,门窗梁上部出现"X"裂缝,门窗倾斜,个别山墙向外倾斜,没有伤亡。第21考察组在名山县(今雅安市名山区)选取抽样点5个,确定烈度Ⅶ度;在汉源县选取抽样点4个,确定烈度Ⅸ度弱,该县18人遇难,506人受伤,其中重伤39人。

下午,吴云副局长一行起程赶赴四川汶川地震灾区,代表局党组及全局干部职工看望和慰问我局地震现场工作队的队员。

5月16日至17日

湖北省地震局有300多名干部职工向四川灾区第二批捐款2万元,送达湖北省民政厅备灾中心。部分离退休干部向省老干局、省红十字会捐款2200元。

5月17日

我局现场指挥部龚平指挥长与省地震灾害紧急救援总队刘建平总队长以及运送2部海事卫星电话前往灾区的吴云副局长会合,共同研究部署下一步抗震救灾工作。我局秦小军带队的第四批现场工作队于16日分为两部分,其中魏航海副主任负责带队的5辆车在都江堰市中国地震局现场指挥部接受工作安排;秦小军带队的7辆车已赶到成都市,分成5个小组围绕成都市开展灾情调查和灾害评估工作。

根据中国地震局地震现场指挥部的指令,我局派出以李辉、申重阳研究员为首的第七批地震现场工作组共5人于2008年5月17日晨赶赴四川地震灾区。至此,我局派赴四川地震灾区现场工作的人员达74人。省公安消防总队共派出500人组成湖北省地震紧急救援队赴四川灾区开展地震应急救援。

上午,湖北省科技活动周开幕式在武昌水果湖步行街举行。湖北省地震局、湖北省地震学会、湖北省灾害防御协会参加活动,在活动中,展出了《四川省汶川县7.8级地震震情简介》《普及地震科学知识提高全民科学素质》等宣传展板15块,发放了《地震来了怎么办》《农村民居抗震设防》系列画册5000份、环保袋5000个,播出了《笨笨狗与巨能霸》《避震知识》等防震减灾科普宣传片。

晚,李鸿忠省长致电慰问战斗在抗震救灾第一线的湖北省地震灾害紧急救援队、省地震局地震现场工作队和救灾医疗队。

夜,副局长龚平看望第四批抵达四川汶川地震现场的工作人员。

5月17日至18日

由我局陈蜀俊研究员、蔡永建硕士、郑水明硕士等组成的汶川地震第19震害调查组,在郫县(今成都市郫都区)唐昌横山村一带,发现一处近南北向展布、连续切过两处建筑墙体的地裂缝、呈带状分布的地震液化现象。当晚向指挥部汇报后,引起重视。5月18日上午10时,指挥部闻学泽研究员一行赶到现场,会同第19震害调查组人员对这一震害现象作了进一步考察、研究。分析认为,这些震害现象,对研究与此次地震发震构造有关联的龙门山山前断裂,具有科学价值。

5月18日

经过对地震参数详细测定后,中国地震局将汶川地震震级从7.8级修订为8.0级。

01时08分(北京时间),四川省江油市(震中位于北纬32.1°、东经105.0°)发生M6.0级余震,鄂西震感明显。

国务院发布公告,决定2008年5月19日至21日为全国哀悼日。

省局致四川省地震局慰问信。

5月19日

我局汶川地震第19震害调查组到达胡锦涛总书记17日曾视察慰问的重灾区彭州龙门山镇,开展震害考察和灾害评估。

5月22日

由秦小军研究员带队的5个灾害评估组经过2天的努力工作,圆满完成对德阳市城区房屋地震灾害评估调查和报告编写工作。

5月23日

邢灿飞副局长一行在考察了四川地震重灾区汉旺镇后,前往震害评估分队宿营地德阳指导工作。科技监测处处长杜瑞林、地震应急处处长卓力格图深入汶川现场工作点,开展工作检查,确保现场工作连续、稳定。

我局赴川抗震应急工作队针对年轻队员进行了2次专题业务现场培训,秦小军研究员等耐心解答问题,创造条件让年轻队员独立思考、独立工作,使他们的工作能力快速提高。我局流动测震组李峰、张辉等在震中附近第一个建起流动测震台。雷静雅和张丽芬是我局70多人队伍中仅有的2名女性,巾帼不让须眉,完成任务量、工作质量一点都不比男同志差,赢得了赞誉。工作不到一年的一批博、硕士,如王秋良、但卫、孔宇阳、雷东宁等年轻队员,虽然没有大震应急救灾经验,但在工作中认真记录、主动询问,在完成当天的任务后,还查看资料至深夜,承担起主要工作任务。冯谦同志,在灾区工作的时间里肠胃一直不适,他坚持工作,认真负责,被任命为小组长,和组员一起齐心协力,保质保量地完成了各项任务。50岁的老司机段海峰连续加班加点,他牙龈肿疼,脸也变肿了仍咬紧牙坚守。他和魏航海、苏才玉、管平、张征进、武召新5位司机,被中国地震局地震现场指挥部安排为机动应急工作,5天来,承担了艰巨的出车任务,多次出入重灾区,翻山越岭安全驾驶,保证了工作任务的完成。

四川地震以来已有近2周的时间,我局广大干部职工不断通过各种渠道向四川灾区捐款,截至23日,已有600多人参加捐款,捐款总额已近12万元。

5月25日

省地震局、中国地质大学、长江商报社联合在长江出版集团B座4楼报告厅举办地震知识专题报告会,结合"5·12"汶川大地震向市民进行地震知识的科普讲座。

经中国灾害防御协会审订的《公众防灾应急手册》由华中师范大学出版社出版。

5月30日

龚平副局长一行4人赴十堰调研地震工作,看望慰问十堰市地震局、郧县地震台、丹江口地震台干部职工。

我局向省直机关工会捐书百余册。

5月31日至6月1日

乔学军研究员带领GPS观测人员彭懋磊、赵斌、郭兵,深入重灾区平武县南坝镇进行GPS现场观测。在南坝镇观测站所在山体的山脊上发现一长约500米、最大宽度约80厘米、最大上下位错达50厘米的裂缝,及时向相关部门报告,以免遇强降雨导致山体滑坡威胁到山下千余名救灾官兵和受灾群众的安全。有关部门及时进行了处置。

6月1日

省地震局、省地震学会、省灾害防御协会与中国科学院武汉植物院联合举办了为期3天的"认识自然、科学防震——地震科普知识游园活动",使广大少年儿童在游玩中接受地震科普知识,过一个有意义的儿童节。

6月2日

我局针对当前社会上关心的热点、焦点和群众最需要了解的事情,迅速组织力量编写、制作了《四川汶川8.0级地震震情简介》《四川汶川8.0级地震震后感想与反思》宣传展板,全面介绍四川汶川8.0级地震的地震概况、汶川地震活动情况、众志成城抗震救灾、规划建设勿忘抗震设防、地震安全教育刻不容缓和我省组织紧急救援等八大部分,受社会各界和广大群众的一致好评。

我局委派贺玉方参事、黄广思总工先后做客湖北省广播电视总台新闻综合广播频道和武汉电视台《百姓连线》栏目,在黄金时段宣传地震科普知识,接受记者的提问并回答群众关心的热点问题。

应中国石油天然气股份公司管道华中输气分公司之邀,我局派韩晓光处长进行地震科普知识讲座。

6月3日

12时26分18.6秒,荆州市松滋市刘家场镇(北纬30.09°、东经111.44°)发生M2.4级地震,宜都市松木坪镇松木坪村、松木坪社区、花庙村等地有感。

我局武汉基准地震台(九峰)科普宣传员邓娜同志,应邀为水果湖一小二年级的小朋友讲解地震及其应对知识。

6月5日

襄樊地震台环境改造一期工程通过由我局计划财务处、审计处、监测处和省监测预报中心等部门负责人组成的验收小组的验收。

6月10日至17日

《湖北省志》总编室召开各分卷编纂工作会议,我局修编省志自然卷和文化卷的人员参加会议。

6月17日

中华全国总工会授予我局赴川地震现场工作队抗震救灾重建家园"工人先锋号"。

湖北省政协副主席陈春林及政协教科文卫体委员一行到我局调研防震减灾工作。

6月18日至20日

龚平副局长一行5人赴黄梅地震台检查、指导工作。

6月19日

中国地震局地震研究所(湖北省地震局)顺利通过北京陆桥质检认证中心武汉办事处ISO9001国际质量体系认证的年度审核。

6月24日

省直机关纪工委副书记马利亚率各支部全体党员到武汉基准台、湖北省科普教育基地"武汉地震科普馆"考察，吴云副局长介绍汶川地震情况及我省赴四川地震应急救援情况，震害防御处韩晓光处长讲解了"如何科学防范地震灾害"等科普知识。

6月29日

受省地震局、省灾害防御协会委派，我局卓力格图副研究员做客湖北日报传媒集团、荆楚网"大家讲坛"节目，作了题为"从汶川大地震看中国救灾应急体制的构建"的专题报告。

6月30日

省直机关纪念建党87周年暨党建工作先进单位表彰大会在东湖宾馆召开。省委副书记杨松讲话。会议表彰了先进基层党组织、优秀共产党员、优秀党务工作者。我局直属机关党委荣获"先进基层党组织"称号，计划财务处张荣富荣获"优秀共产党员"称号，机关党委专职副书记许光炳荣获"优秀党务工作者"称号。

7月4日

为配合军事院校进行防震减灾知识普及活动,省政府参事室参事贺玉方应邀为解放军第二炮兵指挥学院1000多名官兵进行地震科普知识讲座。

7月8日至9日

省局联合省消防总队、三峡工程总公司和宜昌市县地震局举行地震应急演练,模拟在宜昌市秭归县发生5.0级地震后,检验快速响应、有序地开展应急工作的能力。秭归县地震办参加演练。省政府应急办、法制办领导和各地市州及部分市县地震部门主要负责人观摩演练。

7月10日

省局组织武汉、十堰、襄樊、宜昌、荆州、荆门、随州、鄂州、咸宁等市地震部门人员赴四川都江堰市、彭州市龙门山镇、绵竹市汉旺镇等地震灾区考察震害情况。

7月18日

龚平副局长主持召开汶川大地震资料归档专题工作会议,传达中国地震局和湖北省档案局有关文件精神,各相关部门简要汇报了汶川地震资料归档整理进展情况,局文献信息中心对归档文件资料收集范围及要求作了进一步说明。会议进一步明确责任和分工,局办公室、文献信息中心、监测处、震防处、应急处、监测预报中心和机关党委等有关部门主要负责人参加会议。

7月23日

省科学技术协会学会部部长刘洪江等一行来我局调研考察学会工作。

7月25日

省直机关赴四川抗震救灾一线先进事迹报告会在洪山礼堂举行。来自省地震局、省消防总队、省广电总台、武汉急救中心、《楚天都市报》、省交通规划设计院、省水文战线的7位代表以自己的亲身经历诠释伟大的抗震救灾精神。我局党办副主任、高级工程师王佩莲作了题为"奉献,为了幸存者的生命"的专题报告,到会的同志们都深受感动。我局50多名干部职工参加。

7月29日

龚平副局长一行赴省公安消防总队,代表我局对省消防官兵进行节日慰问,送去慰问金和慰问品,转交"5·12"汶川特大地震救援纪念锦旗。

8月5日

龚平副局长一行5人赴宜昌中船重工710研究所,调研科技产业开发和应急救援工作,慰问5位与省地震局共同支援四川抗震救灾的队员。

局团委组织团员、青年开展"希望工程汉源行"捐款活动,广大团员、青年职工、在读研究生积极参与,至8月5日有92名青年捐款共计8690元。

8月12日

在2007年度全国市(地)县防震减灾工作综合评比暨国家防震减灾科普教育基地评审会议上,十堰市地震局荣获2007年度全国市(地)防震减灾工作综合评比二等奖;襄樊市地震局和黄冈市地震局被评为2007年度全国市级防震减灾工作综合评比优秀奖,黄冈市地震局还荣获监测预报单项奖;房县地震局、英山县地震局、兴山县科技局和襄樊市襄阳区科技局被评为全国县(区)级防震减灾先进工作单位。中国地震局副局长刘玉辰和震害防御司司长卢寿德出席并讲话。

8月14日至15日

在"湖北省2008年科技活动周工作总结暨科普管理培训会"上,省地震局等34个单位被授予2008年科技活动周"优秀组织奖",褚鑫杰等50名科普工作者被评为2008年科技活动周"先进个人"。

8月19日

省直机关工会主任汪连天率全体党员来我局,参观九峰基准台、湖北省科普教育基地"武汉地震科普馆",省局震害防御处韩晓光处长介绍了"5·12"汶川地震及我省赴四川抗震救灾的有关情况,讲解了"如何科学防范地震灾害"等科普知识。

8月20日

武汉市建设科技委结构与抗震专业委召开工作会议,武汉地震工程院院长陈蜀俊研究员应邀作了题为"汶川地震典型震害调查与思考"的专题报告。

8月27日至9月1日

武汉市地震办组织全市地震工作者赴四川考察龙门山断裂带、都江堰等地的地震灾害现场,来自全市科技、地震系统的有关领导、地震工作者共计20余人参加考察。

8月至11月

根据中国地震局地震研究所与韩国天文空间科学研究院签订的合作备忘录,我所重点国际合作项目流动卫星激光测距仪TROS于2008年8月首次赴韩国,开展为期1年的常规观测。8月至10月,我所王培源助理研究员作为唯一驻扎韩国大田的技术人员,独立完成了第一阶段的观测任务,获得了一批宝贵的观测数据。在韩国期间,应韩国天文和空间科学研究院空间大地测量部主任ParkJong-UK博士邀请,王培源作了题为"General Introduction of Mobile SLR Station-TROS"和"Electronics and Operation System of TROS"的专题报告,应韩国空间科学协会主席Yang Jongmann博士邀请,王培源于10月23日参加了在光州科技学院举行的2008年度韩国空间协会年会,并作了题为"中国流动卫星激光测距系统和中韩科技合作"的特邀报告。2009年3月,我所将再派出技术人员赴韩进行第二阶段的观测。

9月3日

邢灿飞副局长一行深入武穴市朱木桥村新农村建设工作队驻点开展调研工作,并代表省局干部职工看望并慰问新农村建设工作队队员。

9月4日

省政府发文表彰湖北省地震应急快速反应系统项目建设先进集体和先进个人,授予省发展和改革委员会地区经济处等10个单位"湖北省地震应急快速反应系统项目建设先进集体"称号,授予蔡大树等49名同志"湖北省地震应急快速反应系统项目建设先进个人"称号。

9月5日

省地震局、中国地震局地震研究所、省地震学会联合在武昌召开四川汶川

8.0级地震研讨会。来自中国地质大学、武汉大学、三峡大学、水利部长江勘测技术研究所、长江委三峡勘测研究院、湖北省地震局、中国地震局地震研究所、武汉地震工程研究院、湖北省地震监测中心、武汉市地震办公室、黄冈市地震局、咸宁市地震局、襄樊市地震局、黄石市地震办、潜江市地震局等20个单位的专家和代表参会。湖北省民政厅、湖北省财政厅、湖北省发改委的领导出席会议。

9月8日

省政府应急办主任张猛、副主任陈惠霞一行来我局调研指导地震灾害应急救援工作。龚平副局长介绍我局应急救援工作情况,陪同参观应急指挥大厅和地震应急现场流动卫星通信装备。

9月16日至23日

湖北省数字地震分析和地震信息节点运行维护培训班在十堰市举行,来自湖北省属地震台的测震分析人员、部分市(州)地震局信息节点技术维护人员共40余名代表参加培训。龚平副局长出席。

9月19日

"2008湖北省暨武汉市全国科普日活动"在汉口江滩三峡石广场启动。省灾害防御协会、省地震学会紧紧围绕科普日主题"节约能源资源、保护生态环境、保障安全健康"展开系列宣传活动。

9月22日至26日

第三届八省(直辖市、自治区)震害防御协作会议在武汉召开,重庆、四川、云南、西藏、广西、贵州、湖南、湖北八省(直辖市、自治区)地震局领导和震害防御处负责人参加会议,中国地震局震害防御司卢寿德司长到会并讲话。

9月26日至28日

中国地震应急搜救中心在北京举办"汶川8.0级地震救援技术研讨会暨救援装备展"。我局龚平副局长、湖北省消防总队万少波副参谋长等一行5人参会,湖北省消防总队王谋刚副处长作精彩报告。

9月27日

05时55分19秒,宜昌市秭归县郭家坝(北纬30.95°、东经110.75°)发生M3.2级地震。我局立即启动地震应急预案,派出流动监测和宏观考察队赴现场开展应急工作。据调查,三峡工程坝区,秭归县茅坪、周坪、郭家坝、屈原、香溪、沙镇溪、泄滩、两河口、磨坪,夷陵区邓村、太平溪、乐天溪、三斗坪等乡镇及巴东县城区有震感。其中,郭家坝、屈原2个乡镇震感较强。无人员伤亡及房屋损坏情况报告。

10月2日

宜昌大老岭林场发现大量鸟类撞墙死亡事件。省政府组织省林业局、地震局、农业厅和武汉大学生物系、中科院鸟类研究所、病毒所等单位的专家赶赴现场调查。现场发现11类412只撞墙死亡鸟类。经过核实、解剖分析,排除了"地震前兆异常"。

10月8日

中共中央、国务院、中央军委在人民大会堂隆重举行全国抗震救灾总结表彰大会,我局应急救援处处长卓力格图荣获"全国抗震救灾英雄模范"称号。中共中央总书记、国家主席、中央军委主席胡锦涛在会上发表重要讲话并向受表彰的抗震救灾英雄集体和抗震救灾模范代表颁奖。

10月9日

我局圆满完成地震应急卫星通信系统测试工作。

湖北省地震局召开汶川地震资料归档整理工作会议,肯定了我局在汶川地震资料归档工作中取得的成绩,分析了存在的问题,提出了进一步完善归档资料整理的要求,明确了各责任部门的任务。会议要求各责任部门继续发扬严谨务实的工作作风,以对历史负责的态度进一步做好汶川地震信息资料的整理归档工作,确保各项归档资料的完整性、连续性和系统性。龚平副局长及各责任部门负责人出席本次会议。

10月11日

龚平副局长一行在省消防总队大队长余文安和战训处处长陶齐刚的陪同

下,参观了在消防训练基地举办的救援装备展,详细了解了救援装备的性能情况,探讨了进一步提高地震灾害应急救援能力等问题。

10月13日

中国地震局廉政文化建设检查组杨传贤一行3人来我局检查指导工作,对我局近几年来的工作给予充分肯定和好评。

10月15日

组织应急救援专家前往省政府应急办学习政府对突发事件的应急工作经验。省政府应急办副主任陈惠霞就进一步做好突发事件应急救援工作,提高应对地震灾害的综合处置水平提出了宝贵建议。双方就地震灾害应急响应的规范性程序进行了交流。

10月22日

根据民政部、卫生部《关于开展国际减灾日宣传活动的通知》,省民政厅、省卫生厅、省灾害防御协会在武昌联合召开2008年减灾救灾座谈会,来自同济、协和、省人民、中南、梨园、湖北中山等医院的20多位专家进行了座谈。省灾害防御协会现场发送了《公众防灾应急手册》。联合国第19个年"国际减灾日"的主题定为"减少灾害风险,确保医院安全"。

10月23日

召开事业单位岗位设置动员大会,姚运生局长传达中国地震局陈建民局长在事业单位岗位设置工作动员会上的讲话精神。人事教育处负责人传达中国地震局人事教育科技司岗位设置工作培训会议精神。龚平副局长宣布我局事业单位岗位设置领导小组及组织机构。会议由邢灿飞副局长主持。

10月23日至25日

湖北省地震重点监视防御区工作会议在武汉召开,全省地震重点监视防御区的市、县(区)地震局(办)负责人和省地震局相关部门负责人参加会议。会议由龚平副局长主持,姚运生局长作报告。

10月24日

省地震局在武汉隆重召开湖北省地震应急快速反应系统项目建设总结表

彰会,来自全省地震系统、财政系统及地方政府的100余名代表参加会议。姚运生局长主持会议,郭生练副省长出席并致辞,王永高副秘书长等省政府领导及人事厅温兴生副厅长等出席。温兴生宣读《省人民政府关于表彰湖北省地震应急快速反应系统项目建设先进集体和先进个人的通报》,10个先进集体及49位先进个人获得奖牌与荣誉证书。郭生练副省长指出,湖北省地震应急快速反应系统项目的建成,使我省地震观测实现了数据采集、传输、处理的数字化和网络化,基本具备了对破坏性地震进行有效应急指挥和灾害快速评估能力。他要求切实加强地震监测预报、震害预防和应急救援三大工作体系建设,进一步完善地震灾害管理机制,为人民群众的生命财产安全和全面建设小康社会提供可靠的保障。

10月27日至30日

根据我局深入开展学习实践科学发展观活动的安排,邢灿飞副局长率党办、监测处等部门负责人赴襄樊、丹江口、郧县、郧西、十堰等地,针对专业地震台站和市县防震减灾事业发展等问题开展调研工作。

10月28日

我局组织召开《湖北省地震应急预案(修订稿)》评审会,省政府王永高副秘书长主持会议,姚运生局长致辞。省政府办公厅、省委宣传部、省政府法制办、省政府应急办、省民政厅、省财政厅、省建设厅、省卫生厅、省公安消防总队等单位的14名专家应邀对《湖北省地震应急预案(修订稿)》进行详细审阅,结合四川汶川8.0级特大地震抗震救灾工作提出进一步修改完善预案的意见。与会评委一致认为:修订后的预案更加科学合理、操作性强,同意通过评审。

10月31日

我局召开巡视工作动员大会。中国地震局巡视组全体成员出席,局党组全体成员、局机关全体工作人员、局属单位领导班子成员、副高级以上技术职称人员、离退休局级干部、支部书记参会。姚运生局长主持会议。巡视组组长郝团生进行巡视工作动员讲话。

11月2日至3日

龚平副局长一行到荆州市检查指导工作。

11月4日至6日

联合武汉中地数码集团举办 MapGIS 培训班。

11月6日

省灾害防御协会第四次会员代表大会暨成立二十周年纪念大会在武汉举行。郭生练副省长、省灾害防御协会第三届会长鲍隆清同志（省人大常委会原副主任）、省政府副秘书长王永高出席会议。湖北省地震局局长姚运生、副局长龚平,省民政厅副厅长吴祖生,省科协副主席（党组书记）曲颖,省气象学会、省水利学会、省地质学会、省消防协会等单位秘书长,省灾害防御协会理事、常务理事和会员共120多名代表参加会议。常务副会长姚运生主持会议。会议听取并审议了"第三届理事会工作报告"和"2004—2008年4月财务报告",通过了"湖北省灾害防御协会章程"的修改和"湖北省灾害防御协会会费收取管理办法（暂行）",表彰了2004—2008年优秀会员。会议还选举产生了新一届会长、常务副会长、副会长、秘书长、常务理事和理事会。郭生练副省长当选为省灾害防御协会第四届会长,省地震局局长姚运生研究员再次当选为常务副会长,省政府副秘书长王永高、省民政厅副厅长陈吉学、省农业厅副厅长徐能海、省气象局局长崔讲学、省水利厅防汛抗旱指挥部办公室副主任王万林、省地质灾害防治领导小组办公室副主任徐振坤、中国长江三峡工程开发总公司副总经理曹广晶、中保财险股份公司湖北分公司副总经理高文敏当选为副会长,地震研究所副所长龚平研究员当选为第四届理事会秘书长。会议决定聘请鲍隆清为省灾害防御协会第四届名誉会长,郭生练会长为鲍隆清颁发聘书。

11月8日

中国地震局派驻我局巡视组一行前往宜昌地震台进行调研。巡视组考察了该台站工作条件与环境优化改造情况,参观了地震观测工作室。

11月12日

省委常委李明波秘书长在省委办公厅召开学习实践科学发展观活动进展情况的汇报会,听取省直13个单位负责人的汇报。省地震局副局长、机关党委书记邢灿飞向李明波秘书长汇报了我局学习实践科学发展观活动情况。

11月13日

中国地震局监测预报司车时副司长在我局邢灿飞副局长、黄冈市地震局蔡和平局长和黄梅县政府领导等人的陪同下,到黄冈市黄梅县调研。

11月13日至15日

监测预报司李克司长一行5人来湖北开展深入学习实践科学发展观调研活动。

11月15日

中国地震局派驻我局巡视组郝团生一行在监测中心副主任郭熙枝的陪同下到黄梅地震台调研。

11月18日

防灾科技学院副院长钟南才一行6人来我局开展调研工作。

11月19日

咸宁市委副书记、市长任振鹤到咸宁市地震局视察工作。咸宁市地震局局长王卫平、助理调研员黄少甫汇报了咸宁市地震形势、农村民居地震安全工程建设及全省"十五""十一五"地震项目建设情况。

11月20日至23日

20日,郭生练副省长在东湖宾馆会见西班牙兰萨若特自治州主席Manuela Armas Rodríguez女士一行,双方就促进湖北省和西班牙兰萨若特自治州之间的科技、文化、旅游等多方面的交流与合作交换意见。23日,姚运生局(所)长与西班牙代表团会晤,双方就火山地震监测研究、地震监测仪器研发等方面的合作达成一致意见,并签署合作备忘录。

11月21日

武汉市数字地震前兆与强震观测系统建设项目签字仪式在武汉科技大厦举行。项目由武汉市政府投资,武汉市人民政府地震办公室负责建设和运行管理。省地震局、武汉市发改委、财政局、科技局的有关领导出席签字仪式。

武汉市数字地震前兆与强震观测系统项目由分布于武汉行政区域的6个地震前兆台、12个地震强震台和台网中心构成,总投资630万元。数据全部实现实时传输,预计工期1年。

11月22日

16时01分15秒,宜昌市秭归县屈原镇(北纬31.0°、东经110.8°)发生M4.1级地震,震源深度7千米。我局立即派出现场工作队。截至22时,我局2个流动监测台已分别在秭归县沙镇溪、九畹溪架设完毕,并开始向省地震监测预报中心传回数据。

秭归、兴山、巴东震感强烈,部分老房出现裂缝,1人头部受伤。具体情况如下。(1)秭归县:全县12个乡镇均有震感。长江沿岸各村、香溪河流域各村、屈原镇以西各村的震感最为强烈。香溪河流域的官庄坪村有群众反映多处房子出现裂缝,该村3组有1间土坯房局部垮塌。屈原镇西陵峡村第三社区一预制结构房屋出现裂缝,楼梯间断裂;天龙村高压线路毁坏断电,该村2社区有1个小孩头部被震落瓦片砸伤。城关镇个别楼房窗户玻璃震碎。归州镇有土墙倒塌。(2)兴山县:该县高桥、高阳、峡口、古夫等乡镇震感较强。据峡口镇建阳坪村村民反映,地震发生时,地面抖动、房屋及窗户玻璃"哗哗"作响;高阳镇政府室内物品移动,震感明显;城关镇部分居民反映家中物品震落在地。(3)巴东县:该县沿渡河、溪丘湾、官渡口、信陵镇、茶店子等乡镇均有不同程度震感。各乡镇正组织力量加强沿江及库岸巡查。(4)夷陵区:部分乡镇有震感,邓村乡有1间土坯房局部垮塌。(5)襄樊市:个别人有震感。

23时50分,龚平副局长率领地震现场工作队到达M4.1级地震极震区长江南岸的秭归县郭家坝镇,与先期抵达的宜昌市地震局和秭归县科技局人员汇合,听取他们的汇报,传达省政府李鸿忠省长的指示精神,要求他们进一步详细了解震区的震感和损失情况,做好社会稳定工作,随时向有关部门报告。秭归县启动地震应急预案,县政府郑利昌县长率队赶赴震区,开展震情、灾情处置工作。

11月24日

截至08时,湖北省地震台网和流动监测台共记录到秭归M4.1级地震余震56次,最大余震为$M_L2.5$级。

王佩莲被省科学技术协会授予"湖北省科技传播十大杰出人物"称号。

11月26日

科技发展处(外事办公室)组织外事交流报告会。访问韩国的王培源作题为"流动SLR韩国行"的报告。9月访问越南的吕品姬介绍了近几年来越南的发展和美丽风光。

省委学习实践科学发展观活动指导检查组十七组刘红卫、汪秋元同志来我局对第一阶段学习调研情况进行检查。

11月27日

武汉地震仪器研究院与中国核电工程有限公司就方家山、福清核电工程地震仪表系统项目在我局举行签约仪式。中国核电工程公司副党委书记姜宏和武汉地震科学仪器院项大鹏院长分别代表买方和卖方在协议书上签字。这是武汉地震科学仪器研究院签约的第三批核电仪表项目。

11月28日

湖北省地震灾害损失评定委员会召开会议,来自省发改委、省财政厅、省民政厅、省地震局的13名委员审查了《2008年11月22日湖北省秭归县4.1级地震灾害直接损失评估报告》。在听取了现场评估组的报告后,评委们通过了该报告。

11月29日

姚运生局长在咸宁市地震局局长王卫平、通山县副县长王庆新等人的陪同下,视察九宫山地震台建设场地。姚局长仔细察看了已完工的改建工程,对前一段基建工作给予充分肯定,并对部分建设场地和摆房建设提出具体指导意见。

11月

湖北省抗震救灾对口支援工作领导小组办公室邀请武汉地震工程研究院参建援川项目,负责汉源新县城2号主干道龙潭沟1#桥2#桥工程场地地震安全性评价工作,为工程抗震设防与震害防御提供科学依据。武汉地震工程研究院立即组成以陈蜀俊院长为组长的项目组,驱车赶赴汉源,往返4000千米、历时近20天,完成了野外考察与现场勘探、测试工作。项目在四川地震工程院的大力协作下,进行野外调查和室内分析、计算工作。湖北省援建办汉源指挥部领导致电,对武汉地震工程研究院工作给予充分肯定,并希望继续发扬抗震精神,克服山高、坡陡、条件艰苦等困难,以严谨科学的工作为汉源重建作贡献。

12月2日

省综合治理委员会派出综治工作检查组来我局检查指导2008年单位综治工作。检查组由襄樊市委常委、政法委书记、市综治委副主任夏先禄带队。综治检查组对我局的综治工作所取得的成绩给予充分的肯定,同时也提出具体的工作要求。

12月3日

地震研究所以震研发〔2008〕26号文,发布调整科学技术委员会委员的通知:主任郭唐永,副主任王琪、李辉,委员陈蜀俊、陈志遥、杜瑞林、龚平、韩晓光、李胜乐、李翠霞、廖成旺、廖武林、路杰、罗登贵、吕永清、乔学军、秦小军、邵中明、申重阳、孙少安、谭凯、吴云、邢灿飞、薛宏交、姚运生、杨少敏、张燕、周云耀、邹彤、卓力格图,秘书杜瑞林(兼)。

12月9日

中国地震局工程力学研究所谢礼立院士访问我所,作了题为"汶川地震——启示、教训"的报告,介绍了汶川成因与震源机制、余震与强震观测情况、典型震害以及汶川地震的启示和教训,并同我所科技人员进行了交流。

我局科技发展处被共青团湖北省委授予"2007年度湖北省青年文明号"称号。

12月上旬

中共湖北省委宣传部、湖北省人事厅、共青团湖北省委和湖北省青年联合会联合发文,授予我局四川地震灾区现场工作队抗震救灾湖北青年五四奖状,授予我局应急救援处处长卓力格图抗震救灾湖北青年五四奖章。

省灾害防御协会会员、省公安消防总队副总队长曾庆亮等406名来自全国各地的科技工作者,获得"中国科协抗震救灾先进个人"称号。

12月15日

省政府常务会议审议通过《湖北省地震安全性评价管理办法》(省政府令第327号)。

12月16日至19日

中南区地震应急区域协作联动会议在海南省召开。区域协作联动单位——广东、湖南、湖北、广西、海南五省(自治区)地震局及政府应急办、公安消防总队派员参加会议。会议总结、反思汶川地震应急救援工作经验和教训;研讨建立中南五省(自治区)政府间地震应急联动协作机制;总结中南区地震应急区域协作联动工作,商讨2009年工作计划。中国地震局赵和平副局长、震灾应急救援司黄建发司长出席会议。

12月19日

由武汉地震工程研究院承担的湖北省部分农村民居地震安全工程示范村场址选勘、结构抗震性能调查、设计工作项目报告通过专家评审。

12月23日

由武汉地震科学仪器研究院承制的地震仪表系统(KIS)通过中国核电工程公司等单位专家组的出厂验收。

12月24日

湖北省重大自然灾害综合趋势分析会商会在我局召开,副省长、省灾害防御协会会长郭生练出席会议并讲话强调,我省自然灾害多发,暴雨洪涝、干旱、雨雪冰冻、山体滑坡、地震、血吸虫、火灾等自然灾害较为频繁,每年都造成较大的生命财产损失,要进一步加强科技研究,提高预测预报水平;建立自然灾害防御教育体系,提高全社会灾害危机意识、灾害防御意识,做好预警工作避灾减灾,最大限度减少灾害损失。

湖北省国家保密局保密工作检查组一行5人来我局检查指导工作。

12月29日

我局召开2008年度各部门负责人年终述职评测大会。

12月30日

李鸿忠省长签发湖北省人民政府令第327号,颁布《湖北省地震安全性评价管理办法》,于2009年3月1日起施行。

由李德前、邓娜、杨艳芳、宦吉洪、罗俊秋完成的武汉台地磁观测(Ⅰ类)成果(2001—2006年),获中国地震局防震减灾优秀成果三等奖。

由蔡惟鑫、谭适龄、秦小军、申重阳、高伟民完成的"地壳变动观测技术在火山、地球动力学中的监测研究",获中国地震局防震减灾优秀成果三等奖。

12月31日

省政府召开湖北省防震减灾工作领导小组会议,郭生练副省长和省防震减灾工作领导小组成员单位领导参加会议,听取省地震局关于2008年全省防震减灾工作情况的汇报和有关问题的建议的报告。郭生练副省长充分肯定湖北省防震减灾工作取得的成绩,部署今后一段时间的湖北省防震减灾工作。

2009 年

春节前夕

龚平副局长一行前往省公安消防总队慰问省地震灾害紧急救援总队官兵。

1 月 8 日

湖北省地震学会在武昌召开五届二次理事会,总结工作,讨论学会来年计划及换届工作方案。姚运生理事长主持会议,来自 20 个单位的 30 多位理事和代表参会。

1 月 8 日至 10 日

龚平、邢灿飞副局长先后赴宜昌中心台指导工作,慰问台站职工。

1 月 11 日

美国德克萨斯大学空间研究中心金双根研究员来我所访问,并就其在卫星观测方面的多年研究工作作了专场学术报告。

1 月 12 日

召开 2008 年度总结与表彰大会,吴云副局长主持会议,姚运生局长总结 2008 年度的工作,表扬在年初抗风雪灾害、汶川特大地震抗震救灾和奥运会等重要时段地震安全保障工作中广大干部职工所做出的贡献,部署 2009 年的工作。邢灿飞副局长宣读先进集体、先进个人、最佳文明处室、文明台站等 7 项表彰决定。龚平副局长颁发奖状、荣誉证书。

1 月 15 日

省科协曹金祥副巡视员一行来地震局慰问省灾害防御协会、省地震学会,感谢挂靠单位省地震局、省灾害防御协会、省地震学会对省科协工作的大力支持。

1月中旬

湖北省科学技术协会、湖北省灾害防御协会和湖北省主要防灾研究管理部门专家共同编印完成《2009年湖北省自然灾害防灾减灾白皮书》。该书介绍了2008年湖北省主要灾害的灾情损失,对我省2009年重大自然灾害综合趋势提出了分析预测意见,对防灾减灾工作提出了对策建议。

1月20日

湖北省政府黄国雄副秘书长来我局检查指导工作,视察监测预报中心震情值班室和应急指挥大厅,要求大家继续发扬成绩,做好春节期间的震情值班工作。

1月20日至21日

中共湖北省第九届纪委第四次全体(扩大)会议暨全省落实党风廉政建设责任制表彰大会在武昌召开。我局党组书记、局长姚运生和纪检监察处同志参加会议。

2月16日

李鸿忠省长主持召开省政府常务会议,听取省地震局关于全省防震减灾工作情况汇报,研究防震减灾工作存在的问题,部署当前和今后一段时间的防震减灾工作。姚运生局长就2008年全省防震减灾工作情况、2009年我省地震形势以及我省防震减灾工作中存在的薄弱环节及建议3个方面向会议进行详细汇报。各有关职能部门结合我省防震减灾工作的实际情况,讨论我省防震减灾工作中存在的问题。李鸿忠省长充分肯定2008年我省防震减灾工作,特别是在支援四川汶川特大地震抗震救灾工作中取得的成绩,强调做好防震减灾工作的重要性。会议对解决我省防震减灾工作存在的问题和推进湖北省防震减灾事业发展提出具体要求。

2月17日

省科协第七届第三次常委会议、全委(扩大)会议在武昌召开。省委常委张昌尔出席会议并讲话。省委、省政府领导和专家、院士,市、县科协负责人170多名代表参加会议。会议宣读表彰第十二届湖北省自然科学优秀学术论文评审结果和2008年全国科普日湖北省活动先进集体的决定。省科协第七届委员会常务委员、省地震局局长姚运生,省灾害防御协会秘书长龚平,省地震学会派员参加会议。

2月18日

人力资源社会保障部、中国地震局联合发文《关于表彰全国地震系统先进集体和先进工作者的决定》(人社部发〔2009〕30号),表彰全国地震系统先进集体和先进工作者,我局观测仪器研究室主任郭唐永研究员获全国地震系统先进工作者表彰。

2月23日

龚平副局长陪同地壳运动监测工程研究中心李强主任前往荆门、襄樊,视察我局承建的中国大陆构造环境监测网络项目工程荆门基准站和襄樊基准站。

3月1日

《湖北省地震安全性评价管理办法》(湖北省人民政府令第327号)正式开始施行。我局通过《湖北日报》《楚天都市报》以及新浪网、长江网等媒体开展普法宣传活动。

3月2日

党组书记、姚运生局长一行6人拜会咸宁市委、市政府,就咸宁市对防震减灾工作的支持表示感谢。

3月5日

武汉地震科学仪器研究院承担大亚湾KIS地震仪表系统升级改造项目。

3月6日

湖北省人大教科文卫委员会副主任委员张继年一行来我局调研。

3月9日至10日

2009年湖北省县级防震减灾工作暨《防震减灾法》宣传贯彻研讨会在黄石召开。各市州及部分县级地震部门负责人参加会议。

3月10日

经国务院批准,自2009年起,每年5月12日为全国防灾减灾日。

3月11日

湖北省公安消防总队战训处陶齐刚处长来我局,就《湖北省地震灾害紧急救援总队联席会议制度》《湖北省地震灾害紧急救援总队应急出动方案》、地震应急演练以及中南五省应急联动等4个方面的问题进行调研。

3月26日

19时54分15秒,巴东县信陵镇(东经110.33°、北纬31.03°)发生M2.3级地震。官渡口镇、信陵镇及巴东县城震感明显,无人员伤亡和房屋损坏报告。

黄石市地震办公室与全省综合治理工作示范学校黄石市沈家营小学联合举行小学生地震应急疏散演练,我局震害防御处、应急救援处、监测中心等部门负责人观摩,针对演练中存在的问题进行现场指导,向学校赠送地震知识宣传画册和读本。

3月31日至4月3日

中国大陆构造环境监测网络项目(简称陆态网络)地下室型连续重力站土建建设经验交流和现场培训会在武汉召开。陆态网络具体承建部门的有关人员、专家及地壳运动监测工程中心管理人员共19人参会,地壳运动监测工程中心主任李强出席会议。

4月11日

省地震局、省军区司令部、省武警总队、省公安消防总队的6名学员赴北京参加由中国地震局举办的地震救援技术骨干培训班,接受为期15天的地震紧急救援基础培训。

4月15日至17日

中国地震局在合肥召开全国震害防御工作会议,刘玉辰副局长出席会议并讲话。我局龚平副局长参会。

4月17日

龚平副局长一行4人到省红十字会调研。

4月17日至18日

中国地震局地震研究所承担的科技部公益研究专项三峡工程蓄水后地震地质环境影响及灾害预警研究和地震地形变观测资料的信息处理与应用研究项目在武汉通过验收。项目验收组由来自中国地震局、地壳运动监测工程研究中心、中科院测量与地球物理研究所、武汉大学、中国地质大学等单位的多位专家组成,陈颙院士担任验收组组长。

4月20日至23日

中纪委驻中国地震局纪检组组长张友民一行3人来我局检查指导防震减灾和党风廉政建设工作,高度评价我局防震减灾工作和党风廉政建设工作所取得的成绩,要求进一步采取有力措施,努力克服困难,促进湖北防震减灾事业发展。

4月22日

中国地震局,国务院法制办、发展改革委、住房城乡建设部、民政部、卫生部、公安部7个部门联合召开全国贯彻实施《防震减灾法》电视电话会议。省地震局、省政府法制办、省发改委、省建设厅、省民政厅、省卫生厅、省公安厅及省防震减灾领导小组其他成员单位在武汉分会场参加会议。

4月23日

我局评出"十佳科技新星""十佳岗位能手""十佳女职工"。

4月26日

九三学社湖北省直委员会地震科学报告会在我局召开。九三学社湖北省委机关干部和九三学社湖北省局支社共65人出席。湖北省地震学会秘书长韩晓光、科技处处长杜瑞林作专题报告。会后,代表们参观了省地震局九峰国家综合科学研究基地和地震科技展览馆。

4月28日

省人大常委会周洪宇副主任率教科文卫委员会马海杨副主任、袁军晶副主任、张继年副主任以及教科文卫委员会办公室工作人员一行到武汉市,就《中华人民共和国防震减灾法》和《湖北省实施〈中华人民共和国防震减灾法〉办法》的贯彻落实情况进行为期1天的执法调研,姚运生局长、龚平副局长作为调研组成员参加调研。武汉市人大常委会副主任刘家栋、副市长袁善腊陪同调研。

4月29日

龚平副局长代表我局向李四光纪念馆赠送两套地震观测仪器。黄冈市李四光纪念馆是中国地震局首批认定的国家防震减灾科普教育基地,为纪念李四光120周年诞辰,李四光纪念馆将进行重新布展。

湖北省地震灾害救援志愿队的筹备会在我局召开。湖北省红十字会、宜昌中船重工710研究所、湖北省消防器材厂、武汉警崴工贸有限公司等单位代表参会,会议拟定于"5·12"全国首个防灾减灾日在武昌首义广场举办省地震灾害救援志愿队成立仪式。

湖北省委、省政府在洪山礼堂举行劳动模范表彰大会,表彰省劳动模范和荣获全国五一劳动奖状、奖章、全国工人先锋号的先进集体和先进个人。我局机关服务中心高级驾驶员郭兵荣获"湖北省劳动模范"称号。

4月

为贯彻《中华人民共和国防震减灾法》和迎接首个"5·12"防灾减灾日的到来,一个月来,湖北省各地积极开展《防震减灾法》宣传和地震科普宣传活动。武汉、黄冈、襄樊、随州、荆州、十堰、鄂州、咸宁、黄石、神农架林区等地纷纷召开全市地震系统会议,认真学习贯彻《中华人民共和国防震减灾法》,部署防灾减灾宣传活动。武汉、鄂州、神农架,襄樊市宜城、老河口等地还举办了防震减灾法培训班或学习讨论会。黄冈市、武汉市、黄石市、神农架林区、孝感市、英山县、房县分别利用各种活动日进学校、进社区、进军营宣传防震减灾法和地震科普知识。黄冈市、秭归县、宜昌市宜都在中小学开展了地震应急演练。黄冈市电视台与黄冈市地震局还联合制作了"5·12"防灾减灾日电视宣传片。

5月5日

中国三峡总公司与湖北电影制片厂联合摄制的大型电影纪录片《非常三峡》在我局进行拍摄工作。李安然研究员对三峡地区在国家地震区划中的基本情况以及三峡水库蓄水后三峡地区的地震情况等问题进行解答。

5月6日

我局与湖北电视台合作拍摄3集电视专题片《百年基业——湖北抗震节能新农居》,以访谈形式为农民提供科学建房的指导,让农民听得懂、看得明、学得会、做得到。

5月8日

中国地震局12322防震减灾公益服务平台在北京正式开通,中国地震局陈建民局长、工业和信息化部苏金生总工程师、中国联通集团公司常小兵董事长先后在开通仪式致辞。我局姚运生局长、龚平副局长等通过视频会议系统观看开通仪式。

省政府主持召开会议,贯彻落实全国中小学校舍安全工程电视电话会议精神,正式启动中小学校舍安全工程。张岱梨副省长就如何贯彻落实国务院中小学校舍安全工程电视电话会议精神和刘延东国务委员的重要讲话提出具体要求。会议决定从2009年起,用3年时间,对地震重点监视防御区、Ⅶ度以上地震高烈度区、洪涝灾害易发地区、山体滑坡和泥石流等地质灾害易发地区的各级各类城乡中小学存在安全隐患的校舍进行抗震加固、迁移避险,提高综合防灾能力,使学校校舍达到重点设防类抗震设防标准,并符合其他防灾避险安全要求。我局有关部门负责人参加会议。

5月8日至11日

由中国地震工程联合会、中国建筑学会抗震防灾分会和中国地震学会地震工程专业委员会联合主办的纪念汶川地震一周年地震工程与减轻地震灾害研讨会在四川成都召开。我局陈蜀俊研究员等一行7人参加研讨会。

5月11日

我局应急救援专家卓力格图应邀做客湖北卫视,参加大型直播节目《记忆·前行》,在观众面前再次回顾了汶川特大地震发生后全省地震部门根据职责和应急预案要求,按照中国地震局和省委、省政府的统一部署,派出8批次80余人现场工作队在四川灾区英勇顽强开展的抗震救灾工作。

5月12日

首个防灾减灾日,湖北省防灾减灾日宣传教育活动启动仪式在武昌首义路广场举行,副省长、省减灾委主任张岱梨宣布开启仪式。姚运生局长对在汶川地震紧急救援工作中发挥重要作用的生命探测仪、气动剪钳等仪器的工作性能作了详细介绍。张岱梨副省长对我局的科普宣传教育工作给予高度赞扬。附近学生和居民围绕在省地震局展台前倾听专家讲解遇到地震逃生、避险自救知识。我局准备的科普宣传资料被热情的市民争要一空。

湖北省地震灾害紧急救援志愿者队伍成立仪式在武汉首义广场举行,姚运生局长为志愿者队伍授旗。志愿者队伍由我局联合省红十字会、宜昌中船重工710研究所以及武汉警崴工贸有限公司、武汉消防器材厂等7家单位组建。

武汉市武昌区的九龙井小学开展地震灾害应急演练、消防演练、医疗急救演练等应急演练。张岱梨副省长到演练现场参观,省减灾委员会成员、省地震局龚平副局长陪同参观演练。

公众开放日,省局各研究室、仪器院、监测预报中心、国家卫星定位系统工程技术研究中心、引力与固体潮国家野外科学观测研究站和湖北省科普教育基地地震科普馆对外开放,在研究所内布置《认识地震》《防震知识》《中华人民共和国防震减灾法》等宣传展板,发放宣传画册,开展防震减灾科研成果地震科普知识宣传。

在汶川大地震一周年之际,我局与湖北电视台合作拍摄的电视专题片《百年基业——湖北抗震节能新农居》在湖北电视台播出。

5月14日

龚平副局长率有关部门负责人到黄梅地震台检查各项工作。

5·12 期间

湖北省市、县(区)地震局(办)开展首个"防灾减灾日"防震减灾系列宣传活动,截至 5 月 14 日,湖北省地震局,各市、县(区)地震局(办)在防灾减灾日防震减灾宣传教育活动中向群众发放各种地震科普宣传资料 11.7 万份;编印各类科普读物、画册 14 万份;编写、制作宣传展板 142 块;播放地震科普光碟 52 场次;组织开展规模较大的现场地震应急、疏散演练、互动活动 53 次;组织举办防震知识科普讲座 102 场次;开展有奖竞猜活动 5 场;接受市民咨询 3 万余人次;通过做客电视、电台开展科普讲座 13 次;电话接受群众咨询 5.3 万多人次;国家级科普教育基地武汉地震科普馆、李四光纪念馆接待参观者 5000 多人次。

5 月 16 日

湖北省科技周系列活动之一的"科技成果惠民生"在武昌水果湖步行街进行,湖北省地震局、省地震学会和省灾害防御协会参加活动。

中国儿童网小记者总站的小记者到湖北省科普教育基地武汉地震科普馆进行充实地震科学知识、励志学习宣传教育活动。

5 月 22 日

湖北省财政厅教科文卫处蔡大树同志和我局计划财务处、震害防御处负责人一行在十堰市地震局局长杞居发、总工秦磊,郧县政府副县长刘建明等人的陪同下,检查指导郧县农村民居地震安全工程建设情况。

5 月 23 日

省地震局、省灾害防御协会、省地震学会联合参加由省教育厅、省科技厅、省科协在武昌水果湖高中举办的应急科技知识进校园大型主题宣传活动。省政府副秘书长黄国雄,省科协党组书记、常务副主席曲颖,省地震局局长姚运生,省科技厅、省教育厅等领导出席,并参观由省地震局、省科协、省灾防协、省地震学会等单位布展的认识地震、事故灾难、艾滋病的预防、甲型 H1N1 流感等灾害宣传教育图片展,在校 800 多名学生和教职员工参加消防逃生、自救、互救演练活动。

5 月 29 日

在 2008 年度全国市(地)县防震减灾工作综合评比暨国家防震减灾科普

教育基地评审会议上,我省黄冈市地震局荣获2008年度全国市(地)防震减灾工作综合评比三等奖;随州市地震局和十堰市地震局被评为2008年度全国市(地)级防震减灾工作优秀奖;随州市地震局和十堰市地震局还分别荣获社会动员单项奖;英山县地震局、房县地震局、竹溪县地震局和郧西县地震局被评为全国县(区)级防震减灾先进工作单位。

5月30日至6月3日

组织全省市县地震部门负责人赴山东省地震局考察。来自武汉市、十堰市、咸宁市、黄冈市、宜昌市、襄樊市、随州市、荆州市、荆门市、黄石市、孝感市、天门市、仙桃市、潜江市、神农架林区等地方地震部门的22位负责人参加考察。考察期间与山东省地震局有关部门负责人举行座谈,参观山东省地震台网中心和泰安地震台。

5月31日

省政府主持召开全省中小学校舍安全工程暨2009年中职招生工作电视电话会议,传达国务院关于中小学校舍安全工程有关文件和会议精神,全面部署湖北省中小学校舍安全工程实施工作和2009年全省中职招生工作。会议由省政府黄国雄副秘书长主持,省人大教科文卫委员会、省政协教科文卫体委员会、省委宣传部、省发改委、省教育厅、省地震局等部门负责同志及部分市州政府负责人参加会议。郭生练副省长要求各级政府、各部门要加强校舍安全排查鉴定和加固规划工作,明确校舍安全工程资金安排与管理,营造良好舆论氛围,把实施校舍安全工程作为贯彻落实科学发展观的责任工程、关系民生的民心工程、关系教育乃至社会事业发展的基础工程来抓。

湖北省中小学校舍安全工程领导小组第一次会议在武汉举行。湖北省教育厅汇报实施全省中小学校舍安全工程的有关情况,讨论各领导小组成员单位的职责,全省中小学校舍安全工程排查鉴定和加固改造工作完成时间表,市、县级政府2009年实施校舍安全工程路线图等有关问题。姚运生局长参加会议,并对全省中小学校舍安全工程实施提出具体建议。

6月1日至2日

在兰州召开的2009年全国地震应急工作会议上,我局应急救援工作得到中国地震局的表彰,同时,我局荣获2008年度全国地震应急救援工作先进单位,我局现场工作队荣获2007年度全国地震应急救援工作先进集体,刘进贤荣获 2007 年度全国地震应急救援工作先进个人。

6月2日

中国地震局监测预报司副司长宋彦云一行来我局检查指导工作。

6月9日

由我局牵头组织的中南五省（区）间地震应急指挥技术系统联动演练顺利进行，广东、广西、湖南、海南局应急分管领导及工作人员参加演练，为应急联动打下良好基础。各局还讨论了《中南五省（区）政府协作联动地震应急预案》。

6月10日至12日

省灾害防御协会、清江水电开发有限责任公司在宜昌联合召开湖北省防灾减灾研讨会。来自气象、水文、环保、防汛、地震、地质、水库、卫生防疫等单位的 30 位领导、专家出席会议。省政府副省长、省灾害防御协会会长郭生练出席会议。省灾害防御协会秘书长、省地震局副局长龚平参加会议，12 位专家在研讨会上作专题报告。

6月11日至14日

海南省地震局副局长郭坚锋一行 5 人来湖北调研台站建设工作，考察我省九峰地震台、黄梅地震台，与我局有关部门负责人和专家交流台站建设经验，探讨进一步促进台站规范化建设的有关问题，磋商双方合作内容。

6月12日至13日

湖北省财政厅教科文卫处蔡大树副处长和我局计划财务处、震害防御处负责人一行在黄冈市地震局蔡和平局长的陪同下对浠水、英山、黄梅三县 6 个村的农村民居地震安全工程建设情况进行调研。

6月16日

科技部在北京召开第一次全国野外科技工作会议。我局武汉引力与固体潮国家野外科学观测研究站荣获全国野外科技工作先进集体称号。

6月16日至21日

第四次全国地震系统后勤工作会议在河北省昌黎中国地震局黄金海岸中震科教中心召开。会议表彰了全国地震后勤系统的先进集体和先进个人,我局机关服务中心车队被评为先进集体。

6月21日至24日

中国地震局陈建民局长率调研组来鄂开展防震减灾工作调研,视察长江三峡水库地震监测台网,充分肯定台网在三峡水库蓄水期间为保障三峡水库建设、运行发挥的重要作用,并对台网的技术功能改进和完善提出具体要求。陈建民局长还与长江三峡工程总公司曹广晶总经理就有关事项交换意见。湖北省地震局局长姚运生、长江三峡工程总公司枢纽管理部负责人陪同调研。

6月21日至28日

全国地震应急指挥技术系统数据库和地理信息系统应用培训班在武汉举行,培训由中国地震局震灾应急救援司主办,我局承办。中国地震局应急救援司侯建盛处长、省地震局龚平副局长等人为开幕式致辞,苗崇刚副司长专程来武汉看望学员并要求学员们努力掌握培训课程,发挥技术系统在地震应急工作中的切实作用。2个培训班分别讲述了GIS数据结构、Oracle、Arasde软件的安装使用等内容。来自全国30多个省(市、自治区)的60余名学员参加培训。

6月22日

中国地震局陈建民局长、湖北省政府郭生练副省长等领导在省地震局姚运生局长的陪同下到黄冈市开展防震减灾调研。陈建民局长一行在黄冈市参观了刚刚装修一新的李四光纪念馆,李四光纪念馆是中国地震局首批认定的国家防震减灾科普教育基地。陈建民局长与郭生练副省长一同在黄冈市参加了湖北省市州防震减灾工作调研座谈会。黄冈市政府刘雪荣市长汇报了防震减灾工作,各市州地震局(办)负责人针对防震减灾事业发展提出了意见和建议。陈建民局长和郭生练副省长作重要讲话,并对黄冈市防震减灾工作取得的成绩和湖北省市县防震减灾工作给予充分肯定。

中国地震局陈建民局长一行视察我局,与局领导班子成员及局属各部门负责人进行座谈,听取姚运生局长关于省地震局防震减灾工作的汇报,以及省地震局属各部门负责人就防震减灾事业发展提出的意见和建议。陈建民局长充分肯定我局近年来取得的成绩,对解决湖北省地震局(中国地震局地震研究所)在科技体制改革中遇到的困难表示支持,并对大家在困境中求发展的创业精神表示赞赏。

6月23日

上午,中国地震局陈建民局长、湖北省人民政府郭生练副省长等领导在省地震局姚运生局长的陪同下到武汉地震中心地震台视察,仔细检查和询问了台站的各种观测设备运行和资料处理情况,认真听取了中心台台长关于台站监测与科研工作的专题汇报。陈建民局长和郭生练副省长作重要讲话,对武汉地震中心台的监测、预报和科研工作以及取得的成绩给予充分肯定,并对台站在新观测技术的掌握和学习方面提出了具体要求。

下午,陈建民局长、湖北省副省长郭生练,围绕湖北防震减灾各项工作取得的经验、存在的问题以及对事业发展的意见和建议召开座谈会。省地震局姚运生局长介绍了近年来湖北省防震减灾基本情况,省直有关部门负责人结合本部门工作谈了具体的意见及建议。座谈会由省政府黄国雄副秘书长主持,中国地震局发展与财务司司长牛之俊、监测预报司司长李克、人事教育和科技司(国际合作司)司长何振德,以及省直有关部门主要负责人参加了会议。

中国地震局与湖北省政府就共同推进武汉城市圈防震减灾体系建设,在武昌签署合作协议。中国地震局局长(党组书记)陈建民、湖北省省长李鸿忠代表双方在协议上签字并致辞。李鸿忠省长代表省委、省政府对中国地震局长期以来的大力支持表示衷心的感谢。他说,随着两圈一带战略和一批重大项目实施,湖北省正迎来新一轮经济社会建设高潮,加快武汉城市圈防震减灾体系建设显得尤为迫切。他表示,湖北省通过此次双方协议建立合作平台,按照突出重点、全面防御,健全体系、强化管理,社会参与、共同抵御的战略要求,积极推进地震监测预报、地震灾害防御、震灾应急救援三大工作体系建设,提升防震减灾综合能力,确保全省经济社会可持续、科学发展。陈建民局长对省委、省政府将防震减灾工作纳入经济社会发展大局统筹谋划,以及湖北省防震减灾工作取得的显著成效给予高度评价。他表示,中国地震局对此次双方合作高度重视,将立足武汉城市圈的安全需求,从将武汉城市圈项目列入国家地震安全计划、支持武汉城市圈活断层探测工程、进一步完善建设工程抗震设防监管机制、探索地震科研成果为社会服务的体制机制、支持地震灾害紧急救援队伍建设5个方面加强与湖北的合作。湖北省委常委、常务副省长李宪生出席签字仪式,仪式由副省长郭生练主持。省政府秘书长尹汉宁、副秘书长黄国雄,省地震局局长姚运生等参加签字仪式。

6月25日

东南区域强震动台网工作会议在南京召开。来自上海、浙江、广东、海南、安徽、江西、福建、湖北和湖南省地震局分管领导和强震动管理部门负责人、技术人员参加会议。中国地震局震害防御司卢寿德司长出席会议并作重要讲话。我局龚平副局长和震防处负责人参加会议。

7月1日

为庆祝中国共产党建党88周年,我局2008—2009年度优秀共产党员、优秀党务工作者、先进党支部表彰暨党课教育大会在学术报告厅召开。全局在职党员、学生党员共100多人参加会议。

7月2日

为增强学生对力学学科的感性认识并了解力学知识在各学科中的应用,武汉大学土木工程学院工程力学系50余名学生来中国地震局地震研究所进行参观实习。

7月6日

姚运生局长一行赴荆州市,检查荆州市"十一五"项目的前期准备工作情况。

7月17日

湖北省灾害防御协会在武昌组织召开湖北省灾害应急技术与物资装备座谈会。来自省水利厅、省防汛抗旱指挥部办公室、省卫生厅应急办、省消防总队和省地震局等单位的领导、专家,介绍了各部门应急救援技术,交流了在应急救援工作中的经验,探讨了应急救援装备和应急物资储备等方面的问题。

7月23日

省局在武昌组织召开全省地震系统中小学校舍场址地震安全工程工作研讨会。来自全省17个市(州)、省直管市和神农架林区地震局以及位于地震基本烈度Ⅶ度区的县地震局(办)业务负责人和业务骨干参加培训研讨会。龚平副局长出席并讲话。

中国地震局监测预报司车时副司长、美国德州大学奥斯汀分校空间研究中心陈剑利研究员等4人到我局视察并开展学术交流活动。

7月27日

省地震学会在武昌召开第五届四次常务理事会议。

7月29日

我局顺利完成陆态网络青藏地区28个区域站的工程建设。

7月30日

省直机关工会主任汪连天、副主任戴红兵一行来我局检查工会创先进工作。

7月31日

湖北省发展与改革委员会组织召开《湖北省地震安全工程》可行性研究报告评审会。评审组由中国地震局、省发改委、武汉大学、中国地质大学等各单位专家组成。专家组认真听取介绍,经充分讨论、论证,认为:湖北省地震安全工程项目建设目标明确,设计方案科学、合理,各分项工程所确定的工程技术指标可行。专家委员会一致同意该项目可行性研究报告通过评审。省发展与改革委员会王玉祥副主任,省地震局姚运生局长、邢灿飞副局长参加评审会。

8月1日至2日

省局在九宫山地震台组织召开部分市地震局长研讨会。13个地级市及省直管市地震局局长参加会议,姚运生局长参会并讲话。

8月4日

姚运生局长到襄樊市视察防震减灾工作。

8月6日

省局组织开展地震应急指挥中心系统综合演练。演练技术保障、辅助决策、视频会议、移动卫星通信和快速机动系统的运行及联动。演练由中国地震局震灾应急救援司统一组织,各省地震局独立进行。我局还参与了中国地震局组织的全国联动演练。

8月11日

国家科技计划支撑重点项目"基于空间对地观测的地震监测技术、预测方法与应用示范"子课题"卫星等离子体与高能粒子数据处理与应用技术研究"中期检查与研讨会议在省地震局召开。中国地震局人事教育和科技司副司长栾毅、湖北省地震局局长姚运生、中国地震局人教科技司综合处处长康小林及多名专家和学者出席会议。会议由课题负责人吴云副局长主持。

8月12日

省中小学校舍安全工程领导小组办公室监督检查组来我局开展工作督查。

我局干部人事档案审核达标验收工作会召开,中国地震局人事教育和科技司组织的人事档案审核验收组5位专家对干部人事档案工作进行达标审核验收。

8月18日至20日

省中小学校舍安全工程领导小组成员龚平副局长、省校安办监督检查组成员梅俊群、省校安办技术指导组成员、省地震局震害防御处负责人等一行赴十堰对校舍安全工程进行调研。

8月22日至24日

我局与广东、广西、湖南、海南四省(区)地震局和中国地震局驻深圳办事处联合开展地震应急演练。演练选择地震发生时间在周末凌晨,事先不通知、不打招呼,以地震事件为应急程序的启动。检验五省(区)地震部门的应急协作联动能力,以及省、市、县地震部门的三级联动能力。中国地震局震灾应急救援司黄建发司长和长江三峡开发总公司代表亲临现场指导。

8月28日

中国地震局地震研究所大地测量研究室王琪研究员作题为"汶川地震的同震位移与断层破裂特征"的学术报告。

9月1日

我局专题会议部署事业单位岗位设置工作。党组书记、局长姚运生要求各部门加强领导,认真组织,平稳推进,在10月中旬前要基本完成事业单位岗位设置工作。

9月7日

应我所龚平副所长邀请,亥姆霍兹中心德国波茨坦地学中心王荣江博士和Claus Milkereit博士到中国地震局地震研究所访问,分别以"大地测量数据反演滑动分布的约束最小二乘方法"和"地震早期预警——可能性探讨"为题作学术报告。

省校舍安全工程领导小组组织召开湖北省校舍安全工程调研督查会。会议听取了13个市、州对前一阶段校舍安全工程排查鉴定进展情况的报告。省政府黄国雄副秘书长出席并作重要讲话。省校舍安全工程领导小组成员单位参加会议。

9月7日至9日

根据省委、省政府的安排部署,我局派员参加全省贯彻落实省委一号文件进展情况检查督办工作。

9月15日

我局与湖北电视台联合拍摄的电视宣传片《湖北省农村民居地震安全工程建设》和《湖北省抗震农居建设指南》完成制作并通过验收。

9月18日

省地震局、省灾害防御协会、省地震学会联合赴红安县高桥镇农村开展防震减灾宣传活动,并向红安县赠送地震科普知识宣传册1500余套,考察红安县农村民居地震安全工程示范点,向群众宣传防震减灾知识。省地震局副局长邢灿飞参加宣传活动。黄冈市地震局、黄冈市科协、红安县科技局、红安县科协等单位参加活动。

湖北省委、省政府在武昌举行中华人民共和国成立60周年全省老干部、老工人、老党员、老专家座谈会。省委常委、常务副省长李宪生主持座谈会,中国地震局地震研究所、省灾害防御协会专家委员会老专家蔡惟鑫研究员应邀出席。

由湖北省发展和改革委员会组织的《湖北省地震安全工程》初步设计评审会在武汉召开，由中国地震局、中国科学院测量与地球物理研究所、武汉大学、中国地质大学专家组成的评审组，一致同意该项目初步设计通过评审。

9月25日

湖北省校舍安全工程领导小组召开第二次会议。湖北省校舍安全工程领导小组成员参加会议，郭生练副省长出席会议并讲话，省政府黄国雄副秘书长主持会议，省教育厅张今元副厅长代表省校安办汇报前阶段校舍安全排查鉴定工作进展，提出下一阶段工作建议，省校舍安全工程领导小组成员单位分别汇报本部门所开展的工作。我局龚平副局长参加会议。

9月28日

省直机关妇女工作委员会举行表彰大会，对省直机关50个文明家庭进行表彰，我局蒋跃家庭荣获"省直机关文明家庭"光荣称号。

9月

湖北省直机关工委被授予"2007—2008年度湖北省直机关十佳工会组织"称号；许光炳、王佩莲、陈超英被授予"湖北省直机关工会工作先进个人"称号。

10月1日

应急救援处处长卓力格图作为全国"抗震救灾模范"英雄人物代表，受邀到北京参加国庆60周年观礼活动。

10月17日至20日

我局组织地震专家一行4人前往竹山县，对该县竹坪乡、擂鼓台镇部分小学场址进行地震安全性实地考证。

10月19日至20日

湖北省测绘学会成立50周年纪念大会暨第十次会员代表大会在宜昌市召开。省地震局副局长吴云当选为湖北省测绘学会第十届理事会副理事长。

10月28日

省地震学会第六次会员代表大会在武昌召开。各理事单位的会员代表130余人参会。省科协学会部刘洪江部长、省民间组织管理局姜健副处长出席会议并讲话。会议选举产生湖北省地震学会第六届理事会成员,姚运生所长当选为第六届理事会理事长。

11月1日

湖北省政府应急办组织省直有关部门开展《中华人民共和国突发事件应对法》颁布实施2周年的纪念宣传活动。我局4名专家参加。

11月3日

2009年促进中部崛起专家论坛暨第五届湖北科技论坛开幕式和主题报告会在洪山礼堂召开。中国科协常务副主席邓楠、中国工程院副院长邬贺铨、湖北省省长李鸿忠等领导出席开幕式。开幕式由副省长郭生练主持,省长李鸿忠致欢迎辞,中国科技常务副主席邓楠为论坛致辞。中国工程院院士邬贺铨、李培根等作论坛主题报告。省地震局、省灾害防御协会、省地震学会组织机关干部与部分科技人员参加开幕式。

11月3日至6日

省地震局、省教育厅、省科技厅、省科协派出联合检查组,对拟申报省级防震减灾科普示范学校中的黄冈市实验小学、罗田县三里畈高中、襄樊市长虹路小学、南漳县城关实验小学进行抽查,一致认为防震减灾示范学校创建工作宣传效果明显,有效提高了我省中小学校的防震减灾能力。

11月6日

省地震局局长姚运生与湖北省测绘局局长张建仁签署湖北省连续运行卫星定位服务系统建设合作协议。

11月10日

湖北省校安办在武汉市召开位于地震烈度Ⅶ度地区的市县中小学校舍安全工程工作会议,检查和部署工程实施工作。省教育厅、省监察厅、省发改委、省财政厅、省建设厅、省国土资源厅、省地震局等省校安办成员单位相关工作负责人,十堰、荆州、黄冈3个市校安办负责人,位于地震烈度Ⅶ度区的英山、罗田、公安、竹山、竹溪、房县6个县县长以及县教育局局长参加会议。省教育厅副厅长、全省校安办主任张金元出席会议并讲话。

11月19日

"十一五"湖北省地震安全工程项目实施研讨会在武汉召开。

11月22日至2010年11月24日

在中国地震局与中国留学基金委合作项目的共同支持和资助下,助理研究员邹正波应邀作为访问学者前往美国奥斯汀德州大学奥斯汀分校空间研究中心(UTCSR),进行为期1年的学习与交流。

11月24日

省地震局、省教育厅、省科技厅、省科协联合对33所首批省级防震减灾科普示范学校申报材料进行会审,同意确认为首批省级防震减灾科普示范学校。

11月24日至28日

省发改委、省地震局、省教育厅等省校安办成员单位,按照湖北省校安办下达的分县包干督查的工作部署,派出联合检查组,对位于地震烈度Ⅶ度地区的房县、竹溪、竹山三县的中央投资改建与重建的67所中小学校舍安全工程实施情况一一进行实地检查。

11月25日

中国地震局震灾应急救援司司长黄建发一行在湖北省地震局副局长龚平,咸宁市委常委、常务副市长胡立三,咸宁市地震局局长梁安良的陪同下,对咸宁市防震减灾工作进行调研。

11月25日至27日

中南区(广东省、广西壮族自治区、湖南省、海南省、中国地震局驻深圳办事处、湖北省)地震应急区域协作联动联席会议在武汉召开。

11月27日

省科协在中国科学院植物园召开全省科普教育基地调研座谈会。我局依托武汉地震基准台建设的武汉地震科普馆及全省10多个省级科普教育基地负责人参加会议。

12月4日

我局与中国电信湖北分公司签署合作框架协议,从地震信息化能力建设规划、地震应急救援、震台网建设和技术改造、地震台网运行管理、数据传输与网络系统运行维护管理、全球眼视频监控服务等方面开展合作。

12月8日

应急处负责人率检查组赴黄冈市地震局检查地震应急管理工作。

12月10日

湖北省直团工委张世敏书记等2人来我局检查、考核水库诱发地震研究室创建湖北省直机关青年文明号工作。

12月16日

我局召开省地震灾害紧急救援工作联席会议,省军区、省武警总队、省公安消防总队、省红十字会、宜昌中船重工710研究所以及我省重点监视防御区市地震局共20余名代表参加会议,省政府应急办郭斌副主任应邀到会指导工作。

12月21日

省地震局、省教育厅、省科技厅、省科协四部门联合发文《关于认定首批省级防震减灾科普示范学校的通知》(鄂震发〔2009〕154号),认定湖北省武汉市武昌区九龙井小学等33所中小学为首批省级防震减灾科普示范学校。

12月21日至24日

中国地震局巡视组郝团生、刘峰同志来我局对落实巡视整改意见情况进行回访检查。检查组充分肯定我局扎实和雷厉风行的工作态度及整改工作取得的成效,对进一步推动各项工作开展提出指导性意见。

12月22日

组织编印《抗震农居专刊》画页,展示全省各地104个村不同形式抗震农居工程建设情况。

12月24日

2010年全省重大自然灾害综合趋势分析会商会在武昌召开。副省长、省灾害防御协会会长郭生练,省科协党组书记、常务副主席曲颖出席会议并讲话。省灾害防御协会常务副会长、省地震局局长姚运生主持会议,来自农业、林业、气象、水文、水利、防汛抗旱、地质、地震、疾病控制、消防、社会科学等领域的专家总结回顾了2009年湖北省自然灾害特征及损失情况,对2010年我省主要自然灾害趋势进行了分析研究,对可能产生的极端气候和自然灾害,以及可能产生的影响提出了综合防御对策建议。省政府办公厅、省政府应急办、省地震局等单位30多位专家和代表参加会议。

12月25日至28日

我局在荆门市沙洋县马良镇和东宝区栗溪镇进行湖北省GPS连续观测网络(CORS)基准站的勘选工作。

12月28日

武汉地震科普馆本年新增科普宣传设备通过专家组验收。

2010 年

1 月 12 日

省灾害防御协会在武昌召开四届一次常务理事会议。协会常务理事、副秘书长等 30 多人参加。

1 月 15 日

省地震学会在长江科学院水利部岩土力学与工程重点实验室组织召开湖北省工程结构抗震技术研讨会。长江科学院、中国地震局地震研究所、武汉大学、长江三峡勘测研究院有限公司（武汉）、中铁大桥勘测设计院有限公司、武汉地震工程研究院、中南建筑设计院、中南电力设计院等单位的 20 多位专家和代表参会。

1 月中旬

我局与鄂州市人民政府就推进鄂州市城乡一体化试点工作达成共建协议。

湖北省科学技术协会、湖北省灾害防御协会和我省主要防灾研究管理部门专家共同编印完成 2010 年《湖北省自然灾害防灾减灾白皮书》。

1 月 18 日

湖北省科学技术协会授予省地震学会等 25 个单位"2009 年全国科普日湖北省活动优秀组织奖"。

1 月 19 日

省直机关文明单位两型社会建设示范创建活动小组检查考核会议在我局召开。省地震局、省知识产权局、省外侨办、省侨联、省科协和省计量测试技术研究院参加检查。

1月21日

省地震局开会传达全国防震减灾工作会议和全国地震局长暨党风廉政建设工作会议精神。

1月22日

省科协第七届委员会第四次常委会议、全委（扩大）会议在武昌召开。中共湖北省委常委张昌尔出席会议并讲话。省灾害防御协会、省地震学会代表参会。

2月3日

武汉地震科学仪器研究院与华中科技大学在我局召开国家自然科学基金重点项目"重大工程灾害预警光纤地震波监测关键技术基础研究"启动会。

2月16日

09时，巴东县信陵镇（北纬31.02°、东经110.34°）发生M2.2级地震。据当地地震部门报告，巴东县信陵镇、官渡口镇、东瀼口镇部分村有感。

2月20日

春节后上班第一天，省政府黄国雄副秘书长来我局慰问广大干部职工。

3月1日

中国地震局设立的全国防震减灾法规宣传日，也是《中华人民共和国防震减灾法》公布实施12周年与《湖北省地震安全性评价管理办法》制定实施1周年纪念日。省地震局、黄冈市、团风县等省市县三级地震部门联合，在团风县黄商门前举办大型防震减灾法规与科普知识现场宣传咨询活动。

3月1日至30日

应美国加州大学圣塔芭芭拉分校地球科学系副教授纪晨邀请，王琪研究员赴美进行为期30天的工作访问，与副教授纪晨通过计算CPS测定的数据与地震波形数据得出的结果，对汶川地震模型细节和模拟过程、数据分布等问题开展研究。

3月9日至12日

龚平副所长应邀赴日本兵库县神户市参加东北亚地区地方政府联合会（NEAR）第八届防灾分科委员会会议及防灾研修活动。该活动由防灾分科委员会和兵库县政府举办，中国、韩国、蒙古、日本等国家共24名代表参加会议。会议期间，日本JICA兵库介绍了1995年1月17日日本阪神淡路7.3级地震灾害、应急救援、恢复重建过程及"不死鸟计划"等情况，与会专家进行了研讨。

3月16日至22日

应香港欧美大地仪器公司和瑞士GEOSIG公司邀请，仪器院院长项大鹏和总工陈志高对以上两家仪器经销商和生产厂家进行访问和考察。

3月19日

省直保密工作第十二协作组在鄂州市召开协作组会议。省地震局等8个协作组成员单位共计16人参加会议。

3月22日

中国地震局在武汉组织进行湖北省地震局领导班子届满考核及副局长竞岗答辩。

3月30日

在全国震害防御工作研讨会上，我局震害防御处被评为"2009年度全国震害防御工作先进集体"。

4月1日

省政府在武汉市主持召开省中小学校舍安全工程领导小组第三次全体工作会议。郭生练副省长出席。省中小学校舍安全工程领导小组成员单位负责人参加会议，各市（州）和江汉油田中小学校舍安全工程领导小组组长应邀列席会议。

4月8日

中国地震局陈建民局长莅临我局检查指导工作,听取省地震局姚运生局长关于近期湖北防震减灾工作情况的汇报,与我局党组成员进行座谈。视察我局信息大楼、职工集资建房和咸宁科技园的建设情况,对湖北省防震减灾工作取得的成绩给予充分肯定。要求我局要认真贯彻落实2010年全国防震减灾工作会议和全国地震局长会议暨党风廉政建设会议精神,进一步采取有力措施,努力克服困难,全力推进湖北防震减灾工作向更深层次、更宽领域、更高水平发展。

4月12日

湖北省农村民居地震安全工程示范村建设研讨会在黄冈市召开。

4月14日

07时49分,青海省玉树藏族自治州玉树县(今玉树市)(北纬33.1°、东经96.7°)发生M7.1级地震,我局立即召开动员大会,根据中国地震局的统一部署,从4个方面适时应对:(1)召开紧急会商会;(2)及时分析处理观测资料;(3)做好地震科学考察准备;(4)开展向灾区人民献爱心捐款活动。

4月15日

我局利用全省各市县校舍安全工程领导小组负责人在武汉参加全省校安工程会议的时机,召集分县包干督查的房县校安工程领导小组负责人沈明云县长、周登峰副县长以及县教育局等部门负责人座谈工程建设进展情况。

4月15日至17日

中国地震局强震动观测发展研讨会在武汉召开。中国地震局震害防御司杜玮司长出席会议。来自湖北、北京、甘肃、广东、江苏、云南、山西等省(直辖市)地震局,中国地震局地球物理研究所、工程力学研究所、地壳运动检测工程研究中心和中国科学院等单位的20多名专家参加会议。

4月15日至24日

湖北地震代表团黄国雄一行5人对西班牙进行访问。此次出访,主要是总结回顾中-西双方 20 多年科技合作的成果,检测中方在 Lanzarote 地球动力学实验场运行的仪器,探讨拓展双方合作的可能性。

4 月 22 日

省科技厅在武汉召开全省科普成员单位联席会议,共同商讨和布置 2010 年全省科技活动周工作。省科技厅、省委宣传部、省科协等牵头单位负责人以及省地震局等 40 个科普成员单位相关工作负责人参加会议。

4 月 23 日

省地震局专家应邀为武钢股份公司作防震减灾知识专题讲座。

4 月 24 日至 25 日

省地震局团委组织 30 多名青年职工前往蕲春和黄梅,开展野外拓展训练。

4 月 29 日

09 时 30 分,巴东县(北纬 31.10°、东经 110.28°)发生 M2.5 级地震,巴东县县城及官渡口、东瀼口、沿渡河、溪丘湾等乡镇部分人员有感。我局派出的专家与宜昌市地震台、巴东县国土局(地震局)组成联合现场工作队开展现场工作。

5 月 5 日至 8 日

省地震局与省红十字会、省灾害防御协会在十堰市联合举办全省地震应急救援培训班。

5 月 6 日

我局玉树地震科考重力测量组一行 8 人从武汉出发,经湖北、重庆、四川,于 5 月 13 日顺利到达本次测量任务的起点——西藏自治区昌都地区(今昌都市)类乌齐县,开始科考测量工作。本次重力测量任务以玉树为中心,跨越巴彦喀拉块体,沿 G214 国道(玛多—称多—玉树—囊谦—类乌齐一线)设置长约 500 千米测深剖面进行流动重力观测。

5月12日

"5·12"防震减灾公众开放日期间,我局地震监测预报中心、各研究室、国家卫星定位系统工程技术研究中心、引力与固体潮国家野外科学观测研究站对社会开放,并安排专人进行引导和讲解。同时在单位大院内布置了宣传展板,接待多批次参观者的参观,发放宣传画册,解答问题;分别在省地震局、黄石市委礼堂、武汉工程职业技术学院、通山县政府等地举办了8次防震减灾科普专题讲座,共安排6位地震专家负责防震减灾法规、地震应急预案编制与演练、地震科普知识、湖北省地质构造运动、地震观测技术等的讲解与学习辅导工作;在报刊上刊登防震减灾科普文章12篇;组织专家到武穴市、浠水县、红安县、麻城市、罗田县等开展送防震减灾知识下乡专题活动,播放电视专题片《湖北抗震节能新农居建设指南》;指导和组织团风、大悟、钟祥三县分别制作农村民居抗震专题宣传橱窗;分别在武汉市、十堰市举办2期地震应急培训班与地震应急模拟演练。

5月17日至20日

应中国地震局地震研究所姚运生所长邀请,西班牙国家地理研究所常务副所长Jesus Gomez-Gonzalez一行4人访问我所。

5月20日至22日

湖北省防震减灾法规与执法工作培训暨市县地震部门发展研讨会在荆州市召开。震害防御处和全省各市(州)地震局领导、有关县(市)地震部门负责人参会。

5月21日

21时06分,荆门市沙洋县曾集镇(北纬30.73°、东经112.32°)发生M2.9级地震,震中附近沙洋县曾集镇、沈集镇有明显震感。

5月24日

比利时鲁汶大学高伟民博士及夫人史琳博士(比利时杨森公司)应邀于2010年5月24日来武汉进行访问,与龚平副局长及科技人员进行学术交流。湖北省政府黄国雄副秘书长陪同并宴请高伟民博士夫妇。

5月

省局认真组织下属事业单位第二轮岗位设置工作,共有65人提交《岗位聘用审核表》,申请竞聘上一级岗位,人事教育处会同科技发展处、产业开发处、计划财务处等相关业务职能部门联合对审核表进行认真审核。经局岗位聘用委员会投票推荐及局党组研究决定,有56人拟聘到上一级岗位。

在省安全生产委员会召开的全省2010年安全生产月工作会议上,我局获中共湖北省委宣传部、省安全生产监督管理局、省公安厅、省广播电视局、省总工会和共青团湖北省委联合授予的优秀单位光荣称号。

6月10日

省地震学会在武昌举办2010年地震安全性评价技术培训班。

6月22日至26日

副研究员廖武林和助理研究员张丽芬赴台湾地区参加2010年度西太平洋地球物理会议。

6月24日

国土资源部召开全国汛期地质灾害隐患再排查紧急行动部署动员视频会议,省国土资源厅在武汉设立分会场。省民政厅、省教育厅、省住建厅、省交通运输厅、省水利厅、省移民局、省安监局、省地震局、省气象局、省三峡地灾办、武汉铁路局、省电力公司等相关单位负责人参加视频会议。

姚运生局长、龚平副局长及机关相关职能处室负责人与咸宁市政府毛宗福副市长一行6人,就共同推进咸宁市防震减灾体系建设,在武汉市进行专题会谈。

6月28日

按照真诚合作、强强联合、优势互补、成果共享的原则,中国地震局地震研究所与中国地质大学(武汉)在武汉签署合作协议。

6月29日

美国圣路易斯大学地球与大气科学系David Crossley教授来我所访问。

6月30日

省委召开全省纪念建党89周年暨省直机关党建工作先进单位表彰大会，我局机关党委被授予"先进基层党组织"称号，服务中心郭兵被授予"优秀共产党员"称号，许光炳被授予"模范党务工作者"称号。

7月1日

省地震局举行新一届领导班子宣布大会。中国地震局党组成员赵和平副局长、人事教育司何振德司长，中共湖北省委组织部副部长周崇志，湖北省政府副秘书长黄国雄等出席。何振德司长宣读中国地震局党组的决定：姚运生任党组书记、局（所）长；吴云、邢灿飞、龚平、杜瑞林任党组成员、副局（所）长；黄社珍任党组成员、纪检组长；张荣富任副巡视员。

我局与咸宁市人民政府共同推进咸宁市防震减灾体系建设合作协议签字仪式在咸宁市举行。正在湖北检查指导工作的中国地震局副局长赵和平、人事教育司司长何振德出席签字仪式。局长姚运生，副局长邢灿飞、龚平，副巡视员张荣富，咸宁市委副书记、市长任振鹤，市政协主席佘家驹，市委常委、常务副市长胡立山，市委常委、市委秘书长黄剑雄，市人大常委会副主任林永生，副市长毛宗福，咸宁经济开发区管委会主任周亨华，省地震局相关处室，咸宁市政府相关部门主要负责人，市地震局全体人员以及各县市区地震局负责人出席签字仪式。

7月16日

省绿化委员会检查组来我局检查指导工作，充分肯定我局绿化工作取得的成绩，对所属住宅小区、地震台站的环境改造、绿化美化建设工作给予高度评价。

7月19日至21日

防灾科技学院防灾仪器系9名学生在指导老师彭宏伟、叶辛的带领下，来我局进行为期3天的参观实习。

7月27日

美国南加州大学王春鸣教授访问我所，作题为"全球电离层数据同化模型

（GAIM）及四维变数同化方法的应用"的学术报告。

7月28日

在2009年度全国市（地）县防震减灾工作综合评比暨国家防震减灾科普教育基地评审会议上，黄冈市地震局荣获2009年度全国市（地）防震减灾工作综合评比二等奖；十堰市地震局和鄂州市地震局被评为2009年度全国市（地）级防震减灾工作优秀奖，十堰市地震局还荣获社会动员单项奖；英山县地震局、竹山县地震局、竹溪县地震局和团风县地震局被评为全国县（区）级防震减灾先进工作单位。

唐山地震34周年纪念日，省局将7月26日至30日定为全省唐山地震纪念日科普宣传活动周，组织全省各级地震部门在宣传周期间因地制宜，开展大量针对性强、形式多样、内容丰富的防震减灾法规与科普宣教活动。

7月

山东省人大常委、教科文卫委员会主任委员李新泰和山东省地震局副局长林金狮率队来我省开展防震减灾立法调研。我省人大教科文卫委员会副主任委员袁兵和省地震局局长姚运生、副局长龚平参加调研座谈会，探讨地震台站保护、水库诱发地震专用台网建设等法律实施问题。

8月10日至11日

组织湖北应急指挥技术系统及相关应急人员参加全国地震应急指挥系统演练。

8月16日至18日

2010年中南五省（区）地震应急联动工作会议在湖南长沙召开。我局龚平副局长和应急处负责人参加会议。

8月17日

郭生练副省长一行视察九宫山地震台，听取省地震局局长姚运生关于我省防震减灾工作的情况介绍，充分肯定九宫山地震台建设的意义和取得的成绩，对进一步提高台站管理水平，改善工作、生活条件提出指导性意见。省政府黄国雄副秘书长、咸宁市政府毛宗福副市长、省地震局姚运生局长与邢灿飞副局长及咸宁市科技局、地震局负责人等陪同视察。

8月19日至21日

我局在九宫山地震台召开市县防震减灾工作研讨会，武汉、十堰、黄冈、咸宁、荆门、襄樊、鄂州以及竹山、英山、团风等市县地震部门负责人和省地震局监测预报、震害防御、应急救援等部门负责人参加会议。

8月28日

吴云副局长到宜昌地震台检查指导工作。

8月

我局组织武汉、十堰、黄冈、荆门、咸宁、宜昌、潜江等市地震部门负责人和工作人员赴重庆交流考察。

纪检组组长黄社珍和审计监察处负责人分别对2010年新任职的5名处长、副处长进行廉政谈话。

9月1日

龚平副局长率相关职能处室负责人赴黄石市调研防震减灾科普教育基地建设。

9月3日

邢灿飞副局长到荆州市检查工作。

9月5日

中国地震局震害防御司李永林处长在我局震害防御处负责人陪同下赴黄冈市调研农村地震安全民居工程。

9月8日

局党组召开2010年度领导班子民主生活会。中国地震局党组成员、副局长、指导组组长阴朝民一行6人来我局指导民主生活会。党组全体成员参加会议，列席会议的有局机关各部门及二级单位主要负责人。

9月20日

邢灿飞副局长、省联社程贤文副主任在我局主持召开信息综合楼建设协调会。

9月20日至21日

省政府参事贺玉方、武孟灵、朱启耕等一行6人赴荆州,对全国地震重点监视防御区防震减灾工作情况进行调研,荆州市人民政府副市长张文政参加调研座谈。

9月25日

龚平副局长赴襄樊市调研防震减灾工作。

9月26日

龚平副局长赴襄樊市襄阳区调研南水北调移民工程抗震设防工作。

9月26日至29日

全国地震标准化基础知识培训班在广西南宁举办。中国地震局政策法规司副司长李健出席培训班并讲话。我局派员参加培训。

9月26日至30日

我局派出由局震害防御处、省地震学会相关专家和十堰市地震局负责人组成的督查工作组,对包干的房县中小学校舍安全工程实施工作进行专项督查,对竹山、竹溪校舍安全工程抗震设防措施落实情况进行抽查。

9月28日至2011年9月17日

张丽芬获得科技部中日合作事务中心资助,赴日本茨城县筑波市国际地震学与地震工程研究所(ⅡSEE)研修。

9月29日

省人力资源和社会保障厅在武汉电信商务会议中心召开全省事业单位岗位设置管理实施工作电视电话会议。我局按要求参加会议。

9月下旬

7月底以来,巴基斯坦连遭暴雨袭击,我国派出中国国际救援队赴巴基斯坦灾区提供人道主义救援。我局卓力格图参加第二批中国国际救援队,圆满完成中国政府和人民交给的国际救援任务回国。

10月8日

地震研究所以震研发〔2010〕22号文,发布关于调整科学技术委员会委员的通知:主任郭唐永,副主任王琪、李辉,委员王秋良、李盛乐、李翠霞、申重阳、孙少安、乔学军、吕永清、邢灿飞、杜瑞林、吴云、陈蜀俊、陈志遥、陈志高、张燕、邹彤、杨少敏、沈强、邵中明、姚运生、周云耀、卓力格图、罗登贵、秦小军、黄江、龚平、路杰、谭凯、廖成旺、廖武林、薛宏交,秘书卓力格图(兼)。

地震研究所以震研发〔2010〕23号文,发布关于调整科学技术委员会咨询委员的通知:主任周硕愚,委员43人分别是:于品清、王清云、王静瑶、文机星、傅辉清、叶文蔚、甘家思、刘锁旺、刘冬至、兰迎春、李平、李瑞浩、李安然、李树德、李志良、李旭东、齐乘光、吕宠吾、吴翼麟、陈德福、陈步云、胡国庆、邵占英、杜为民、吴国镛、姚植桂、周明礼、罗荣祥、俞飞鹏、倪焕明、贺玉方、高士钧、聂磊、夏治中、贾民育、徐菊生、殷志山、曾心传、虞廷林、赖锡安、蔡惟鑫、蔡庆福、蔡亚先。

10月9日至10日

我局进行2010年长江三峡175米试验性蓄水地震应急演练,参加人员50余人、车辆5辆。宜昌市地震局和夷陵区地震办公室参加演练。

10月11日至15日

我局会同省校安办派出联合检查组,对我局分县包干的位于地震重点监视防御区的建始、巴东两县中小学校舍安全工程实施工作进行专项督查。

10月11日至11月5日

应西班牙国家地理研究所邀请,副研究员李欣和助理研究员王培源赴西班牙就重力、SLR和VLBI等技术问题开展学术交流活动。

10月12日

中共湖北省地震局直属机关第六次党代表大会在武汉召开。来自省地震局、省内各地市州地震局、地震办及相关单位的20余名代表参加此次会议。

省局与黄冈市人民政府关于防震减灾工作体系共建协议签字仪式在黄冈市举行。省局局长姚运生，黄冈市市长刘雪荣、市人大副主任张永斌、副市长徐向农、市政府秘书长童德昭，黄冈市地震局全体人员以及各县、市、区地震局负责人出席签字仪式。

10月14日

副局长邢灿飞赴十堰调研防震减灾工作。

2011年度华东片区地震趋势会商会在武汉召开，中国地震局监测预报司领导、安徽省地震局、上海市地震局、山东省地震局、河南省地震局、江苏省地震局、浙江省地震局、湖北省地震局、湖北省各地市州地震局（地震办）的30余名代表参加会议。

10月14日至12月18日

应美国阿拉斯加大学费尔班克斯分校地球物理研究所邀请，副研究员杨少敏赴美进行为期近2个月的学术交流访问，参加12月13日至17日在旧金山举行的每年一次的美国地球物理年会。

10月17日

姚运生局长一行到咸宁中震产业园施工现场检查指导工作。

10月25日

姚运生局长在十堰市地震局局长杞居发的陪同下检查十堰防震减灾"十一五"项目建设情况。

10月29日

省人民政府在武汉市江夏区五里界中洲村（省公安消防总队特勤训练基地）开展省级应急拉动演练。省局组织地震应急队伍携带多种应急装备器材参加演练。

10 月

英文期刊《Geodesy and Geodynamics》创刊,该刊为季刊。

11 月 1 日

我局在洪山礼堂广场举行贯彻实施突发事件应对法宣传日活动。

11 月 5 日

省地震局召开共青团湖北省地震局换届选举大会。

11 月 7 日至 12 日

应越南科学技术研究院地球物理研究所大地动力学研究室主任高庭朝邀请,吕宠吾研究员一行 4 人赴越南参加亚洲地震委员会第八届国际学术讨论会,并进行交流访问。

11 月 10 日

省人民政府在武汉召开全省防震减灾工作会议。郭生练副省长讲话,要求科学规划我省防震减灾事业的发展,在《国家防震减灾规划(2006—2020年)》和《湖北省防震减灾规划(2006—2020 年)》的基础上,科学制定我省"十二五"防震减灾发展规划,并纳入同级国民经济和社会发展规划;健全我省防震减灾行政管理机构,建立和完善目标管理责任制,把防震减灾工作列入议事日程,纳入政府年度目标考核体系;认真实施湖北省地震安全工程,进一步提高监测预报水平,不断提升城乡地震灾害的防御能力,加强地震应急与救援能力建设;发动社会参与,共同抵御地震灾害;发展地震科技,提高科技支撑能力。会议期间,省地震局局长姚运生全面回顾了 2006 年以来全省防震减灾工作取得的新进展,通报了当前的震情形势,提出了加强防震减灾三大工作体系建设、深入开展防震减灾知识宣传、科学制定防震减灾规划、健全完善工作体制等方面的工作建议。我局专家作了我省地震形势报告,省教育厅、十堰市政府、黄冈市政府、襄阳市政府以及竹山县政府作了大会交流发言。会议由省政府副秘书长黄国雄同志主持,省防震减灾工作领导小组各成员单位负责人,省编办、省人事厅、省政府法制办、省安全生产管理局部门负责人,各市州、直管市、神农架林区政府分管领导和地震、发改委、住房和城乡建设部门负责人,部分县政府分管领导和地震部门负责人,部分大型企业代表参加会议。

11月11日至14日

全国地震安全农居工作现场研讨会在湖北鄂州召开。中国地震局刘玉辰副局长,湖北省政府黄国雄副秘书长,中国地震局震害防御司杜玮司长、黎益仕副司长,鄂州市政府陶宏市长以及来自全国30个省(自治区、直辖市)地震部门负责人参加。

11月13日

中国地震局震害防御司杜玮司长赴黄冈调研防震减灾工作。黄冈市委书记刘善桥、市委秘书长刘树生,省地震局龚平副局长陪同调研。

11月16日

全国应急指挥系统建设现场交流会在湖北武汉召开。中共中央办公厅机要局、国务院应急办、湖北省政府、各省政府应急办的负责同志参加会议。

中国地震局地震研究所和武汉大学在武汉大学中国南极测绘研究中心签订极地卫星激光测距合作协议。

11月21日至29日

省局联合省军区、省公安消防总队共7名同志考察了云南省地震局地震灾害应急救援军地联动工作机制。

11月30日

省国家保密局保密工作检查组一行5人来我局检查工作,对我局的保密工作给予高度评价,同时也提出相关改进意见。

12月3日

南水北调中线水源有限责任公司、长江勘测规划设计研究院领导和专家一行7人来我局,研讨南水北调中线水源工程专用地震监测台网建设问题。

由李正媛、陈志遥、王晓权、陈德福、陈聚忠、邱泽华等完成的"GB/T 19531.3—2004 地震台站观测环境技术要求第3部分:地壳形变观测",获中国标准创新贡献三等奖。

12月7日至9日

中南五省（区）地震应急协作联动工作会议在长沙市召开。湖南省人大常委会党组成员、政府顾问唐之享，中国地震局副局长赵和平，国务院应急办副主任郭晓光出席会议。中南五省（区）政府应急办、地震局领导和相关处室工作人员参加会议。我局副局长龚平等人参会。

12月9日

湖北省防震减灾"十二五"规划编制工作会议在武汉召开。邢灿飞副局长主持会议，省发改委、省财政厅、省经信委、省国土资源厅、省公安厅、省军区等湖北省防震减灾工作领导小组成员单位，部分市地震局、民防办等共27个单位派代表出席会议。

2011年度全省重大自然灾害综合趋势分析会商会在国土资源厅召开。省灾害防御协会副会长、省国土资源厅总工程师徐振坤主持会议，省灾害防御协会常务副会长、省地震局局长姚运生受会长郭生练委托，向与会专家表示问候并讲话。

12月29日

我所建所40周年座谈会在二楼学术大厅召开，姚运生所长等所领导，在职研究员及离退休老干部、老专家等100余人参加会议。

中国海洋大学博士生导师冯启明教授访问我局，并在地震工程院会议室作题为"城市抗震规划与城市防震减灾"的学术报告。

12月31日

省地震局副局长吴云与应城市市长徐长水，在应城市就省地震局在应城市建设地震台共同签署意向协议。党组书记、局长姚运生，孝感市副市长王芳，应城市委书记朱高文出席签字仪式。因受武汉新建地铁轨道交通影响，武汉地磁台须迁址重建。经过勘选及专家论证，省地震局决定将地震台迁建至应城市汤池镇。新台建成后，将有效提高孝感地区地震监控能力，为省地震局和应城市防震减灾工作服务。

12月

湖北省连续运行卫星定位服务系统（HBCORS）建设工作顺利完成。

2011 年

1月12日

湖北省科协七届五次全会在武汉召开。湖北省灾害防御协会荣获"湖北省科普先进集体"称号,我局震防处副调研员龚凯虹获"湖北省科普先进工作者"称号。

1月7日至16日

龚平副局长参加由湖北省人大教科文卫委员会主任委员李以章率领的调研组,赴广西壮族自治区、海南省进行《湖北省实施〈中华人民共和国防震减灾法〉办法》修订立法调研。

1月14日

省委省政府下发《关于做好"2011年"三农工作的意见》(鄂发〔2011〕2号),明确要求健全农业、农村气象、水文、地质等自然灾害防御服务体系,切实抓好各类灾害的预警、防御体系,稳步推进农民地震安居工程。

1月19日

12时07分,安徽省安庆市与怀宁县交界(震中位于北纬30.6°、东经117.1°)发生M4.8级地震,震源深度9千米,震中距我省省界约120千米,距武汉市约270千米。我省东部地区有震感。黄冈市黄州、团风、英山、浠水等县市有震感,其中英山县震感较强;黄石市电信大楼、南京路、黄石港、团城山、下陆区等地均有较强震感;鄂州市部分人员有震感;武汉市集家嘴、吴家山、水果湖等地部分人员有轻微震感。地震发生后,我局积极应对:(1)迅速将震情报告上级部门。(2)立即在我局门户网站上向社会公布震情。(3)通过地方地震工作机构了解地震影响情况。(4)召开紧急会商会,对震后趋势进行分析会商。(5)要求全省地震台站密切监测震情,监测预报中心密切跟踪震情。(6)维护监测台网正常运行。责成省监测预报中心及我省台站加强对地震仪器的维护,确保系统连续可靠运行。(7)加强应急值班和震情值班。要求省监测预报中心及所有台站 24 小时值班,做好震情速报工作。

1月19日

湖北省武警总队应急救援队正式揭牌授旗成立。省武警总队杨波总队长、省政府张猛副秘书长、省地震局龚平副局长出席揭牌授旗仪式。

1月20日

我局召开 2011 年度地震台站工作会议,总结 2010 年工作,部署 2011 年度工作任务。

1月21日

《湖北省人民政府关于进一步加强防震减灾工作的意见》(鄂政发〔2011〕4号)正式印发。

我局召开专题会议,传达贯彻全国地震局长会暨党风廉政建设工作会议精神。

武汉大学南极测绘研究中心副主任王泽民教授等一行,应邀来九峰地震台站参观我所自主研发的卫星激光测距流动观测系统。

1月25日

省委、省政府召开湖北省抗震救灾对口援建四川表彰大会。武汉地震工程研究院等 30 个集体获抗震救灾恢复重建先进集体称号。省委书记李鸿忠出席会议并作重要讲话,省委副书记、代省长王国生主持会议。

1月27日

在春节即将来临之际,省委常委、常务副省长李宪生,省人大常委会副主任蒋大国,省委副秘书长刘传铁,省政府副秘书长骆新华,省委组织部副部长、省人社厅党组书记翟天山等领导来我局,慰问我局困难职工,并送去慰问金。

1月

春节前夕,武汉大学副校长蒋昌忠一行来我所进行交流访问,由姚运生所长接见。双方就加强研究所与高校联合开展空间技术等合作进行深入交流。

1月30日

春节来临,省政府副省长郭生练一行来我局慰问干部职工,在局长姚运生的陪同下视察监测预报中心震情值班室和应急指挥大厅,关切询问职工工作生活情况,肯定我局一年来在防震减灾工作中取得的成绩,要求做好春节期间的震情值班工作。

姚运生局长、龚平副局长等一行4人看望、慰问武汉市民防办干部职工。

2月2日

05时08分,咸宁市咸安区向阳湖镇(震中位于北纬29.9°、东经114.2°)发生M2.5级地震,震源深度5千米。咸宁市汀泗镇、向阳湖镇、咸安老城区等地有明显震感。

2月10日

省政府黄国雄副秘书长一行4人来我局看望、慰问我局干部职工。

2月21日至24日

省政府法制办王桂华副巡视员、省地震局龚平副局长一行8人赴宜昌、荆门、黄冈三市就《湖北省实施〈中华人民共和国防震减灾法〉办法》修订工作开展立法调研。

2月25日

湖北省连续运行卫星定位服务系统通过专家验收评审。

2月26日

应李辉研究员邀请,美国La Coste & Romberg-Scintrex(LRS)集团总裁Chris Nind及劳雷公司副总裁孙晓航女士一行7人来我所交流访问。

3月上旬

广西壮族自治区人大环境与资源保护委员会副主任委员宋继东、法制工作委员会副主任唐政、自治区地震局副局长李伟琦一行来我省调研防震减灾立法工作。

3月7日至10日

湖北省地震局工程地震研究院陈蜀俊院长和工程师李恒,赴日本参加东北亚地方政府联合会第九届防灾专门委员会及防灾研修活动。

3月9日

我局与武警湖北总队就建立联席会议制度、衔接两家应急预案、制定训练计划、尽快形成战斗力等事项交换意见。

3月15日

省人民政府办公厅通知,《湖北省地震应急预案》经2010年4月22日省人民政府第五十二次常务会议审议通过,自3月15日印发之日起施行,《省人民政府办公厅关于印发湖北省地震应急预案的通知》(鄂政办〔2006〕33号)即行废止。

3月16日

省直机关工委检查组一行来我局检查指导基层党建工作,重点检查健全党的基本组织、建强基本队伍、开展基本活动、完善基本制度及落实基本保障,充分肯定我局党的基层组织建设各项工作取得的成绩,对进一步加强党建工作提出建设性意见。

3月18日

省政府张猛副秘书长,省政府应急办郭斌、李建镇副主任来我局检查指导地震应急处置工作。

省地震学会第六届第一次常务理事会在武昌召开。

3月21日至22日

由我局牵头的中南五省(区)间地震应急指挥技术系统联动季度演练开演,广东、广西、湖南、海南地震局参加演练。

3月22日

地壳运动监测工程研究中心李强主任一行2人,应邀来九峰地震台站参观我所自主研发的卫星激光测距流动观测系统。

我所举办中国大陆构造环境监测网络重力数据处理软件培训班。地壳运动监测工程研究中心李强主任、杜瑞林副所长出席培训班开幕式。

3月24日

防灾科技学院副院长谭金意4人来我所调研,与我所专家大地测量研究室主任王琪、重力固体潮研究室主任李辉、形变测量研究员周硕愚等5位专家进行座谈。

黄冈市地震局局长蔡和平一行3人前往武穴市,就抗震农居建设推进工作,与省地震局"万名干部进万村入万户"活动工作队进行工作对接。

3月

在湖北省科普作家协会第五次会员代表大会上,我局与湖北湖广电文化传播有限公司制作的《地震安全农居建设指南》获优秀科普作品二等奖;湖北省地震局、湖北省地震学会和湖北省灾害防御协会制作的《防震减灾科普知识(7册)》获三等奖。

4月1日

省政府办公厅召开省中小学校舍安全工程领导小组第四次全体工作会议,部署我省2011年中小学校舍安全工程工作。郭生练副省长出席会议。省政府办公厅黄国雄副秘书长主持会议。省教育厅副厅长、省校安办主任张金元传达全国中小学校舍安全工程现场会精神,总结全省校安工程2010年进展,提出2011年工作建议。省地震局介绍了2010年全省地震部门配合本地区实施中小学校安工程,新建校舍建设场址地震安全性评定,以及省地震局分县包干督查房县、建始、巴东三县工作职责完成情况。

4月6日

由省政府应急办牵头,省民政厅、省安监局、省卫生厅、省公安厅组织,分别就自然灾害、事故灾难、公共卫生事件、社会安全事件四类突发事件应急体系建设规划开展调研工作。省民政厅组织自然灾害组就"十二五"期间全省自然灾害应急体系建设规划进行座谈。

4月8日至10日

省地震局在宜昌市召开全省抗震民居示范村与地震安全社区建设现场研讨会。

4月12日

湖北省档案局高勤副局长率检查组一行4人来我局开展档案执法年检工作。检查组听取了我局档案管理工作情况汇报，实地检查了档案库房、阅档室和办公室，查看了档案管理制度和有关工作记录，随即抽查了部分案卷，考察了我局监测预报中心。检查组对我局档案管理工作所取得的成绩给予充分肯定和高度评价。同时也指出了需要整改的一些问题。经检查组认真评议，我局档案管理工作获得优秀等次。

4月25日

在省军区国防动员和民兵预备役业务集训中，我局应邀为省军区机关及全省军分区团职以上干部作地震救援行动组织与实施的专场视频报告，省军区团职以上干部分两批集训。我局的"地震救援行动组织与实施"专题报告被列入集训课程内容。报告会由省军区副参谋长杨颖大校主持，省军区副司令员兰伟杰少将出席报告会。

4月26日

省政府办公厅召开全国基层应急救援经验交流湖北现场筹备工作协调会，部署5月下旬国务院应急办、公安部湖北召开全国基层应急救援经验交流会有关工作。省政府副秘书长张猛在协调会上作总结讲话。省直单位共17个厅、委、办、局负责应急工作的部门负责人参加协调会，我局参加会议。

5月7日

铁道部运输局组织北京铁路局、铁三院、铁四院等15个单位的专家对京津高铁地震监控预警系统工程进行评审，通过验收。

5月9日

省政府办公厅在赤壁市应急救援中心举办湖北省基层应急救援建设成果展示汇报会,我局组织应急人员、携带应急装备参加汇报会。王国生省长、李宪生常务副省长出席会议。

5月9日至15日

全国防灾减灾宣传周期间,湖北省地震部门开展了内容丰富、形式多样的防震减灾宣传活动,主要包括以下7个方面。(1)联合黄石、黄冈、孝感、潜江、钟祥、黄梅、武穴等市开展"防灾减灾从我做起"的地震科普下乡专题活动。5月12日,省地震局姚运生局长、黄冈市徐向农副市长、武穴市委市政府领导参加了武穴市大型送地震科普进村入户宣传活动。(2)联合省直有关部门举办大型宣传活动。张荣富副巡视员出席了省减灾委在武汉市百步亭花园社区举办的防灾减灾日大型宣传活动启动仪式,组织有关专家前往6个市县举办了16次防震减灾科普专题讲座。(3)开展应急演练。5月9日,龚平副局长出席了省政府办公厅在赤壁市应急救援中心举办的湖北省基层应急救援建设成果展示汇报会,我局地震现场应急平台进行了展示汇报;分别在武汉市、武穴市举办6期地震应急培训班与地震应急模拟演练。(4)组织地震知识进校园活动。与省教育厅、省科协联合组织开展了科学避震知识进校园活动,湖北工业大学、华中科技大学2所高校与武昌水果湖中学还组织学生干部参观了武汉市地震科普教育基地。(5)充分利用媒体开展宣传活动。通过湖北电视台、武汉电视台播放地震科普片;在新华网、荆楚网等8个网站上刊登防震减灾科普文章27篇,在各类报刊刊发了防震减灾科普文章14篇。(6)开放地震科学基础实验室等。地震监测预报中心、国家卫星定位系统工程技术研究中心、引力与固体潮国家野外科学观测研究站对社会开放,并安排专人进行引导和讲解。(7)编印宣传材料。组织专家编写与印制8种防震减灾知识宣传画册1.5万册。在防灾减灾周宣传活动期间,王国生省长和李宪生副省长视察了我局的地震现场应急平台成果展示汇报。

5月11日

湖北应急管理网站正式开通。省委常委、常务副省长李宪生,省政府秘书长傅德辉,省政府副秘书长张猛等出席在省政府举行的开通仪式。湖北应急管理网站(http://yj.hubei.gov.cn)是省政府门户网站下的二级网站,开设了工作要闻、突发事件、应急动态、法律法规、应急预案、典型案例、科普宣教等栏目,涵盖了应急管理工作的各个方面。我局应邀参加网站开通仪式。

5月23日

省政府召开常务会议,审议通过《湖北省实施〈中华人民共和国防震减灾法〉办法(修订草案)》,即将以省政府名义提请省人大常委会审议。

5月23日至27日

中国地震局测震学科2010年度全国观测资料质量评比暨业务交流会在湖北省武汉市召开。

5月26日至27日

我局在武汉南湖大厦召开省地震监测中心建设启动会。

5月

我局被武昌区委、武昌区人民政府授予"2009—2010年度区级最佳文明单位"称号。

6月5日至10日

卢森堡大学地球物理实验室Olivier Francis教授应邀访问我所。

6月17日

美国奥斯汀德克萨斯大学空间研究中心博士陈剑利应邀来访,并作了题为"使用星载合成孔径技术监测地球气候系统"的专题报告。

6月19日至25日

在我局的组织下,来自武汉、咸宁、黄冈、鄂州、宜昌、黄石、荆门、潜江等市区地震局系统计13名管理干部在中国地震应急搜救中心培训基地(北京)参加为期1周的地震应急与救援管理专业培训及研修。

6月21日

中国地震台网中心前兆台网部主任李正媛研究员应邀来我局交流工作。

6 月 27 日至 28 日

姚运生局长赴十堰市参加该市防震减灾工作会议,检查指导防震减灾工作。

6 月 27 日至 30 日

中国地震局震害防御司在天津市主持召开国家防震减灾科普教育基地认定会,研讨《国家防震减灾科普教育基地申报和认定管理办法》,包括湖北省荆门市地震科普教育基地在内的 20 个单位通过国家防震减灾科普教育基地认定。

6 月 28 日至 7 月 7 日

国际大地测量与地球物理学联合会在澳大利亚墨尔本召开第 25 届联盟大会。我所李辉研究员、陈志遥研究员等 6 名科研人员参加此次科学盛会。

6 月 29 日

湖北省地震局(中国地震局地震研究所)召开京津、京沪高铁地震监控预警系统工程竣工总结大会。

7 月 4 日

省人大教科文卫委员会召开《湖北省实施〈中华人民共和国防震减灾法〉办法(修订草案)》(以下简称《实施办法》)征求意见座谈会。

7 月 6 日至 8 日

湖北省人大常委会委员、教科文卫委员会主任委员李以章率省人大防震减灾立法调研组,在省地震局副局长龚平、黄冈市人大常委会副主任张永斌的陪同下,调研武穴市、黄梅县、黄冈市立法工作。

7 月 10 日至 23 日

越南科学技术研究院地球物理研究所的 3 位专家来华开展合作研究工作。

7 月 11 日

我局组织应急人员、携带应急装备,在赤壁参加由公安部举行的突发重大灾害事故综合应急救援演习,展示地震现场应急平台,介绍地震应急救援队伍建设情况,受到有关领导的好评。

7月12日至14日

全国地震应急救援工作会议在安徽省合肥市召开。会议由中国地震局应急救援司主办,中国地震局党组成员、副局长赵和平出席会议,并向大会作报告。

7月15日

教育部召开全国中小学校舍安全工程视频会议,省教育厅在武汉设立分会场,省地震局等省中小学校舍安全工程领导小组成员单位的相关负责人参加视频会议。

7月21日

我局应急救援处在黄冈市举办2011年度地震应急培训班。黄冈市人民政府副市长徐向农出席会议并代表黄冈市人民政府向大会致辞,省地震局副局长龚平总结和回顾了前一阶段全省地震应急工作,部署了今后一段时期的工作。

7月23日至24日

省地震学会在九宫山地震台召开2011年学术研讨会。来自省国土资源厅、铁道部第四勘察设计院、水利部长江勘测技术研究所及我所等单位的10多位代表出席会议。

7月28日

我局联合潜江地震局在潜江南河游园广场开展全省纪念唐山地震35周年科普教育活动。

8月1日至6日

局党组书记、局长姚运生带队赴新疆维吾尔自治区博尔塔拉蒙古自治州,实地开展对口援建考察工作。

8月2日

美国南加州大学数学系王春鸣教授来我所进行工作访问并作学术报告。

8月8日

省委办公厅主持召开黄冈片省直单位新农村建设工作队联系现场会议,全面部署黄冈片2011年度驻点村新农村建设与财政专项补助金申报工作。省地震局等20个黄冈片省直单位工作组负责人参加会议。

8月9日

副省长李宪生一行视察湖北省地震监测中心建设工作,听取姚运生局长关于中心项目建设、未来规划等情况的汇报。省政府卢焱群副秘书长、省发改委许克振主任、省政府研究室刘良谋巡视员、省发改委王玉祥副主任、省财政厅洪流副厅长、省地震局姚运生局长等陪同视察。

8月10日至15日

我局组织应急救援处、监测中心一行4人赴江苏省地震局和山东省地震局考察学习地震应急管理工作。

8月19日

湖北省人大张绍明副秘书长一行赴宜昌地震台进行调研。

8月22日

由黄仲、袁曲、王慧、张辉、张传中、付水清、蔡莉完成的"2004—2009年宜昌台洞体应变潮汐观测(SS-Y)资料",获中国地震局2010年度防震减灾优秀成果二等奖。

由郭唐永、王培源、李欣、邹彤、谭业春、夏界宁、周云耀、朱威、赵凤花等完成的"流动卫星激光测距集成控制系统研究",获中国地震局2010年度防震减灾优秀成果二等奖。

8月22日至26日

中国地震局研究生导师高级研修班,在云南大理中国地震局滇西地震预报实验场召开,该班由中国地震局地质研究所承办。我所申重阳、李家明、王秋良等导师参会。

8月24日

省政府应急办召开湖北省突发事件预警信息发布平台试运行工作协调会议。省政府应急办、省气象局、省地震局等省直单位应急部门负责人参加会议。

8月29日

龚平副局长应邀与武警湖北总队领导商讨应急救援队建设事宜,对应急救援队的具体任务、调动使用的权限、装备能力和场地建设等事项交换意见。

9月9日

湖北省地震灾害损失评定委员会在武昌召开会议,成立第四届评委会委员。龚平副主任为委员颁发聘书。省发改委、省财政厅、省民政厅、省环保厅、省经信委、省保监局、中南建筑设计院、省地震局的19位委员参会。

9月10日至11日

10日23时20分在江西省瑞昌市与湖北省阳新县交界地区发生M4.6级地震(北纬29.70°、东经115.40°),震源深度13千米。我省阳新、大冶、武穴、蕲春、黄石市城区震感强烈,鄂州及武汉部分城区有感,震中区有个别房屋开裂。我局启动《湖北省地震应急预案》,姚运生局长主持地震应急工作并做出部署:(1)召开紧急会商会,对短期内地震趋势进行分析会商。(2)按第Ⅳ级地震事件开展地震应急处置工作。(3)派出由龚平副局长带领10人、2辆车的地震现场工作队(地震现场指挥部、宏观考察组和现场流动监测组)赴震区开展地震应急工作。(4)要求黄石市、黄冈市地震局迅速派人到地震现场了解震区震感情况及震灾情况,随告省地震局,并注意做好维护社会稳定的工作。(5)要求全省地震台站密切监测震情,监测预报中心密切跟踪震情,加强地震趋势分析会商。(6)迅速将震情上报省委、省政府、中国地震局。至11日16时,震中区共记录到余震26次,其中最大为M2.7级。现场调查结果显示,宏观震中位于阳新县枫林镇坳上村,震中烈度为Ⅴ度,Ⅴ度区湖北境内包括阳新县枫林镇月朗村、五合村、汪源村、杨柳村、大德村、坳上村、沿冲村、枫林镇城关、大桥村、漆坊村、樟桥村、水源村及花塘村,Ⅴ度区长轴方向呈北东向。Ⅴ度区内居民震感强烈,房屋明显晃动,绝大部分居民惊慌逃出房屋;坳上村、大桥村部分老旧土坯房墙体出现开裂、外墙瓷砖脱落、倾斜甚至倒塌等现象,没有出现人员伤亡情况。赤壁、嘉鱼、咸宁、通山、鄂州、黄冈、罗田、英山、浠水、汉川及武汉部分城区有感。

9月13日

省地震灾害损失评定委员会专题评审《2011年9月10日江西省瑞昌市与湖北省阳新县交界M4.6级地震灾害直接损失评估报告》。省发改委、省财政厅、省民政厅、省环保厅、省经信委、省保监局、中南建筑设计院和省地震局的14名省地震灾害损失评定委员会委员听取了省地震局现场评估组的报告,进行了认真的讨论和审议,认为报告符合国家标准GB/T 18208.4—2005《地震现场工作第4部分:灾害直接损失评估》的要求,地震灾害损失评估区划分,房屋的破坏比、损失比等主要计算参数选取科学合理,资料充分,内容翔实,原则同意报告的结果。

9月15日至16日

我局组织湖北应急指挥技术系统及相关应急人员,参加2011年全国地震应急指挥系统服务保障能力演练,圆满完成任务。

9月17日至22日

全球卫星导航系统(GNSS)观测数据处理分析培训班在武汉召开。培训班由我局承办,来自全国地震系统28个单位的近80名学员参加。

9月27日

湖北省直新农村建设工作队总结表彰大会在大冶市召开,省地震局等63个单位被省委、省政府办公厅评为"2010年度省直支持新农村建设工作队先进单位",省地震局后勤中心副主任魏航海被评为"2010年度省直新农村建设工作队先进工作队员"。

9月29日

《湖北省防震减灾条例》经省十一届人大常委会第二十六次会议审议通过,于2011年12月1日起施行。

10月10日

全国地震应急指挥中心负责人工作会议在广西召开,对全国省级地震应急指挥中心系统进行评比表彰。我局地震应急指挥平台和地震现场工作系统分别在单项考核中获第三名,地震应急指挥中心在综合考核中获优秀,地震应急基础数据库在单项考核中获优秀,监测预报中心李垠同志被评为"中国地震局2010年度地震应急指挥中心工作优秀个人"。宜昌市地震局在市级应急指挥系统单项考核中获优秀。

10月10日至11日

省地震局举办2011年度湖北省地震台站及信息节点管理维护培训班,来自全省各市(州)、县地震局(办)和地震台站的47名学员参加此次培训。

10月12日至14日

中南五省(区)地震应急协作联动会议在广西召开,修订五省(区)地震应急协作联动工作预案并举行签字仪式。中国地震局赵和平副局长、中国地震局应急救援司苗崇刚副司长、中南五省(区)政府应急办领导、五省(区)地震局分管副局长及应急处负责人出席。

10月中旬

我局组织武汉、黄冈、荆门、十堰、随州、鄂州、咸宁、天门、潜江等市地震部门负责人和工作人员赴云南交流考察。

根据省校安办2011年分县包干督查工作部署,派出督查组对巴东县、建始县的中小学校安工程进行专项检查。实地察看了巴东县溪丘湾乡中心小学、巴东县景信友谊中学、巴东一中、巴东县野三关镇谭家村小学、巴东县野三关镇民族中心小学、建始县红岩寺镇中学、建始花坪民族中学等校安工程进展情况;查阅了工程建设档案资料,对建始、巴东两县的中小学校舍安全工程的中央资金落实管理、收费减免政策及规划任务的建设情况等进行专项督查。

10月16日至17日

我局进行2011年长江三峡175米试验性蓄水地震应急演练。省地震局和宜昌市地震局共计40余人、6辆车参加演练,并邀请中国长江三峡集团公司人员观摩演练。

10月25日至26日

第二届全国地震速报竞赛暨岗位创先争优活动南宁赛区复赛在南宁举行。我局荣获南宁赛区团体赛二等奖,申学林获个人技能赛二等奖,取得参加全国总决赛的资格。参赛选手将继续积极备战,迎接即将在北京举办的全国总决赛。

11月1日

中国地震局科学技术司李明副司长率重点实验室评估工作组一行4人来我局评审指导地震大地测量实验室的建设工作。

我局纪检监察审计处获全省内部审计先进集体荣誉称号。

11月2日

湖北省"十二五"应急体系建设规划调研组一行9人调研省地震局承担的《湖北省地震应急体系建设规划》编制工作。

11月7日至15日

应卢森堡大学地球物理实验室主任Olivier Francis教授邀请,申重阳研究员等4人组成代表团赴卢森堡参加2011年Walfdange欧洲绝对重力比对。

11月21日

省政府举行《湖北省防震减灾条例》(简称《条例》)颁布实施新闻发布会。《条例》于9月29日经湖北省十一届人民代表大会常务委员会第二十六次会议通过,12月1日起施行。

11月22日至25日

全国地震应急流动观测技术研讨会在广州召开。按照会议要求,我局参加地震应急流动观测现场演练,演练高效、有序、快速,获得中国地震局领导的好评。

12月8日至14日

新疆维吾尔自治区博尔塔拉蒙古自治州副州长马合木提江·巴拉提带领

新疆博尔塔拉蒙古自治州防震减灾工作考察团来我局考察指导工作。

12月12日至14日

省地震局召开《湖北省防震减灾条例》（以下简称《条例》）宣传贯彻培训会。姚运生局长出席会议并讲话。省人大法工委丁剑云处长介绍了《条例》的修订背景、过程和主要内容，省政府法制办雷碧同志讲解加强地震工作依法行政，促进法治政府建设等内容；我局震害防御处（政策法规处）负责人阐述了贯彻《条例》与市县地震工作等内容。参会代表还就贯彻落实《条例》、保障防震减灾工作展开讨论。各市（州）、部分县（市、区）地震局负责人，我局机关处室和有关部门负责人共40余人参训。

12月14日至19日

应美国REF TEK公司（Refraction Technology，INC）总裁Paul Passmore先生邀请，所长姚运生一行4人对美国REF TEK公司进行工作访问。

12月27日

姚运生局长与省武警总队领导联合检查武警湖北总队工化救援中队训练情况。

12月31日

在地震系统反腐倡廉制度建设活动检查验收中，我局被评为全国地震系统反腐倡廉制度建设活动成绩突出单位，荣获中国地震局通报表扬，《湖北省地震局基本建设管理办法》被确定为全国地震系统反腐倡廉制度建设活动优秀制度。

12月

由李家明、姚运生、张卫华、梅建昌、邵中明、温兴卫、黎永东等完成的"DSW-1型数字化流体观测系统研制"，获湖北省科学技术进步三等奖。

2012 年

1 月 4 日至 5 日

中国地震局党组成员、副局长刘玉辰率科学技术司胡春峰司长、监测预报司车时副司长一行赴湖北省看望、慰问防震减灾一线干部职工,省局姚运生局长陪同慰问。其间,刘玉辰副局长会见了宜昌市委市政府、荆州市政府主要负责人,并互致新年问候。

1 月 5 日

郭生练副省长会见来鄂考察慰问的中国地震局刘玉辰副局长一行。郭生练副省长对中国地震局关心支持湖北省防震减灾事业表示感谢,并就进一步促进湖北省防震减灾事业发展交换意见。湖北省政府黄国雄副秘书长、省地震局姚运生局长参加会见。

1 月 10 日至 11 日

第二届全国地震速报竞赛暨岗位创先争优活动全国总决赛在北京举行。经过复赛,湖北、新疆、台网中心、河北、安徽、江苏、山西、四川 8 支团体参赛队以及 24 名个人技能参赛队员进入决赛。湖北局、安徽局、四川局、江苏局、山西局获团体三等奖。中国地震局局长陈建民、我局纪检组长黄社珍等领导亲临现场观摩比赛。

1 月 16 日

我局召开 2011 年度总结表彰大会。姚运生局长讲话,邢灿飞副局长宣读先进集体、先进工作者、最佳文明处室、文明台站、科技成果及专利奖、地震监测成果奖、项目奖、论文奖等表彰决定。

2月9日

省政府召开全省安全生产工作会议。常务副省长王晓东就全省安全生产工作和当前的安全生产工作严峻形势讲话,明确安全生产主体责任,严格执行安全生产一票否决制,提高安全生产管理水平。

2月10日

江苏省地震局应急保障中心金忠平主任一行3人来我局考察交流。局监测中心人员向考察组介绍了湖北省地震应急数据库维护建设、数据更新及软件本地化等方面的情况,局应急救援处、监测预报中心和地震文献信息中心有关负责同志与江苏局考察组进行了座谈交流,江苏局考察组参观了我局地震台网中心、地震文献信息中心、地震应急指挥大厅和咸宁市地震局。

2月13日

省政府召开2012年省防震减灾工作领导小组会议。副省长、省防震减灾工作领导小组组长郭生练讲话。会议传达了国务院2012年防震减灾工作联席会议精神,听取我局关于近两年全省防震减灾工作情况的汇报,通报湖北省地震形势,研究湖北省防震减灾工作存在的突出问题,安排部署当前和今后一段时期的防震减灾工作。省政府副秘书长、省防震减灾工作领导小组副组长黄国雄主持会议,省防震减灾工作领导小组成员单位负责人以及黄冈市人民政府负责人参加会议。

2月中旬

省安全生产委员会召开会议,表彰2011年全省安全生产红旗单位、优秀单位、先进单位和先进工作者。我局应急救援处获"2011年度全省安全生产先进单位"称号,机关服务中心车队负责人段海峰同志获"2011年度全省安全生产先进工作者"称号。

2月22日

08时58分,钟祥市(北纬31.40°、东经112.32°)发生M2.7级地震。荆门市子陵铺镇,钟祥市城区、胡集镇、双河镇部分人员有感,无人员伤亡报告。我局派出蔡永建等3人赴现场调查,确认为胡集荆襄磷矿矿震。

2月26日

中国地震局工程力学研究所孙柏涛所长来鄂考察我局经营性国有资产管理工作。

2月28日

中国地震局地下流体学科技术协调组组长、地下流体重点实验室主任刘耀炜,在省地震局吴云副局长、黄梅县政府唐志红副县长及县地震局负责人的陪同下,前往黄梅县地下流体观测站进行调研。

3月6日

我局在武汉召开湖北省市(州)地震局(办)负责人会议,传达国务院2012年防震减灾工作联席会议、全国地震局长会议、省防震减灾工作领导小组会议及全国震害防御工作研讨会议精神。姚运生局长讲话,吴云副局长对落实会议精神提出具体要求。会议通报了2011年度全省市县防震减灾综合评比和全省地震应急工作检查评比结果。全省17个市州地震局(办)和部分县(市、区)地震局(办)负责人,以及我局业务处室负责人参会。

3月14日至18日

全国地震应急救援工作交流会在昆明召开,中国地震局副局长赵和平、应急救援司副司长苗崇刚、部分省局分管应急工作的领导和各省局应急救援处负责人出席。

3月18日至29日

应日本建筑研究所邀请,助理研究员张丽芬赴日本进行工作访问。

3月27日至30日

省政府应急办在武汉市江夏区湖北省消防总队特勤训练基地举办全省应急管理干部培训,邀请省法制办、省公安厅、省民政厅、省卫生厅、省安全监督管理局的领导和专家作专题报告。我局应急救援处负责人参加。

3月28日

地震研究所以震研发〔2012〕6号文,发布关于调整科学技术委员会委员组成的通知:主任郭唐永,副主任李辉,委员王秋良、李盛乐、李家明、李翠霞、申重阳、孙少安、乔学军、吕永清、邢灿飞、刘海波、杜瑞林、吴云、陈蜀俊、陈志遥、陈志高、张燕、邹彤、杨少敏、邵中明、姚运生、周义炎、周云耀、罗登贵、秦小军、黄江、路杰、谭凯、蔡永建、廖成旺、廖武林、薛宏交,秘书杨少敏(兼)。

4月11日至13日

中国地震局地震科技工作研讨会在武汉召开。会议由中国地震局主办、我局承办,由科技司胡春峰司长主持,中国地震局刘玉辰副局长讲话,湖北省地震局(中国地震局地震研究所)局(所)长姚运生同志出席会议并致辞,中国地震局机关各司室、各研究所、部分省局和直属单位的负责同志,系统各单位科技管理部门的负责人参加会议。

4月14日至15日

根据中国地震局的统一安排,湖北省2012年度二级地震安全性评价工程师资格考试在武汉举行。

4月20日

省政府应急办、省地震局、省消防总队在省消防武汉支队特勤大队共同举办地震应急救援工作座谈会。省政府应急办副主任周翔、省消防总队参谋长蒋德友、我局应急救援处负责人,以及武汉市、黄石市部分市、县消防大队负责同志参会。

4月25日

日本"全国市长会"代表团访问我局。姚运生局长向来宾介绍我省防震减灾工作情况,双方就我省大型水库与建筑物地震监测与抗震设防等问题进行了深入交流。

4月28日

中国地震局、湖北省人民政府共同推进武汉城市圈防震减灾体系建设合作执行委员会在武汉召开第一次工作会议。会议由湖北省人民政府主办,省政府黄国雄副秘书长主持,中国地震局修济刚副局长讲话,省人民政府郭生练副省长致辞。省部共建合作执行委员会成员、中国地震局机关各司室负责人、湖北省地震局主要负责人共40多人参加会议。会议听取省地震局姚运生局长关于武汉城市圈防震减灾体系建设工作、贯彻落实共建协议及项目建设情况的工作汇报。会议确定:(1)省部双方共同推进,正式启动《武汉城市圈防震减灾平安计划》的实施;(2)武汉城市圈各市应尽快按《武汉城市圈防震减灾平安计划》建设内容及经费投入要求,落实本市建设任务与经费投入;(3)根据协议有关支持武汉创新基地建设的要求,省部双方共同建设湖北省地震预警重点实验室,并支持实验室完善与设备更新。修济刚同志、郭生练同志共同宣布《武汉城市圈防震减灾平安计划》启动。

5月7日

我局和武汉市地震工作办公室在武汉市百步亭花园社区联合举办湖北省防震减灾宣传活动周启动暨《武汉市居民地震应急(防空袭)疏散告知卡》发放仪式。省人大常委会副主任周洪宇、省政府副秘书长黄国雄、省地震局局长姚运生,武汉市人大常委会副主任胡绪鹍、副市长胡立山、市政协副主席吴勇、市民防办主任徐秋成等领导参加仪式。胡立山副市长致辞。省人大周洪宇副主任讲话。《楚天都市报》《楚天金报》、湖北电视台经视直播、武汉电视台武汉新闻、百姓连线、《长江日报》《武汉晚报》《武汉晨报》等省市主要媒体对活动仪式进行报道。

5月11日

由十堰市地震局和市教育局联合举行的全市防震减灾宣传主会场活动在十堰市实验小学举行。省地震局纪检组长黄社珍、十堰市政府副市长成佳刚出席活动。

5月19日

湖北省科技活动周在水果湖步行街开展科技惠民活动,省地震局、省灾害防御协会、省地震学会参与。活动现场布设宣传展板,发放地震科普画册,播放地震科普影像,与群众交流答疑,杜瑞林副局长出席此次活动。

5月21日

我局召开推进防震减灾文化建设动员会,传达《中国地震局党组关于推进防震减灾文化建设的意见》文件精神,部署主要任务和方法步骤,将工作分工细化到各个部门。

5月21日至26日

应美国德克萨斯理工大学周华伟教授邀请,湖北省地震局地震工程研究院陈蜀俊、蔡永健赴美国德克萨斯理工大学进行工作访问。

5月24日

中共中央宣传部、中国地震局联合召开全国防震减灾宣传工作电视电话会议。陈建民局长出席会议并作重要讲话。湖北省防震减灾领导小组成员单位和省科协、省国税局、省红十字会等相关单位负责人及《湖北日报》等新闻媒体在武汉分会场参加会议。

5月27日至6月8日

在我局组织下,来自省军区、省武警、省消防共计8名地震灾害紧急救援队队员在中国地震应急搜救中心培训基地(北京)参加为期2周的地震救援队技术骨干培训班。

6月18日

我所举办"创新发展中的地震大地测量学"第一届青年学术论坛活动。

我局与江西省地震局、湖南省地震局举行的跨省域省、市、县三级联动及流动台联合组网综合演练,模拟湖北省黄石市阳新县与江西瑞昌间发生地震,应急人员迅速开展应急处置工作。湖北黄石、阳新、大冶,江西瑞昌和湖南省地震部门参加演练。

6月18日至20日

经省委、省政府同意,我省地震应急工作检查领导小组开展了鄂东地区黄冈市及部分县市地震应急工作检查。检查领导小组由省政府应急办、省民政厅、省安监局、省发改委、省地震局5家单位组成,检查组对黄冈市地震应急救援组织体系、地震应急救援法制标准、地震应急预案体系、地震应急和救援队伍、地震应急救援工作机制、地震应急救援技术系统、地震应急救援社会动员机制、地震应急救援科普宣传教育 8 个方面的工作进行检查。听取黄冈市政府刘雪荣市长的工作汇报,观摩黄冈市政府主办的地震应急综合演练。省地震局姚运生局长代表检查组在充分肯定黄冈市地震应急工作取得成绩的同时,对黄冈市地震应急工作提出具体要求。检查组一行还在黄冈市赵飞副市长的陪同下对黄冈市所管辖的蕲春县和英山县地震应急工作进行检查。

6 月 26 日

新疆维吾尔自治区博尔塔拉蒙古自治州地震局副局长周新同志率新疆博州防震减灾工作学习小组来我局进行为期半个月的考察学习。

6 月 28 日

省直机关召开纪念建党 91 周年暨党建工作先进单位表彰大会。省委常委、省纪委书记侯长安讲话。我局被省委授予"2010—2011 年度党建工作先进单位"称号,欧同庚被省直机关工委授予"2011—2012 年创先争优优秀共产党员"称号。

6 月 29 日

九宫山地震科普基地开馆仪式在九宫山地震台举行。姚运生局长出席并讲话,咸宁市人民政府副秘书长余臻鹏、咸宁市地震局局长梁安良、九宫山风景名胜区管理局书记张健、九宫山景区旅游开发公司谭经理出席仪式。邢灿飞副局长主持仪式。通山县委书记杜文清、副书记张明新专程赴九宫山地震台对科普基地开馆表示祝贺。

7 月 8 日至 16 日

应新疆维吾尔自治区博尔塔拉蒙古自治州(简称博州)地震局的邀请,我局安排刘锁旺研究员、王秋良博士、李雪博士一行 3 人赴新疆博州开展防震减灾专题科技交流活动。

7 月 10 日

我局举行《应急设备运行维护管理办法》宣贯会。

7月16日

我局举办地震灾害损失评估培训班,围绕地震现场工作新规范,结合九江-瑞昌 M5.7 级地震实例,讲解地震灾害损失评估工作的现场组织和工作纪律、地震灾害损失评估的主要内容、地震现场宏观烈度和地震地质科学考察等内容。我局30余名人员参训。

7月

省委表彰了一大批先进基层党组织、优秀共产党员。我局工程院党支部荣获"2010—2012年全省创先争优先进基层党组织"称号。

8月1日

郭生练副省长一行视察九宫山地震台及科普教育基地,参观地震科普馆,省政府副秘书长黄国雄、省地震局局长姚运生、省地震局副局长邢灿飞陪同视察。湖北省九宫山地震科普馆面积300平方米,是以九宫山地震台为基础,利用声光电等多媒体手段建立的地震科普宣传基地,建有地震模拟装置、地震幻影成像、全息投影和电子翻书等多种高科技互动体验媒体。

8月15日至18日

GNSS地震应用推进与行业专项进展工作会在九宫山地震台召开。省地震局杜瑞林副局长、中国地震局监测预报司领导和中国地震局地壳运动监测工程研究中心、地震预测研究所、地质研究所、第一监测中心、第二监测中心、地震台网中心以及首批参与GNSS数据资料共享试点的17个省地震局代表,共40余人参加会议。

9月1日至10日

乔学军、杨少敏、聂兆生一行3人应邀前往澳大利亚进行交流访问。

9月12日

我局省一级档案目标管理接受省档案局复查考评组的评审。考评组听取了情况汇报、审查了相关材料、实地察看了档案室,经集体评议,认为我局机关档案工作目标管理符合省一级各项要求,同意通过复查。

9月12日至17日

申重阳研究员应西班牙马德里康普斯顿大学邀请赴西班牙进行交流访问。美国阿拉斯加大学费尔班克斯分校地球物理研究所 Jeffery Freymueller 教授应邀访问我所。

9月13日至20日

李辉研究员参加地球所、地震所、安徽局和云南局等单位专家组成的代表团赴蒙古人民共和国进行工作访问；参加2011年度科技部国际科技合作与交流专项"远东地区地磁场、重力场及深部构造观测与模型研究"项目第3专题"综合地球物理剖面测量与模型研究"中野外重力测量场地的现场考察；参加以"预防和减轻地震灾害的国际科技合作"为主题的亚洲地震委员会（ASC）第9次大会，与蒙方科技人员就中蒙两国在地学尤其是地震监测、预测预防等方面的研究进行交流。

9月17日

湖北省地震局（中国地震局地震研究所）地震预警湖北省重点实验室通过湖北省科技厅组织的专家论证。湖北省科技厅郑春白副厅长和省地震局、武汉大学、中科院测量与地球物理研究所、中国地质大学的相关领导与专家出席论证会。

9月19日至10月17日

中国地震局科技司（合作司）选拔中国地震局第二届科研人员赴美培训在美国进行为期1个月的学习培训。我局重力与固体潮研究室助理研究员吴云龙博士、杨光亮博士通过选拔参加本届培训班。

9月26日

中国地震局人事教育司何振德司长、干部处刘小群来我局宣布新任局（所）级领导任命。刘小群宣读了中国地震局党组《关于秦小军、韩晓光二同志任职的通知》（中震党发〔2012〕72号）。秦小军任湖北省地震局（中国地震局地震研究所）副局（所）长、党组成员，韩晓光为湖北省地震局副巡视员。

9月27日

2012年度全省地震应急培训会在荆州召开。省地震局秦小军副局长、荆州市政府副市长徐朝平出席会议,省地震局应急救援处、各地市州及相关县市区地震部门主要负责人及业务骨干共约100人参加。

9月

由乔学军、谭凯、杨少敏、王琪、杜瑞林、王伟、聂兆生完成的"中国西部活动断层的 InSAR/GPS 观测与构造机理研究",获湖北省科学技术进步三等奖。

10月15日至17日

湖北省2012年市县防震减灾工作培训暨现场会在黄梅召开。省地震局副局长秦小军、黄冈市副市长赵飞、黄冈市政府副秘书长方成、黄梅县委书记余建堂、黄梅县县长马艳舟等省、市、县领导出席会议。

10月24日至25日

中国地震局刘玉辰副局长视察襄阳市防震减灾工作,实地考察襄阳地震科普展厅和襄阳地震台。襄阳市领导虞国旗、朱慧同志分别陪同。

10月31日

03时42分,宜昌市秭归县屈原镇发生M3.2级地震(北纬30.92°、东经110.79°)。截至11月2日08时,共计发生M2.0级以上余震6次,其中,最大余震为M2.8级。我局立即启动地震应急处置程序,并于05时派出地震现场工作队奔赴地震现场。据秭归县地震局报告,宜昌市秭归县屈原镇、九畹溪镇人员普遍有感,茅坪镇金岗城、中坝子、兰陵溪等村及郭家坝镇部分村民有感,无人员伤亡报告。

11月1日

由王琪、杨少敏、兰启贵、张培震、乔学军、许才军、王敏、游新兆等完成的"2008年汶川地震近场三维形变精密测定与研究",获测绘科技进步二等奖。

11月8日

省地震局杜瑞林副局长率监测预报处、监测预报中心负责人以及有关专家深入麻城地震台进行调研。

11月14日

我局开展地震科普知识进医院宣传活动,在省直机关医院举办地震科普知识专题讲座。

11月15日至18日

中国地壳运动观测网络第六次重力测量资料质量检查及一级监理会议在武汉召开,吴云副所长出席会议。地壳运动监测工程研究中心、中国地震局地质研究所、总参测绘导航局、国家基础地理信息中心、中国地震局地震研究所、中国人民解放军62363部队、国家测绘地理信息局重力学科相关专家20余人参加会议。

11月18日

我局开会下达"武汉城市圈防震减灾平安计划"2012年度工作任务。邢灿飞副局长出席。省地震局发展与财务处、震害防御处,武汉市地震办,黄冈市、鄂州市、孝感市、咸宁市、罗田县、黄梅县、孝昌县等市县地震局负责人参加会议。

11月29日

皖苏鄂赣四省地震联防第四次工作会议在武汉召开。来自安徽、江苏、江西、湖北省地震局及特邀的山东省地震局相关领导和专家参加会议。

12月10日

湖北省地震监测中心揭牌仪式举行。仪式由邢灿飞副局长主持,姚运生局长致辞,中国地震局修济刚副局长出席并讲话。省政府黄国雄副秘书长、省发改委刘元成副主任、省科技厅郑春白副厅长、省气象局崔讲学局长、省农村信用联合社冯春副主任等出席。修济刚副局长和黄国雄副秘书长共同揭牌。

中国地震局副局长修济刚一行莅临我局,考核2012年度我局党风廉政建设工作。中央纪委驻局副司级纪律检查员杨威和人事教育司有关人员就局领导班子整体情况及落实党风廉政责任制的情况进行个别谈话。修济刚副局长对我局领导班子在推进防震减灾事业和落实党风廉政建设责任制等方面所取得的成绩给予充分肯定。

我局召开了2012年度领导班子民主生活会。中国地震局党组成员、副局长、指导组组长修济刚一行到会指导。

12月11日

新西兰奥塔哥(Otago University)大学Robert Tenzer博士应邀来我所进行学术交流。

12月13日

中国地震局修济刚副局长一行到恩施地震台进行视察、慰问。

12月22日

中国地震局2012年科技创新暨成果交流推广工作会在北京召开,来自地震系统的42家单位和系统外的6家单位参会。中国地震局刘玉辰副局长出席会议,科学技术司胡春峰司长讲话。从170余项推荐成果中选出20项最具推广价值候选成果进行报告交流。我局组织推荐16项成果参会,其中核电地震仪表检测系统与甚宽频带地震计获选为20项候选成果之一,郭唐永研究员与周云耀研究员作为候选成果第一完成人在会上进行主题发言。

本年

自2006年春起,至2010年初春,湖北省地震局武汉地震工程研究院先后与中国地震局地质研究所、中国地震灾害防御中心合作,承担了湖北通山大畈核电、钟祥核电、浠水核电、松滋核电等近场与厂址附近地震地质工作,熟悉并掌握了核电场地地震安全性评价整个流程与要点,具备了单独承接核电工程场地地震工作的能力,并于2012年成为核工业第二研究设计院的采购供应方。通山大畈核电厂址SL-2:0.15g,浠水、钟祥、松滋各三厂址SL-2:0.20g。武汉地震工程研究院先后参加工作的有甘家思研究员(负责人)、蔡永建、郑水明、雷东宁、孔宇阳、廉超、于品清、杨淑贤等人。

2013 年

1 月 18 日

我局召开全体干部职工大会,传达国务院防震减灾工作联席会议和全国地震局长暨党风廉政建设工作会议精神。

1 月

武汉地震工程研究院研制成功高层建筑地震反应监测软件系统(测试版),实时显示振动波形,通过测点数据构建建筑物实时振动反应,当地震反应超过设计值时报警,进行地震烈度速报、地震波初步分析、结构健康诊断,同时具备风振监测功能。

水库地震研究室王墩荣获 2012 年国家留学基金委国家优秀自费留学生奖学金。

3 月 12 日

我局召开 2013 年市(州)地震局(办)负责人会议。姚运生局长、秦小军副局长、各市(州)地震局(办)负责人、局机关各处室及省地震监测预报中心负责人参会。

3 月 19 日

地震观测技术及仪器研究室李家明获 2012 年度国务院政府特殊津贴。

3 月 25 日

我局咸宁科技园二期地勘工程正式开工。

3月29日

由中国地震局组织的国家重大科学仪器设备开发专项高精度绝对重力仪研发及产业化示范项目启动会在武汉召开。科技部条件与财务司孙增奇处长、中国地震局科学技术司李明副司长、我局姚运生局长出席会议,项目监理组成员、总体组成员、技术专家委员会代表、用户委员会代表以及项目组代表共50余人参加会议。该项目由中国地震局组织,武汉地震科学仪器研究院牵头,中国地震局地球物理研究所、中国地震局地震研究所、中国计量科学院、国家测绘局第一大地测量队、武汉大学和南京航空航天大学6家单位参加。

3月

我国新一代大型流动卫星激光测距仪由中国地震局地震研究所研制成功,于2012年到湖北咸宁进行首次流动观测。

我国首条高速铁路京津高铁挂载由我所研制的地震预警系统,正常运行近2年。

4月3日

举办地震应急救援装备操作培训,各部门应急工作人员参加。

4月20日

08时02分,四川省雅安市芦山县(北纬30.3°、东经103.0°)发生M7.0级地震,我局及时应对。姚运生等局领导迅速到达省地震监测中心应急指挥大厅应急处置,湖北省政府黄国雄副秘书长亲临指挥现场了解我省地震应急处置情况。秦小军副局长带领8名工作人员、2辆越野车携带相关仪器,赶赴震区开展强震监测、灾害损失评估和科学考察工作。

4月21日至26日

21日上午8点半,按中国地震局现场指挥中心指示,我局赴川地震现场工作队分成2个小组,由秦小军副局长带领蔡永建、雷东宁、段海峰4人组成震害评估组到震中灾区开展地震灾害评估工作;由郑水明、李德前、董兴鹏、赖宁、范程军5人组成流动强震观测组赴芦山震区东北面的邛崃市天台镇、南宝镇开展流动监测工作。21日12时35分,经过拥堵和受到地震破坏的险要路段,震害评估组抵达芦山县,开展工作。20时30分,震害评估组已完成对芦山县粮食局等县城老城区老旧房屋进行震害评估和危房鉴定。流动强震观测组于21日14时左右到达邛崃市天台镇附近,克服停电、坍塌等困难,开展架台工作,17时左右,流动强震台开始工作。经过连续多天紧张的工作,圆满完成地震灾害评估和流动监测等地震现场应急工作任务,于4月26日下午抵达武汉。

5月2日

召开四川芦山M7.0级强烈地震应急工作总结会。局领导、局应急工作有关部门负责人参加会议。

5月6日

由我局主办,襄阳市民防办(地震局)承办的2013年湖北省防震减灾宣传活动周暨平安中国防灾宣导活动启动仪式在襄阳剧院举行。秦小军副局长,震害防御处负责人,襄阳市委常委、常务副市长王兆民,市人大副主任王代全和市民防(地震)、教育、科技、科协等部门负责人以及社区防震减灾志愿者、襄阳四中、技师学院的师生共2000余人参加活动。襄阳市民防办(地震局)主任(局长)朱新民同志主持启动仪式。

5月9日

我局与湖北省消防总队在武汉市梅苑学校小学部联合举办防火防震应急演练。

湖北省地震局、湖北省灾害防御协会、湖北省地震学会参加了水果湖第二中学举办的防震、反恐、消防应急突发事件合成演习。

5月10日

省地震局杜瑞林副局长赴孝感市实地察看孝感市槐荫公园地震应急避难场所建设。

十堰市政府组织十万人地震应急疏散演练,中国地震局副司长黎益仕、省地震局副局长秦小军等领导及专家莅临现场观摩指导,市防震减灾领导小组成员单位领导参加活动。中央电视台新闻中心记者全程跟踪报道。

5月24日

武汉基准台地磁观测项目迁址应城市汤池镇用地界桩正式划定。应城市规划局、科技局、汤池镇政府和属地村委会参与划界。

5月28日至30日

2013年全国地震应急救援工作会议在广西壮族自治区南宁市召开。中国地震局副局长修济刚到会讲话,震灾应急救援司司长赵明主持会议。部分省(区、市)地震局和直属单位分管领导出席,各省(区、市)地震局和各直属单位应急救援处负责人参加。

5月

省地震局完成《震苑晚晴》专刊撰稿任务。

6月2日

重力观测、地倾斜观测、地应变观测台网运行规范3项地震行业标准编制研讨会在武汉举行。秦小军副局长出席会议,中国地震台网中心、地壳应力研究所、地壳运动监测工程研究中心、河北省地震局、湖北省地震局等单位的专家参加了会议。

6月17日至19日

湖北省2013年防震减灾示范创建工作经验交流暨现场会在荆州召开。

6月18日

秦小军副局长、宜昌地震局局长李侃宁一行到宜都市调研指导防震减灾示范社区、防震减灾科普示范学校创建工作。

6月18日至19日

秦小军副局长率震害防御处负责人赴宜昌调研防震减灾工作。宜昌市政府副市长张文学,市科技局局长姚朝云、副局长方扬帆和市地震局局长李侃宁等陪同调研。

7月6日

应武汉地震计量检定与测量工程中心邀请,武汉大学测绘学院副教授叶晓明在九宫山地震台进行了测量可靠性评价专题知识讲座。

7月18日

2013年楚天科普夏令营探秘活动走进武汉基准地震台。活动由《楚天都市报》和《帅作文》周报等相关单位联合举办,30余名小读者参加此次活动。

7月22日

07时45分,甘肃省定西市岷县、漳县交界(北纬34.5°、东经104.2°)发生M6.6级地震,震源深度20千米。震中距离湖北省十堰市边界约500千米。我局高度关注,及时调查核实我省震感反应。我省襄阳市樊城区、宜昌市西陵区、恩施州恩施市、竹山县城关镇部分高层楼房有感,无人员伤亡和财产损失报告。

7月下旬

我局组织召开地震灾害紧急救援重大事项联席会议,武警湖北总队、省公安消防总队、省地震灾害防御中心和省地震应急救援中心相关工作负责人参加会议。

7月28日

陈志遥获准为2012年度享受省政府专项津贴专家。

7月30日至8月4日

省地震局邢灿飞副局长一行5人赴新疆维吾尔自治区博尔塔拉蒙古自治州,对我局对口援疆工作进行调研。

8月5日

省地震局杜瑞林副局长一行赴襄阳调研防震减灾工作。

8月5日至8日

省地震应急工作检查组对十堰市地震应急工作开展检查。检查组由省地震局杜瑞林副局长带队,成员包括省政府应急办、省发改委、省民政厅、省地震局、省安监局的相关领导和工作人员。

8月6日

省地震局杜瑞林副局长率队赴郧西县检查指导地震应急工作。

8月19日

省地震局邢灿飞副局长一行赴黄冈就黄冈市防震减灾中心建设工作进行专题调研。

8月23日至24日

湖北省地震学会2013年学术研讨会在九宫山地震台召开。省地震局局长、湖北省地震学会理事长姚运生以及来自长江委、武汉大学、中铁大桥勘测设计研究院、武钢集团、武汉地震工程研究院等会员单位的专家出席,会议由秦小军副局长主持。

8月28日

中国地震局地震应急指挥技术协调组一行3人,对我局地震应急指挥技术系统进行检查和调研。

9月13日

我局召开专题学术报告会,姚运生局长作了题为"地震预报基础"的学术报告。

9月26日至27日

我局参加2013年度全国地震现场通讯联动应急演练。演练模拟荆门市沙洋县发生6.5级地震,震区遭受严重破坏,由省地震局应急救援处、监测预报中心等部门相关应急人员组成的现场工作队紧急赶赴震区,开展现场应急工作。

9月29日

武汉大学刘经南院士应邀来我所作了题为"GNSS地震学研究与探索"的

学术报告,姚运生所长和吴云副所长出席报告会。

10月16日

2013年度"武汉城市圈防震减灾平安计划"项目建设评审会在省地震局召开。

10月20日至21日

俄罗斯与中国海峡两岸地震监测预测学术研讨会在中国地质大学(武汉)召开。地质大学副校长唐辉明、俄罗斯科学院西伯利亚分院克拉斯诺亚尔斯克科学中心技术局局长弗拉基米尔·莫斯科维齐耶夫、台湾中正大学陈界宏教授等专家和学者近70人参加开幕式。31位学者作了学术报告。我所廖武林、陈俊华、杨剑、王伟在研讨会上作学术发言。中国地震局地震研究所、湖北省地震学会协办此次学术研讨会。

10月23日

我局召开党的群众路线教育实践活动领导班子专题民主生活会情况通报会。

英国格拉斯哥大学地理与地球科学学院大地测量专家李振洪博士应邀来我局进行学术交流访问。李博士作了题为"InSAR与地震研究:现状与展望"的学术报告,并就人员交流与科研合作进行协商。

10月24日

我局与三峡枢纽建设运行管理局密切合作,组织开展2013年长江三峡地区地震应急演练。来自局机关各部门、下属各单位的应急人员以及三峡枢纽建设运行管理局、宜昌市地震局、秭归县地震局的工作人员共计60余人参加演练。

10月28日

应城地磁台围墙工程正式开工。

11月1日

中国科学院物理研究所陆坤权研究员应邀来我所进行了题为"颗粒物理原理对地震的新认识"的学术报告。中国科学院叶朝辉院士,中国地震局地震研究所姚运生所长、吴云副所长出席报告会。

11月7日

省地震局姚运生局长、吴云副局长、邢灿飞副局长等一行7人到位于应城市汤池镇的应城地磁台检查工作。

11月11日

黑龙江省地震局孙建中局长一行4人，来我局就科研生产、地震监测预报、经营性国有资产管理改革等工作进行调研。

11月27日

云南省地震局付虹研究员应邀来我所，作了题为"2008年5月12日汶川M8.0级地震前兆异常讨论"的学术报告，介绍汶川地震前出现的前兆异常现象、前兆异常与发震构造模型的关系，以及汶川地震的前兆现象对监测预报的意义。

12月11日

省地震局模拟洪湖市乌林镇发生6.0级地震举行2013年第四季度应急演练。设置前后方2个指挥部。在后方，省地震局与广东、广西、湖南、海南等省（区）地震局联合举行地震应急指挥技术系统演练。在前方，省地震局现场工作队震后快速赶赴震区开展现场卫星通信系统、流动监测、强震观测以及现场单兵系统等科目的演练。杜瑞林副局长和局应急救援处、省地震监测中心等部门共40余人参加演练。

12月13日

我所与云南省地震局地震科技合作签字仪式在武汉举行，姚运生所长与云南省地震局皇甫岗局长代表双方在协议书上签字。

2014年湖北省重大自然灾害综合趋势分析会商会在武昌召开。省灾害防御协会常务副会长姚运生，省科协党组书记、常务副主席夏航出席会议。来自23个省直部门和会员单位的领导和专家约30人参加会商。

12月16日

13时04分，恩施州巴东县发生M5.1级地震（北纬31.09°、东经110.44°），我局立即启动地震应急Ⅱ级响应：(1)迅速向省委、省政府和中国地震局上报震情，并通报有关部门。(2)要求宜昌市地震局、恩施州地震局、秭归县地震局和巴东县地震局迅速派人到现场了解震感情况，实时向省局报告；开展现场工作，切实做好维护当地社会稳定工作。(3)依据震情和《湖北省地震应急预案》的相关规定，明确我局按相关应急响应级别，开展地震应急处置。(4)召开紧急会商会，分析会商震后趋势。(5)立即派出由杜瑞林副局长带领的地震现场工作队，携带流动地震监测仪、现场灾害调查单兵系统等应急装备，开展震害调查、震情监视，协助地方政府开展应急行动。(6)要求全省地震台站密切监测震情，监测预报中心密切跟踪震情，加强地震趋势分析会商。(7)维护监测台网正常运行，责成省监测预报中心及我省28个台站加强对地震仪器的管护，确保系统连续可靠运行。(8)加强应急值班和震情值班，指挥部和现场安排专班24小时值班，要求省监测预报中心及所有台站24小时值班，做好震情速报工作。(9)按照我局新闻管理实施办法做好有关工作。据了解，巴东县和兴山县普遍震感强烈，巴东县东瀼口镇白泉寺村多处房屋开裂，秭归县部分乡镇多处房屋裂缝，恩施州、宜昌市、十堰市、襄阳市、荆门市、荆州市均有感，3人因避险受轻伤。

16时，副省长郭生练带领省政府办公厅有关人员，来省地震局应急指挥部听取巴东地震汇报并指导应急工作。

12月16日至19日

中国地震局2013年度财务决算培训在武汉举行，中国地震局发展与财务司韩志强副司长，我局姚运生局长、邢灿飞副局长出席培训班，各省、自治区、直辖市地震局，各直属单位财务部门负责人及相关财务人员参加培训。

12月17日

我局已在巴东县溪丘湾镇架设1台流动监测仪，在巴东县陈家岭村二组架设1台流动监测仪和1台强震观测仪，实时记录监测数据。现场灾害调查组以巴东县城为中心，兵分四路，完成了对恩施州巴东县的灾害损失调查工作。

12月18日

现场工作队分三路前往震区，分别在秭归县泄滩乡、沙镇溪镇、巴东县官渡口镇进行灾害损失调查工作。3台流动监测仪和2台强震观测仪继续在巴东县进行实时监测，其中溪丘湾镇2台、石梁子村2台、郭家湾村1台。

12月25日

省地震灾害损失评定委员会召开《2013年12月16日湖北省巴东县M5.1级地震灾害直接损失评估报告》评审会,省政府应急办、省发改委、省地震局等14家单位以及宜昌市政府、恩施州政府的专家和领导参加会议。会议认为,报告采取的评估方法、评估程序和评估标准符合国家标准GB/T18208.4—2011《地震现场工作第4部分:灾害直接损失评估》的要求;地震灾害损失评估区的划分依据合理,破坏比、损失比等主要计算参数选取恰当。评委会原则通过该报告。

评估报告显示,巴东M5.1级地震造成5人受伤。地震发生后,省局组织市、县地震部门共40余名现场工作人员,在灾区现场开展震情监测、趋势分析、次生灾害防范、灾害调查评估等工作,地震应急通系统实时、可视,发挥了重大作用。经过对巴东县城区、信陵镇、官渡口镇、东瀼口镇、溪丘湾镇和秭归县泄滩乡、沙镇溪镇的房屋建筑、教育、卫生、电力、交通、通信、市政设施和水利工程等120余个调查点进行地震灾害调查,我局完成了对此次地震灾害的

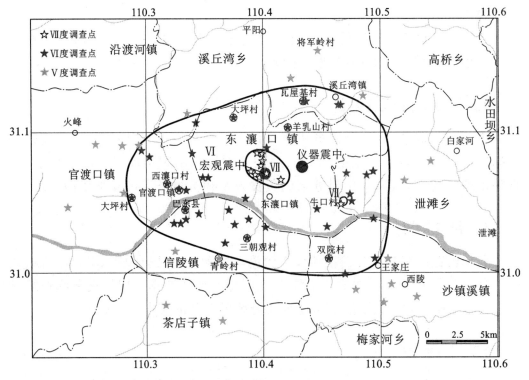

根据房屋破坏和地表破坏程度,此次地震的极震区烈度为Ⅶ度
等震线长轴呈近东西—北西西走向展布,Ⅵ度区及以上总面积为251平方千米

图4 巴东M5.1级地震Ⅵ~Ⅶ度等震线图

地震烈度图编制工作。

Ⅶ度区,该区范围包括东瀼口镇宋家梁子村一组、二组和陈家岭村五组(堰湾),整体呈椭圆状,长轴走向NWW-SEE105°,长轴长约3.9千米,短轴长约2.4千米,面积约7.7平方千米;在秭归泄滩乡牛口村也有Ⅶ度异常点出现。

Ⅵ度区,该区包括巴东县城区、官渡口镇东南部、东瀼口镇、信陵镇北部、溪丘湾镇南部和秭归县泄滩乡、沙镇溪镇西部,整体呈西细东粗的椭圆状,长轴走向近东西向,长约21.4千米,短轴近南北向,长约13.6千米,面积251平方千米,西起官渡口镇大坪村,东至泄滩乡洪家湾,北起溪丘湾乡石碾村,南到沙镇溪镇高潮村。

12月27日

17时12分,巴东县东瀼口镇(北纬31.08°、东经110.42°)发生M2.8级地震。

22时31分,巴东县官渡口镇(北纬31.08°、东经110.17°)发生M3.1级地震。官渡口镇西部部分村有轻微震感,无人员伤亡和财产损失报告。

2014 年

1月9日

省地震局姚运生局长一行在武汉市地震工作办公室徐秋成主任的陪同下,对武汉市防震减灾工作进行深入调研。

省地震局姚运生局长一行赴黄冈调研防震减灾工作。

1月20日

20时10分,恩施州巴东县东瀼口镇发生M3.0级地震(北纬31.09°、东经110.47°),我局立即启动Ⅲ级应急响应。东瀼口镇、官渡口镇、信陵镇震感强烈,秭归县泄滩乡震感明显,出现掉灰、掉瓦现象,乡政府及有关村委会加强了应急值班。当地政府已组织撤出了巴东5.1级地震损坏房屋的居住人员。暂无人员伤亡报告。据了解,当地出现了将会发生更大地震的传言,当地有关部门开展了社会维稳工作。

省地震局秦小军副局长前往钟祥地震台慰问。

1月23日

省地震局召开2014年湖北省地震系统视频会议。局党组书记、局长姚运生介绍2014年全国地震局长会暨党风廉政建设工作会议情况,传达中央领导同志关于防震减灾工作的重要指示精神以及国务院防震减灾工作联席会议精神,学习中国地震局党组书记、局长陈建民在全国地震局长会暨党风廉政建设工作会议上的工作报告。各市、州、直管市及神农架林区地震局(办)分别设立分会场。各市、州、直管市及神农架林区地震局(办)全体工作人员,省地震局领导及下属各单位主要负责人、机关副处以上干部参加会议。

省地震局召开2013年度总结表彰大会,对2013年度先进集体、先进工作者、最佳文明处室、最佳研究室、最佳单位、最佳台站、地震监测成果奖、项目奖、成果奖、论文奖等予以表彰。

1月24日

中国地震局召开党的群众路线教育实践活动总结全国视频会议,我局在应急指挥大厅设立分会场。省地震局党组成员、局党的群众路线教育实践活动领导小组及办公室全体成员收看会议视频。视频会上,中国地震局党组书记、局长陈建民作全国地震系统教育实践活动总结报告,中央第30督导组组长吴定富对中国地震局党的群众路线教育实践活动取得实效给予肯定,并对下一阶段继续巩固发展活动成果提出要求。

1月27日

北京大学地球与空间科学学院副院长黄清华教授应邀来我所进行交流访问并作了主题为"同震电磁信号机理研究"的学术报告。

2月26日

省综治委考评组一行3人到我局检查考核2013年度综治工作。考评组对我局综治工作取得的成绩给予充分肯定,并对今后如何更好开展综治工作提出建议。

2月27日

省政府办公厅召开全省安全生产工作会议,传达贯彻落实国务院安全生产电视电话会议和全国安全生产工作会议精神,王国生省长部署2014年全省安全生产工作,要求坚决遏制重特大事故发生,促进全省安全生产形势持续稳定好转。会议还对2013年度全省安全生产工作先进单位和先进个人进行了表彰,我局机关服务中心荣获"先进单位"称号,王维维荣获"先进个人"称号。

3月12日

中国卫星导航定位协会常务副会长兼秘书长苗前军博士应邀来我所交流访问,并作了主题为"应用北斗,出彩中国"的学术报告。

3月13日

省局模拟潜江市发生5.3级地震开展2014年第一季度地震应急演练。

3月20日

湖北省地震局地震应急通系统项目验收会在武汉组织召开。中国地震局震灾应急救援司尹光辉副司长、湖北省政府应急办吴智勇副主任、我局秦小军副局长出席会议。验收组由中国地震局震灾应急救援司、湖北省发改委、中国地震台网中心、中国地震局地质研究所、中国地震局工程力学研究所、我局有关领导和专家组成。验收组一致同意通过项目验收。

3月24日至4月4日

我局派员参加中国地震局与武警总部联合组织的新加坡民防学院第62届国际城市搜索与营救培训。

3月27日

00时20分,宜昌市秭归县屈原镇(北纬30.90°、东经110.84°)发生M4.2级地震,震中距三峡大坝25千米,对三峡大坝无影响。地震发生后,我局立即启动Ⅱ级响应。经了解,夷陵区邓村震感强烈,乐天溪震感明显;兴山县峡口、古夫震感强烈;巴东县信陵镇、东瀼口镇震感较强;荆州市松滋市有震感;襄阳市区、南漳县、保康县少数人有感。无人员伤亡报告。至3月27日17时,共发生余震96次,其中M2.0级以上余震4次,最大余震M2.9级。

我局现场工作队一行12人于27日06时到达秭归县,迅速与当地政府沟通相关情况,并召开联席会议,部署现场地震应急工作。至16时,已有4台流动监测仪器架设完成,监测数据实时传输到后方指挥部。现场工作组联合秭归县委县政府,共派14人分3个工作组携带地震应急通系统设备,对震区周围区域(北至兴山县峡口镇,南至杨林桥镇,西至郭家坝镇,东至九畹溪镇)完成了约40个点位的宏观考察,特别是对区域内群众反映的滚石、掉瓦、震感强烈地区逐一进行了核实。3个工作组初步调查结果为:震中区地震烈度一般为Ⅳ度,个别地区达到Ⅴ度。现场工作组还为当地政府提供专业指导,进行科普宣传,答疑解惑,稳定震区社会秩序。

3月30日

00时24分,宜昌市秭归县屈原镇(北纬30.89°、东经110.84°)发生M4.5级地震,我局立即启动《湖北省地震应急预案》Ⅱ级响应,全局各应急相关部门和人员迅速就位,成立了湖北省地震局地震应急指挥部。据了解,地震造成秭归县郭家坝镇楚王井片区的4个村（邓家坡村、楚王井村、擂鼓台村、熊家岭村）停电。巴东县12个乡镇震感强烈，可感觉到房屋持续摇晃7～8秒，有轰鸣声；巴东县绿葱坡镇、茶店子镇、信陵镇土坯房有落土、掉瓦现象。宜昌市夷陵区邓村乡竹林湾村一茶厂临时搭建的雨棚倒塌，部分设备被压。

我局现场工作队4个流动地震监测小组在现场开展流动监测工作，密切关注震情变化情况，持续观测70个小时。后续现场工作队伍已于3月30日早6时到达秭归县。秦小军副局长与当地政府领导召开联席会议，开展现场应急处置工作。我局现场工作队在震区开展应急和灾害调查工作。调查结果显示，本次地震未造成人员伤亡。震区绝大部分房屋基本完好，个别土木结构房屋出现掉瓦、掉灰、轻微裂缝等情况；少数砖混房屋出现轻微破坏，甚至个别砖混房屋出现较严重破坏，地震烈度达到了Ⅵ度。

4月21日

应姚运生所长邀请，著名地震学家陈运泰院士到访我所作了题为"关于可操作的地震预测预报"的学术讲演。陈院士从地震预报的定义与概念出发，阐述了地震的可预测性、地震概率预报模型与预报方法验证等重大科学问题，针对这些研究工作提出了进一步改进提高的建议。陈院士指出，地震预测预报仍然是防震减灾工作绕不过去的瓶颈，其难度虽然很大，但作为地震工作者应知难而进，不懈努力，脚踏实地，一步一个脚印地探索解决地震预测预报之路。

我局印发《湖北省地震局机关服务中心后勤服务费用管理办法》。

00时09分，巴东县（北纬31.09°、东经110.29°）发生M3.2级地震。

4月22日至23日

我局模拟22日15时15分在×省×市×县发生6.2级地震，开展地震灾害损失评估桌面推演。

4月23日

应姚运生所长邀请，中国地震局地质研究所所长张培震院士和中国地震局地震预测研究所所长任金卫研究员到访我所，分别作了题为"中国大陆的构造变形与强震活动"和"巴颜喀拉块体边界带构造变形特征与强震活动"的学术讲座。

张培震院士介绍了中国地震灾害的基本特征，通过对天山、昆仑山、青藏高原和华北等强震活动区的地震活动分布的研究，论述了中国强震活动与大陆块体构造及边界带变形的关系,并从中国大陆的边界动力环境角度分析了中国大陆现今构造变形与强震活动的动力学机制。

任金卫研究员介绍了位于青藏高原内部的巴颜喀拉块体边界带的构造变形、同震位移场和强震活动特征,并通过现场地质考察、GPS观测数据以及历史地震资料分析,讨论了巴颜喀拉块体周边断裂带的运动与强震孕育发生的关系。

应吴云副所长邀请,中国航天科技集团公司第五研究院航天东方红卫星有限公司副总经理、总工程师张晓敏博士访问我所,作了题为"重力卫星技术进展"的学术报告。

4月25日

台湾"中央大学"地球科学学院院长赵丰教授应邀访问我所,作了主题为"重力——古老又崭新的科学"的学术报告。

4月28日

由我局援助建设的新疆维吾尔自治区博尔塔拉蒙古自治州地震局地震应急指挥中心顺利完工并交付使用。

4月29日

邢灿飞副局长一行在黄冈市地震局局长何汉中、黄梅县副县长唐志红等领导陪同下,深入黄梅县五祖地震安全农居示范区进行现场调研。

5月5日至9日

省地震局与中国地震应急搜救中心联合举办湖北省市县地震应急救援管理干部培训班,全省53名应急救援管理干部赴国家地震紧急救援训练基地参加培训。省地震局秦小军副局长、中国地震应急搜救中心宋彦云副主任出席开班式。

5月6日

邢灿飞副局长一行深入红安县太平桥镇太平桥村地震安全农居示范区、高桥镇占店村地震安全农居示范区、红安县地震局招商引资企业万佳宏集团,进行现场调研,并实地踏勘指导地震台规划选址工作。红安县副县长程永富陪同调研。

5月10日至13日

中国地震局副局长修济刚、震害防御司副司长黎益仕一行4人赴湖北省十堰市、襄阳市调研指导防震减灾工作。湖北省地震局局长姚运生、副局长邢灿飞分别在十堰市、襄阳市陪同调研。

5月11日至16日

省地震局秦小军副局长一行赴宜昌市宜都市、秭归县、兴山县和恩施州巴东县等地调研震害防御和地震应急工作。

5月12日

湖北省第三届防震减灾宣传活动周开幕式在宜都市名都社区举行,宣传活动由我局举办、宜昌市地震局承办,省地震局副局长秦小军,宜昌市人民政府副市长王应华、张文学以及宜都市委书记庄光明出席开幕式。

十堰市十万人地震应急疏散综合演练活动成功举行,中国地震局副局长修济刚、十堰市政府副市长姚太和出席主会场湖北工业职业技术学院活动并讲话,我局姚运生局长,中国地震局震害防御司黎益仕副司长,湖北工业职业技术学院、十堰市防震减灾领导小组成员单位及协办单位、"平安中国"防灾宣导公益活动等单位相关负责人参加了主会场的综合演练活动。这是十堰继2013年5月10日十万人地震应急疏散演练活动之后,又一次十万人级大规模地震应急疏散综合演练活动。

5月13日

受湖北省应急办、楚天交通广播、湖北省应急广播联合制作播出的"应急之声"栏目邀请,武汉地震工程研究院副总工程师李恒与湖北省民政厅、湖北省气象局专家一道,通过广播宣传防灾减灾知识,就民众关心的热点问题进行详细解答。

5月23日

应姚运生所长邀请,中国地震局地壳应力研究所谢富仁所长一行到访我所,作了题为"地壳应力(应变)与地震"的学术讲座,报告会后,地壳所谢富仁所长、李宏研究员、朱守彪研究员和王成虎副研究员就有关科技问题与我所创新基地专家进行会谈。

5月26日

06时40分,宜昌市秭归县屈原镇(北纬30.92°、东经110.78°)发生M3.4级地震。我局立即启动地震应急预案Ⅲ级响应。据了解,秭归县屈原镇、郭家坝镇、九畹溪镇、茅坪镇震感较强;秭归县城,巴东县绿葱坡、信陵镇、茶店子、东瀼口,兴山县峡口镇部分人有感;宜昌市夷陵区、三斗坪、太平溪、乐天溪、邓村有轻微震感,无人员伤亡报告。

5月27日至28日

27日21时57分,十堰市房县(北纬31.92°、东经110.42°)发生M4.0级地震,震源深度7千米。我局立即启动地震应急Ⅱ级响应。我局现场工作队于28日07时30分到达震区开展现场应急处置工作。据了解,十堰市房县除姚坪乡外,其他乡镇均有震感,城关、白鹤、军店、大木厂、化龙、门古寺震感强烈;震中区域杨岔山林场、代东河林场一带震感强烈,部分砖木、土木房屋有开裂现象;竹山县城关、上庸、双台半数以上静止人群震感较为强烈,深河乡部分人震感强烈,柳林乡、官渡镇无震感报告;神农架林区松柏镇、木鱼镇、阳日镇、新华镇、大九湖镇、红坪镇、宋洛乡、下谷乡8个乡镇均有明显震感;十堰市白浪开发区部分人有轻微震感;丹江口市盐池河镇、官山镇有震感,城区个别人有感;襄阳城区部分人有感;保康县城关镇、马桥、寺坪、过渡湾4个乡镇有感;谷城县城关镇、石花、五山、紫金、圣康、庙滩、茨河、薤山有轻微震感。无人员伤亡和房屋倒塌报告。

6月3日至5日

我局在鄂州举办全省地震应急工作培训班。秦小军副局长出席开班仪式并讲话,鄂州市副市长汪继明致欢迎辞。全省17个市(州)以及重点监视防御区15个县(市、区)的70余位业务人员参加培训。

6月6日

中国地震局科学技术司会同发展与财务司在武汉组织召开"南水北调中线核心水源区地震安全系统建设项目"设计实施方案评审会。由江苏省地震局、地质研究所、中国地质大学、地球物理勘探中心、长江三峡勘测研究院有限公司、山东省地震局有关专家组成的专家组对实施方案进行论证,一致认为该方案符合《活动断层探测》(DB/T15—2009)等规定,同意该方案通过论证。

省局组织召开"十三五"规划需求座谈会。邢灿飞副局长、秦小军副局长、部分市级地震部门负责人及局有关部门负责人参加会议。

6月17日至18日

省地震局模拟湖北省麻城市发生6.0级地震开展2014年第二季度地震应急演练,来自省地震局应急处、监测处、水库室、仪器院、监测中心、服务中心等部门以及黄冈市地震局的工作人员20余人参加演练。

6月18日至19日

中国地震局在河南郑州召开地震系统党建暨精神文明建设工作会议,中国地震局党组成员、副局长、直属机关党委书记修济刚作重要讲话。河南局、湖北局等15个单位介绍了各自特色做法和典型经验。

7月4日

省灾害防御协会在武汉召开第五次会员代表大会,省政府副秘书长黄国雄、省科协副主席曾宪计、省民政厅副厅长汪虹波、省地震局局长姚运生、省地震局副巡视员韩晓光,以及省经信委、省公安厅、省卫计委、省消防协会、武汉大学、《湖北日报》等77个会员单位的200多位领导和代表出席会议。大会审议通过《湖北省灾害防御协会第四届理事会工作报告暨财务报告》,选举产生理事、常务理事和领导机构组成人员。省地震局局长姚运生当选为常务副会长。

7月7日

我所召开重力学科专题讲座,重力与固体潮研究室主任李辉研究员作了主题为"地震重力观测与研究进展"的学术报告。

7月14日

国家有关部委和武警总部组织四川方向警地抢险救援联合演练。演练在成都设主会场,各省人民警察部队省总队设分会场。演练分地震灾害救援行动演练、洪涝灾害救援和森林灭火行动三部分。中国地震局修济刚副局长出席成都主会场的观摩演练,我局秦小军副局长应邀前往武警湖北省总队分会场观摩演练。

7月14日至16日

省地震局抽调武汉、襄阳、十堰、咸宁等地的地震行政执法工作人员组成检查组,赴鄂州市、黄冈市开展防震减灾执法案卷评查,分别查阅了鄂州市、黄冈市地震局2009年以来的抗震设防要求管理、地震监测设施管理、爆破备案等工作台账、行政执法案卷,了解了地震部门在基本建设管理程序中开展的工作。检查组就行政执法中改进工作方式、提高工作效率和档案完善等方面进行了交流,并提出意见和建议。

7月20日至27日

省地震局黄社珍同志率队赴新疆维吾尔自治区博尔塔拉蒙古族自治州检查调研对口援疆项目落实情况。

7月22日

我局召开职工大会宣布领导班子新成员,中国地震局人事教育司司长何振德、干部处副处长刘小群出席会议,湖北省地震局党组书记、局长姚运生主持会议,刘小群副处长宣读中国地震局党组关于李静等同志职务任免的通知。

7月29日

我局召开武汉地震科技创新基地科技发展规划研讨会。姚运生局(所)长出席并讲话,科学技术处和各研究室主要负责人参加会议,围绕科技创新基地主要发展方向、科研管理体制、绩效分配与考核、人才引进和培养、重点实验室建设等问题进行广泛的研讨。

8月1日

美国南加州大学数学系王春鸣教授应邀来我所作了主题为"空间天气预报实验平台的建立"的学术报告。

8月3日

16时30分,云南省昭通市鲁甸县(北纬27.1°、东经103.3°)发生M6.5

级地震。我局积极应对,组织地震创新基地分析预报小组,从震前定点形变、跨断层水准、GPS、重力资料进行了分析,并对地震形势进行了讨论,报送学科工作简报 4 份。

8月11日至13日

我局召开市县防震减灾工作研讨会。姚运生局长、秦小军副局长出席,各市(州)地震局(办)及部分县级地震部门,省局震害防御处、应急救援处共 30 余人参加。

8月19日至22日

省人大教科文卫委员会联合省地震局对咸宁市执行《湖北省防震减灾条例》的情况开展专项调研。省人大教科文卫委员会朱忠华主任委员,教科文卫委员会张继年副主任委员,教科文卫委员会熊寿春秘书长,省地震局姚运生局长、秦小军副局长等率领调研组到湖北中震集团核电和高铁预警系统研发基地、咸宁市行政审批中心抗震设防审批窗口、咸宁市华彬农居地震安全示范工程、通山地震科普教育基地实地调研。

8月24日

应武汉大学出版社邀请,武汉地震工程研究院有限公司副总工程师、国家一级地震安全性评价工程师李恒赴湖北大学知行学院,参与由湖北省教育厅组织的关于武汉大学出版社等其他出版社"两类"教材的 2014 年暑假教师培训。来自宜昌、荆州、黄冈等 8 个地市的 150 多名高中教师参加培训。

8月26日

由科技部科研条件与财务司、科技部科技经费监管服务中心共同组织的国家重大科学仪器设备开发专项财务巡视专家组一行 6 人来我局,对武汉地震科学仪器研究院有限公司牵头组织的"高精度绝对重力仪研制与产业化示范"项目开展财务巡视。

8月

湖北省地震局、武警湖北总队和湖北省公安消防总队召开地震灾害紧急救援重大事项联席会议。秦小军副局长与应急救援处负责人、湖北省公安消防总队蒋德友参谋长及救援队相关负责人、武警湖北总队应急救援队负责人参加会议。

9月16日

2014年湖北省自然灾害研究和第四季度趋势分析研讨会在武汉召开,来自省政府应急办、省民政厅、省国土厅、省安监局、省林业厅、省环保厅、省防汛办、省地震局、长江水利委员会水文局、武汉铁路局,以及省森防总站、省植保总站、省疾控中心、武汉区域气候中心、武汉安全环保研究院、武汉大学土木工程学院、铁四院、长江勘测规划设计院、武汉钢铁(集团)公司、中国长江三峡集团公司三峡枢纽建设运行管理局、中国葛洲坝集团公司、湖北清江水电开发有限责任公司等单位,共30余位专家参会。会议由省灾害防御协会秘书长秦小军主持。专家们分别就我省自然灾害和流行传染病疫情的情况进行分析,提出第四季度趋势预测意见。

9月18日至19日

省地震局模拟秭归县郭家坝镇发生6.1级地震开展2014年长江三峡地区地震应急演练。省地震局秦小军副局长和相关应急人员以及中国长江三峡集团公司、三峡重点监视区市县地震部门的工作人员共60余人参加演练。

9月24日

08时28分,恩施土家族苗族自治州巴东县(北纬31.09°、东经110.18°)发生M3.1级地震,震源深度5千米。我局立即启动地震应急Ⅲ级响应。据了解,巴东县城部分人有感,官渡口镇边连坪村、碾盘垭村震感较强。

10月17日

湖北省地震背景场探测工程活断层探测试点工程验收会议在省地震监测中心召开。来自中国地震局地质研究所、湖北省发改委、中国地质大学、长江三峡勘测研究院有限公司、湖北省地质调查院的专家对武汉地震工程研究院有限公司承担的"湖北省地震背景场探测工程活断层探测试点工程"进行验收。专家组认为,项目实施符合活动断层探测规范的相关要求,通过验收。项目确认襄樊广济断裂武汉段中更新世明显活动,晚更新世有活动迹象。

10月27日至29日

2014年度中南五省（区）地震应急救援管理工作联席会议在武汉召开。中国地震局震灾应急救援司副司长尹光辉、国务院应急办处长赵会强出席并讲话。中南五省（区）（湖北、湖南、广东、广西、海南）政府应急办、地震局主要负责人参加会议。姚运生局长主持。与会代表前往秭归县开展中南五省（区）地震应急救援拉动演练，并对我局研发的"应急通"数据采集系统现场进行演示。与会代表还结合水库诱发地震应急处理特点进行深入探讨。

10月27日至30日

由中国地震局震害防御司主办，湖北省地震局、中国地震局工程力学研究所承办的全国强震动观测技术培训班在武汉开班。我局姚运生局长、中国地震局工程力学研究所李山有副所长分别致辞。震害防御司韦开波副司长讲话。培训班邀请李山有、温瑞智、于海英、崔建文、吴华灯等专家，从地震烈度与地震动参数关系、强震观测应急响应、数据传输监控管理平台建设、加速度传感器极性检测和方位角校正，以及强震动观测领域论文撰写等方面进行培训。来自全国地震系统以及强震动观测学科组专家共90余人参训。

10月29日

中国地震局巡视组在我局召开巡视工作通报会，巡视组组长刘峰同志传达中国地震局党组对我局各项工作和领导班子的肯定，也指出本次巡视中发现的问题，并提出整改建议。姚运生局长对巡视组在湖北局期间的工作表示衷心感谢，针对巡视组提出的问题，表示要认真制定整改方案，加强制度建设，提高制度执行力，全局上下共同努力，推动湖北防震减灾工作再上新台阶。

10月29日至30日

2015年度全国地震趋势GNSS专题会商会在武汉召开。姚运生局长致欢迎辞，中国地震局监测预报司车时副司长讲话。中国地震局监测预报司、地质所、预测所、工程中心、台网中心、一测中心、二测中心及其他省级地震局领导和专家共40余人参会。

10月30日至31日

2015年度全国地震趋势重力学科专题会商会在武汉召开。省地震局杜瑞林副局长致欢迎辞,中国地震局监测预报司车时副司长讲话。中国地震局监测预报司、地质所、预测所、工程中心、台网中心、一测中心、二测中心及其他省级地震局有关领导和专家共40余人参会。

11月3日至6日

2014年度地震应急指挥中心质量考核会议在武汉召开。中国地震局震灾应急救援司侯建盛副司长、我局秦小军副局长出席会议,中国地震局质量考核专家组成员以及各省(市、区)地震局、台网中心和搜救中心的地震应急指挥业务负责人参加会议。

11月4日

中国地震局科技委在武汉组织"院士专家湖北行"活动。中国地震局党组成员、副局长赵和平出席。中国地震局科技委秘书长、科学技术司(国际合作司)司长胡春峰主持会议开幕式。陈颙、许厚泽、李建成3名中国科学院和中国工程院院士,吴忠良、王庆良、倪四道等防震减灾资深专家出席并作学术报告。武汉大学、中国科学院测量与地球物理研究所、省地震局等多家单位的专家与科技人员参加。省政府副秘书长黄国雄出席开幕式并致辞。中国地震局赵和平副局长对湖北省政府高度重视防震减灾事业表示感谢,肯定了我局坚持创新发展所取得的成绩,并介绍了中国地震局科技委地方行活动的背景、目的和意义,并对活动提出4点建议:(1)要紧盯湖北防震减灾事业发展需求出谋献策;(2)要学习交流和人才培养并重;(3)要立足长远、务求实效;(4)要做好活动的组织和服务。出席会议的科技委院士和专家分别作了精彩的学术报告。

我局举办各市(州)地震局应急管理培训班。中国地震局震灾应急救援司副司长侯建盛、中国地震局地质研究所聂高众研究员应邀作培训讲座。来自各市(州)地震局的领导、省地震局地震应急指挥部各专业组组长及部分应急人员共30多人参加。

11月6日

中国科学院陈颙院士在我局姚运生局长的陪同下,考察我局咸宁科技园高铁及核电地震监控系统实验测试装备基地、振动实验室、机械加工中心、前兆仪器装备中心、二期基建项目等生产场所。陈院士盛赞咸宁科技园是我局事企改革的窗口,也是行业内的先行兵,对咸宁科技园和湖北中震科技集团有限公司的未来充满期待。

11 月 6 日至 9 日

《Geodesy and Geodynamics》第三届编委会成立暨第一次工作研讨会在恩施召开。许厚泽院士、杨元喜院士、吴晓平少将等 37 位大地测量、地球物理、地震地质等领域的知名专家作为编委会成员应邀参会。姚运生所长作为主(联)办单位代表,表示将大力推进该刊的国际化。该刊主编许厚泽院士就该刊的办刊理念、学术定位、内容建设、学科支撑以及发挥国际编委作用等提出指导性意见。中国地震局第一监测中心薄万举副主任、中国地震局第二监测中心张尊和主任、中国科学院测地所熊熊副所长、中国地震局地壳运动监测工程研究中心游新兆处长、中国地震局地球物理勘探中心徐朝繁研究员等联办单位代表出席会议。

11 月 12 日

省局召开《大地测量与地球动力学》期刊发展咨询会,邀请专家对该刊进行会诊并对近期发展出谋划策。大地测量学家宁津生院士作为该刊创刊的倡导者,就该刊的学术定位、学术特色、国际化提出系统设想。来自学术、行业的专家和领导提供了详尽的建议。会议由姚运生局长主持,吴云副局长等人出席。

11 月 19 日

省局召开"武汉城市圈防震减灾平安计划"2015 年度项目建设评审会。邢灿飞副局长主持会议,省财政厅教科文处领导参加评审会。专家评审组听取安陆市地震局、红安县地震局、鄂州市地震局等申报单位关于各自申报项目的情况汇报,审阅申报材料,论证项目设计方案,对照《武汉城市圈防震减灾平安计划》的目标要求,同意安陆市李店镇高寨村安全农居示范工程等 10 个申报项目通过评审。

11 月 20 日

省局组织召开 2014 年度湖北省市县防震减灾综合工作暨地震应急工作考评会。秦小军副局长出席会议。省地震局相关处室和市、州地震局负责人组成评审专家组,参照考评资料与规则对各市州防震减灾综合工作情况进行校核;各市、州地震局负责人接受评审专家的质询。通过考评,达到了总结成绩、发现薄弱环节、强化来年工作目标的目的。

11月26日

省地震局模拟咸宁市嘉鱼县渡普镇发生5.5级地震开展2014年第四季度地震应急演练。省局应急救援处、监测预报中心、水库室、仪器院、机关服务中心等部门应急人员参加演练。

国家海洋局第二海洋研究所高金耀研究员，应邀来我所作了题为"我国海洋重力测量及其海底构造研究应用"的学术报告，介绍了利用海洋重力数据研究海底构造的理论、方法以及已取得的成果，展望了我国极地海洋重力的研究前景。

12月2日

宜昌市副市长张文学来省局通报2014年3月27日秭归M4.2级地震以来宜昌市防震减灾工作进展。姚运生局长会见，对宜昌市防震减灾工作表示肯定，并对宜昌市地震应急指挥系统建设、农村民居地震安全工程推进等方面工作提出意见。宜昌市科技局局长姚朝云、宜昌市地震局局长李侃宁等人参加会见。

12月3日至4日

省地震局秦小军副局长对黄冈市和英山县、罗田县防震减灾工作进行调研。

12月8日

省地震局邢灿飞副局长一行赴孝感对槐荫公园二期应急避难场所建设进行检查验收。孝感市副市长周丽萍、副秘书长严书高，孝感市地震局局长谢东安等陪同验收。省验收组认为，该工程符合国家地震应急避难场所的有关质量要求，通过验收。

12月12日

省灾害防御协会在武汉组织召开2015年湖北省重大自然灾害趋势会商会。省科协副主席曾宪计，省地震局局长、省灾害防御协会常务副会长姚运生出席并讲话。来自省政府应急办、省民政厅等单位的40余位领导和专家参加会议。省灾害防御协会副秘书长、武汉区域气候中心副主任周月华研究员代表《湖北省减轻自然灾害白皮书》专家组作了题为"2015年湖北省重大自然灾害综合趋势分析意见及对策建议"的报告。省灾害防御协会秘书长秦小军主持会议。

12月17日

02时00分25秒,恩施州巴东县(北纬31.02°、东经110.25°)发生M2.1级地震,震源深度10千米。据了解,巴东县官渡口镇肖家坪、四季坪、马鬃山、楠木园、杨家棚等村人员有感,有似放炮声响,房屋轻微晃动,玻璃振动有声。

12月26日至27日

省武警消防总队模拟宜昌市点军区五龙乡发生M7.0级地震,在宜昌举行地震应急救援演练,省消防总队迅速启动地震灾害应急救援预案,组织指挥跨区域救援;宜昌消防支队轻、重型救援队近百名官兵携带装备现场救援,演练持续24小时。湖北省武警消防总队参谋长蒋德友大校、宜昌市副市长王应华和市公安局、市地震局等相关部门观摩演练,我局受邀参加观摩。

12月29日

13时58分,宜昌市秭归县郭家坝镇(北纬30.90°、东经110.78°)发生M2.2级地震,震源深度11千米。我局立即启动地震应急Ⅲ级响应。据调查,本次地震造成秭归县郭家坝镇、九畹溪镇、屈原镇部分村民有感,其中郭家坝镇烟灯堡村、荒口坪村有2秒左右较强震感,茅坪镇个别人有感。未收到人员伤亡及财产损失报告。

12月

中国地震局公布2014年市县防震减灾工作考核和国家级地震安全示范社区认定结果。湖北省武汉市、十堰市荣获全国地市级防震减灾工作考核先进单位,红安县、英山县、房县、武汉市东西湖区、武汉市江夏区荣获全国县级防震减灾工作考核先进单位。武汉市东西湖区常青花园第四社区、襄阳市樊城区大庆西路社区、武汉市江夏区纸坊街道花山社区、荆门市掇刀区掇刀石街道办事处名泉社区4个社区,被授予"国家地震安全示范社区"称号。

英文期刊《Geodesy and Geodynamics》从2015年起,由季刊改为双月刊。

2015 年

1月14日

省政府应急办宋炜副主任一行来我局调研应急准备工作,省地震局秦小军副局长陪同。宋炜视察了我局应急指挥大厅,听取了我局研发的地震"应急通"软件系统、《湖北省地震应急预案》修订、湖北省地震重点区域的应急准备以及"第一响应人"培训等工作情况汇报。调研期间,姚运生局长与宋炜副主任一行就有关工作交换了意见。

由李辉、邹正波、康开轩、吴云龙、邢乐林、刘子维、谈洪波、郝洪涛、玄松柏完成的"卫星重力在地震监测预测中的应用方法研究",获中国地震局2014年度防震减灾科技成果二等奖。

由孙少安、李辉、申重阳、刘少明、汪健完成的"精密重力测量技术在三峡库首区的应用",获中国地震局2014年度防震减灾科技成果三等奖。

1月23日

我局召开2014年度总结表彰大会。会议由吴云副局长主持,姚运生局长作总结报告,邢灿飞副局长宣读表彰决定。

我局召开2015年全省地震局长会暨党风廉政建设工作会议,传达学习国务院防震减灾工作联席会议精神和2015年全国地震局长会暨党风廉政建设工作会议精神并分组讨论。姚运生局长讲话,局领导及全省各市、州、直管市及神农架林区地震局(办)主要负责人、局下属各单位负责人、各直属中心地震台台长、机关全体共100余人参会。

2月2日

03时39分,襄阳市保康县(北纬31.70°、东经110.90°)发生M3.2级地震,震源深度10千米。我局立即启动地震应急Ⅲ级响应,要求市县地震局实时向省局报告;要求全省地震台站密切监测震情,监测预报中心密切跟踪震情。据调查,无人员伤亡和财产损失报告。

2月5日

湖北省地震学会第七次会员代表大会在武汉召开。35个会员单位代表和六届理事会理事、本届理事会理事候选人、会员代表及特邀嘉宾共120余人参会,选举产生新一届理事会和领导机构组成人员。省地震局局长、学会第六届理事长姚运生同志当选为学会第七届理事长。大会由学会第六届理事会副秘书长李龙安主持,省科协副主席曾宪计、省民间组织管理局副局长钱华志、省地震局副局长秦小军等领导出席。

2月5日至6日

2015年度鄂豫皖协作区地震应急工作联席会议在安徽省安庆市召开。中国地震局震灾应急救援司和湖北省、河南省、安徽省及协作区内市级及省直管县地震局相关应急人员参加会议。我局秦小军副局长、应急救援处负责人等参加。会上对《2015年度鄂豫皖协作区地震应急联动方案》进行了讨论,我局专题介绍了自主研发的地震应急通系统,得到与会专家的一致好评。

3月6日至7日

中国地震局监测预报司司长孙建中来我局调研指导工作,姚运生局长陪同调研。孙建中司长听取了我局监测预报工作汇报,对湖北局近期的监测预报工作表示肯定,对湖北局在地震形变观测仪器与检测技术研发方面取得的新进展表示赞赏,希望湖北局专家充分发挥学科优势,为持续增强地震监测能力提供技术与装备支撑。孙建中司长还到武汉国家基准地震台检查指导工作,考察了武汉九峰地震台。

3月19日

我局地震应急通系统2.0验收会在武汉召开。中国地震局震灾应急救援司赵明司长、地震局姚运生局长出席会议。中国地震局震灾应急救援司、中国地震应急搜救中心、湖北省发改委、中国地震台网中心、中国地震局地质所、武汉大学、湖北省政府应急办、湖北省消防总队、湖南省地震局、广东省地震局、新疆维吾尔自治区地震局、湖北省测绘工程院等单位的领导和专家组成验收专家组审查了相关资料,认为地震应急通系统2.0建立了一套完整的地震应急指挥调度和通信保障、灾情快速收集与汇总系统,具有地震现场工作应急指挥调度,灾情调查、上报、汇总,烈度图分析与产出,灾害评估数据处理,资料共享及系统管理等功能,实现了地震现场应急分级管理、协调工作、视频直播、通信保障等信息一体化管理,具有示范意义和推广应用价值。验收专家组一致同意该项目通过验收。

3月26日

省地震局模拟罗田县凤山镇发生5.6级地震组织开展2015年第一季度地震应急演练。秦小军副局长和全局应急人员以及黄冈市、罗田县、英山县、浠水县等市、县地震部门的工作人员参加演练。

4月7日至11日

省地震局、省地震灾害紧急救援队和武警湖北省总队应急救援队6名队员参加国家地震紧急救援训练基地第29期省级救援队高级培训班,我省6名队员全部通过考核,我局吴永璟同志被授予"优秀学员"称号。

4月15日至16日

15日15时39分,内蒙古自治区阿拉善盟阿拉善左旗(北纬39.8°、东经106.3°)发生M5.8级地震,震源深度10千米。根据《中国地震局地震现场应急工作队(省级地震局)轮换值班制度》要求,我局迅速派出由秦小军副局长带队的地震现场应急工作队一行4人,携带地震应急通系统等应急装备赶赴震区协助开展地震现场工作,于15日21时50分飞抵宁夏银川机场,与中国地震局现场工作队会合。16日0时30分,会合后的现场工作队一行18人分乘6辆车连夜赶赴震中区阿拉善左旗乌斯太镇,于16日凌晨3时30分抵达乌斯太镇。凌晨3时40分,到达现场的地震系统队伍共同成立了现场联合指挥部,召开指挥部第一次会议,宣布由内蒙古自治区地震局卓力格图副局长任指挥长,中国地震局震灾应急救援司李洋副处长、我局秦小军副局长、宁夏回族自治区地震局金延龙副局长任副指挥长,会上同时成立了临时党支部。指挥部听取了当地阿拉善盟地震局、鄂尔多斯市地震局、乌海市地震局的工作介绍,了解到震区震感强烈,部分房屋开裂,暂无人员伤亡。会议明确了各工作队的任务分工,我局工作队承担部分现场调查任务,队员不顾旅途劳顿,迅速携带地震应急通系统手持终端和车载视频,按要求开展相关工作。我局在湖北省地震应急指挥中心成立后方工作组,及时为现场工作队提供信息支持和技术服务。

4月24日

湖北省委老干部局在全省集中开展调研活动,来我局调研老干部工作情况。

4月25日

中国地震局监测预报司监测二处熊道慧处长在中国地震局地壳形变学科组副组长、重力观测技术管理部主管李辉等陪同下,到宜昌中心地震台检查指导工作。

4月25日至27日

25日17时17分,西藏自治区日喀则市定日县(北纬28.4°、东经87.3°)发生M5.9级地震,震源深度20千米。根据《中国地震局地震现场应急工作队(省级地震局)轮换值班制度》要求,我局迅速响应,由震害防御中心副主任蔡永建带队,郑水明、吴建超为队员,组成地震现场应急工作队,携带地震应急通系统等应急装备赶赴震区协助开展地震现场工作,于25日21时50分自武汉出发,26日凌晨2时39分抵达成都,乘坐26日早7时30分航班飞往拉萨,9时46分到达拉萨机场与其他工作队汇合,组成联合工作组,并在机场召开紧急会议,部署应急处置工作。我局现场工作队于26日19时20分抵达定日县,参加指挥部第一次会议。按照任务分工,我局现场工作队员被分入3个现场调查组,蔡永建所在小组赴聂拉木县,郑水明所在小组赴昂仁县、拉孜县,吴建超所在小组赴定结县,开展现场调查工作。工作区域平均海拔4200米以上,队员们经受着复杂工作环境的种种严酷考验,克服高反高寒、地震频发等情况,赴仲巴县、萨嘎县、昂仁县、拉孜县、定结县等地开展地震灾害调查、烈度调查等工作。工作过程中,队员们及时通过地震应急通系统传回调查资料,后方技术平台共获得调查点25个,有效调查点18个,收到震害照片50余张。我局后方工作组通过地震应急通系统与现场工作队时刻保持联络,密切监视震情趋势发展,随时关注震区受灾情况,及时为现场工作队提供信息支持和技术服务。

4月28日至5月2日

28日,我局3位应急队员随中国地震局现场工作队第3组、第4组、第5组完成了对仲巴县(拉让乡、帕羊镇、霍尔巴乡)、萨嘎县(达吉岭乡、如角乡、拉藏乡)、昂仁县(卡嘎镇、多白乡、日吾其乡)、萨迦县(雄麦乡、麻布加乡)、拉孜县(查务乡、曲下镇)、定结县(陈塘镇、日屋镇、江嘎镇、郭加乡)6个县范围内的地震灾害、地震烈度调查，总行程约6000千米，平均海拔4300米以上。截至4月28日20时，我局应急队员通过地震应急通系统共传回调查点45个，有效调查点32个，震害照片95张，所有资料已汇总上报中国地震局前方指挥部，为指挥部提供了全面准确的资料，圆满完成震区现场调查工作。我局现场工作队在藏区高寒缺氧、余震不断等恶劣条件下积极开展地震灾害调查、烈度调查等工作，圆满完成地震应急工作任务，于5月2日晚安全返回武汉。队员们尽职尽责的工作态度和不畏艰难、不怕牺牲的工作精神，获得西藏自治区党委书记、西藏军区党委第一书记陈全国的肯定、敬意与感谢，并向现场工作队员献上哈达，以表达西藏自治区政府的感激之情。

"五一"前夕

省政府表彰一批为湖北经济社会发展做出突出贡献的先进个人。我局水库诱发地震研究室王秋良同志被授予"湖北省先进工作者"荣誉称号。

5月4日

我局传达学习《中共中央办公厅印发〈关于在县处级以上领导干部中开展"三严三实"专题教育方案〉的通知》和《关于印发〈中国地震局"三严三实"专题教育实施方案〉的通知》精神，集中学习习近平总书记关于"三严三实"重要讲话精神。局党组书记、局长姚运生主持学习。

"五四"期间

武汉地震工程研究院被共青团湖北省直机关工作委员会授予"省直机关青年文明号"称号，我局团委被授予"省直机关五四红旗团委"称号，夏婷被授予"省直机关优秀共青团干部"称号，应急救援处赵伟被授予"省直机关青年岗位能手"称号。

5月11日

湖北省第四届防震减灾宣传周启动式在黄冈师范学院科技广场举行。启动式由黄冈市政府秘书长余友斌主持，我局局长姚运生，黄冈市市长陈安丽，黄冈军分区副政委盛传发，黄冈师范学院党委书记张盛仁、校长陈兴荣、副校长王芹出席开幕式，黄冈市防震减灾工作领导小组成员单位及市区相关单位、学校、中国人寿黄冈分公司等48家单位（学校）近4000人参加启动式。

5月13日

我局监测预报中心与文献信息中心党支部派专人参加武重社区与中北路中学联合举办的防震减灾科普知识讲座进校园活动。支部副书记孙伶俐为学生及居民作了防震减灾知识讲座并现场互动。同学们和居民掌握了一定的安全自救知识，增强了安全防范意识。

5月13日至17日

我局邀请中国地震应急搜救中心10位教官担任教员，在武汉市江夏区举办2015年湖北省地震应急工作暨地震现场"第一响应人"培训班。来自全省17个市州的地震部门的学员共57人参训。中国地震局震灾应急救援司郑荔副处长、中国地震应急搜救中心李志雄副主任、我局秦小军副局长出席开班式。

5月16日

4月25日尼泊尔发生Ms8.1地震，震中距我国国境线直线距离约50千米，我国西藏自治区日喀则市吉隆县、聂拉木县等地震感强烈，拉萨等地震感明显。地震发生后，我所联合中国地质大学（武汉）迅速开展GPS应急观测，共派出4个GPS野外观测小组，计划对震源区周缘300千米范围内的2000个网点和陆态网络区域站，以及国家高等级三角测量控制点开展地震应急GPS观测。野外观测人员冒着强余震的危险，克服高原反应和生活艰苦等困难，在日喀则市的吉隆、定日及聂拉木等地加紧开展野外应急观测。观测结果显示，此次尼泊尔地震造成我国西藏日喀则市的吉隆、聂拉木等地向南水平运动60厘米左右，藏南的水平同震影响由南向北逐渐减小；吉隆垂直形变不明显，聂拉木垂直下降10厘米左右，聂拉木和吉隆以北的5个点位垂直上升1~6厘米。

5月18日至21日

中央纪委驻中国地震局纪检组组长、局党组成员张友民来我局，就经营性国有资产管理改革及经营性实体党风廉政建设工作进行调研。中国地震局监察司司长杨威、发展与财务司副司长韩志强等陪同调研。张友民先后听取了我局党组关于经营性国有资产管理改革与经营性实体党风廉政建设工作情况汇报,为全体党员和中层以上干部上了"关于党风廉政建设几个问题的思考"的党课,实地调研了湖北中震科技集团所属的4个经营性实体,主持召开经营性实体党风廉政建设工作座谈会,对我局经营性国有资产管理改革所取得的成效和经营性实体党风廉政建设工作给予肯定,认为我局善谋划、重规划、勇推进,在监管上能够严格执行财经纪律,自觉遵守政治规矩,注重监管,为科学发展营造了良好的环境。

6月10日至12日

湖北省消防部队在黄冈市罗田县举行地震应急救援演练,省地震局秦小军副局长和应急救援处负责人受邀进行现场指导。

6月16日至17日

由省地震局秦小军副局长任组长,省发改委、省民政厅、省安监局、省政府应急办、省地震局相关处室领导及工作人员组成的检查组,赴黄冈市、麻城市、英山县、罗田县检查政府应急准备工作。

6月23日

省地震局邢灿飞副局长赴荆州市公安县检查验收荆州防震减灾科普教育基地建设项目。荆州市地震局范本源局长、公安县赵文魁副县长及公安县地震局负责人陪同检查验收。

6月24日

我局模拟黄冈市英山县发生5.1级地震开展2015年第二季度地震应急演练,来自局应急处、办公室、监测中心、水库室、震害防御中心、应急救援中心、机关服务中心等部门20余人参加演练,取得圆满成功。

6月29日至7月1日

中国地震局牛之俊副局长赴湖北调研防震减灾工作,中国地震局办公室主任唐豹等陪同调研。牛之俊副局长一行赴湖北中震科技集团咸宁科技园、恩施中心地震台考察地震监测设备研发生产和台站运行情况,对我局的工作给予充分肯定。

7月2日

我局举办庆祝建党94周年"三严三实"专题教育报告会,姚运生局长作专题报告。

7月6日

中国地震局发文通报2014年度地震监测预报工作质量全国统评结果,我省参加评比的98个测项全部获得优秀以上等次,其中19项荣获前三名。

7月6日至7日

中国地震局离退办主任王蕊一行5人来我局调研5年来老干部工作。

7月8日

中国地震局人事教育司与湖北省委组织部组成考察组,对我局领导班子进行任期满考核。中国地震局人事教育司刘铁胜副司长作动员讲话。省局党组书记、局长姚运生代表领导班子作任期述职述廉报告。局各级干部职工代表参加民主测评。

7月9日

我局组织开展全省地震应急桌面推演,分时段分地区分6批次给全省参演人员发送模拟地震短信,各参演单位按照地震应急预案展开推演。全省17个市(州)及部分县(市、区)参演人员利用"地震应急通系统"上传灾情信息,省局指挥中心快速清晰了解现场情况,演练达到预期目的。

7月13日至15日

鄂豫皖三省地震局在黄冈市罗田县召开鄂豫皖协作区地震应急工作联席会议。中国地震局震灾应急救援司领导、三省地震局地震应急工作负责人参会,黄冈市地震局及下辖麻城市、英山县、罗田县地震局负责人旁听会议。会议由我局秦小军副局长主持。

7月27日

省地震局党组成员、纪检组组长李静一行慰问武警湖北省总队应急救援队全体官兵。

7月27日至31日

2015年度湖北省地震灾害紧急救援重大事项联席会议在恩施州顺利召开。省地震局秦小军副局长主持会议，省公安消防总队蒋德友参谋长、武警湖北省总队朱华处长、部分市州消防支队分管作战训练的参谋长、省地震局相关处室负责人出席会议。

7月29日

中国地震局震情跟踪工作检查组第二组组长、山西地震局副局长郭跃宏一行4人，在姚运生局长陪同下到黄冈市检查震情监视跟踪工作。黄冈市常务副市长崔永辉会见检查组。郭跃宏组长肯定黄冈市基础设施建设、震情监视跟踪工作，提出要进一步做好群测群防改革试点工作，为黄冈市经济社会发展和人民生命财产安全作贡献。

8月4日

由我局承担的"湖北省地震背景场探测项目"验收会在武汉通过验收。

8月28日

省灾害防御协会召开2015年湖北省自然灾害研讨会，省国土地质灾害应急中心、省地震监测中心、武汉区域气候中心、省水文水资源局、省森林防火指挥部办公室、省疾病预防控制中心、省森林病虫害防治检疫总站、湖北清江水电公司、三峡枢纽建设运行管理局等单位近20位专家参加会议，其中8位代表作了专题报告。

9月10日

我局与三峡枢纽建设运行管理局密切合作，演练模拟宜昌市秭归县茅坪镇发生M4.8级地震，组织开展2015年长江三峡175米试验性蓄水地震应急演练。来自省地震局、三峡枢纽建设运行管理局、宜昌市地震局、荆州市地震局的工作人员参演。

9月11日

省地震局秦小军副局长带领应急救援处、监测预报处负责人赴宜昌市检查政府应急准备工作,听取工作汇报。宜昌市副市长王应华、秘书长覃照出席汇报会。

9月12日

省灾害防御协会与《湖北日报》共同开展"自然课堂"进台站活动,7个家庭在九峰地震台观摩地磁、地下流体等观测,高级工程师邓娜为孩子们介绍地震灾害及其防范知识。孩子们还通过避震游戏直观学习躲避地震伤害的方法。

9月17日至19日

中国地震学会在兰州召开2015年全国秘书长会议。来自各省地震学会、部分会员单位的代表交流学会工作经验,评选优秀学会和学会先进工作者。湖北省地震学会被评为优秀学会,龚凯虹被评为学会先进工作者。

9月18日

由申重阳、李辉、杨光亮、孙少安、谈洪波、玄松柏、邢乐林、汪健、吴桂桔、郝洪涛、刘子维、刘少明、韦进、张新林、康开轩完成的"青海玉树及邻区 Ms7.1级地震前后重力测量",获全国优秀测绘工程铜奖。

9月20日至24日

中国地震学会在兰州召开第九次全国会员代表大会暨第十五次学术大会。与会代表选举产生第九届理事会,我局秦小军副局长和乔学军、申重阳研究员当选为理事。

9月24日

我局参加全国地震应急指挥系统应急响应与服务保障演练,模拟襄阳市襄城区发生M5.5级地震,我局按照地震应急预案要求开展应急处置工作,完成与国家局指挥部视频会议联通,产出各类专题图件20余幅。襄阳市地震局参与联动。演练由中国地震台网中心主持,各省级地震局和中国地震局直属单位参演。

9月

由陈志高、邹彤、郭唐永、周云耀、吴雄伟、夏界宁、杨江完成的"核电站地震监测预警系统研制与应用",获湖北省科学技术进步三等奖。

10月13日

姚运生局长一行4人到荆门市地震局,实地察看应急救援大队体能训练中心、荆门国家级防震减灾科普教育基地、地震信息节点和应急救援装备库的建设情况,听取荆门地震局工作汇报,对荆门防震减灾工作取得的新成绩予以充分肯定。

10月13日至14日

鄂豫陕三省地震应急工作联席会议在丹江口市召开。湖北省地震局局长姚运生、河南省地震局副局长李文利、陕西省地震局应急救援处处长党光明、南水北调中线水源有限责任公司副总经理汤元昌、汉江水利水电(集团)有限责任公司副主任何明以及三省丹江口库区市级地震局负责人出席。与会专家组审阅了《南水北调中线丹江口库区地震应急预案》(评审稿),一致同意通过。三省地震局签订《鄂豫陕三省地震应急联动工作协议》。

10月14日

姚运生局长一行先后深入丹江口市土关垭镇、杜湾村、龙家河村调研农居地震安全示范村创建工作,对创建工作给予充分肯定,并就示范村创建工作提出指导意见。丹江口市政府、十堰市地震局、丹江口市地震局陪同调研。

10月18日至19日

我局承担的湖北地震社会服务工程项目通过由中国地震局地球物理研究所、中国地震台网中心、华中科技大学、中国地震局地震研究所专家组的测试和验收。

10月19日至21日

我局在鄂州市举办GB18306—2015《中国地震动参数区划图》宣贯培训班,全省各市(州)及相关县级地震部门的抗震设防管理和技术代表共60余人参加此次培训。秦小军副局长讲话,要求全省各级地震部门在行使抗震设防要求确定行政职权时,必须不折不扣地贯彻落实新地震动参数区划图。蔡永建、李恒2位专家主讲。

11月1日

11时18分,荆门市沙洋县官垱镇(北纬30.56°、东经112.54°)发生M3.2级地震,震源深度5千米。我局立即启动地震应急Ⅲ级响应。据调查,荆门市沙洋县县城部分人有感,沙洋县官垱镇、毛李镇、李市镇普遍有感,荆州市城区、潜江市广华街道少数人有感。

11月2日

中国科学院院士石耀霖先生应邀来我所,从地震预报背景、地震数值预测方法发展现状、地震数值预报的具体途径等方面作了题为"地震数值预报的探索"的讲座,科研人员与石院士一起进行了交流。

11月2日至4日

中国地震局人事教育司副司长米宏亮来我局调研,省局姚运生局长陪同,人事教育司机构工资处、安徽省地震局、中国地震局地球物理研究所、中国地震台网中心等10余家系统内单位人事处处长参加调研。

11月2日至5日

中国地震局第八期研究生指导教师研讨班在武汉举行,谢礼立院士和石耀霖院士等6名系统内外知名专家应邀就研究生培养存在的问题作专题报告。研讨班由中国地震局主办,中国地震局地壳应力研究所承办,中国地震局地震研究所协办,来自地震系统8个招生单位共计60余人参加培训。

11月3日

地壳应力研究所谢富仁所长应邀来我所,作了题为"中国大陆及邻区现代构造应力场与地震"的讲座,从地壳应力研究背景、现状等方面阐述了当前应力研究的热点。

11月4日

应姚运生所长邀请,中国地震局工程力学研究所名誉所长、地震预警湖北省重点实验室学术委员会主任、中国工程院院士谢礼立来我所访问指导。

11月11日至13日

2015年度中南五省（区）地震应急救援管理工作联席会议在湖南郴州召开。湖南、湖北、广东、广西、海南等省（区）地震局和政府应急办相关负责人参加会议。国务院应急办张广成副处长、中国地震局应急救援司周敏处长、郴州市人民政府贺建湘副市长出席，各省（区）总结了2015年度地震应急救援管理工作，探讨了地震应急区域协作联动工作，商议了下一年区域联动工作重点。秦小军副局长代表我局作工作汇报。

11月17日

2015年度湖北省地震应急工作检查评比会在武汉召开，省地震局秦小军副局长出席会议。来自全省17个市（州）防震减灾机构的负责人及省地震局相关人员参会。

11月19日

我局组织民政、科协等部门专家对申报社区进行综合考核评估，最终确定授予武汉市东西湖区常青花园第三社区等10个社区"湖北省防震减灾示范社区"称号。

11月24日

我局在黄冈市英山县举办全省流动地震监测技术培训班。宜昌台、黄梅台、丹江口台、襄阳局、十堰局、黄冈局等部门工作人员共20余人参加培训，我局水库诱发地震研究室副主任廖武林就测震台网应急流动观测技术规程、湖北省流动地震监测仪器设备管理办法、FSS-3M地震仪的使用、CMG-40TDE地震仪的使用、流动地震台的观测等业务知识进行详细讲解，水库诱发地震研究室王秋良主任主持。

11月26日至28日

湖北省地震学会在应城市召开2015年学术研讨会。学会理事长姚运生主持研讨会，来自省国土资源厅地质灾害防治中心、长江三峡勘测研究院有限公司、武汉大学和十堰、荆门、孝感等市地震局共40位专家学者参会，研讨会收到29篇论文。

11月

中国地震局印发《关于湖北省地震局权力清单制度有关事项的批复》（中震函〔2015〕251号），正式批复我局行政权力清单，将行政许可、行政处罚、行政检查、行政确认、行政奖励和其他类共计6类28项行政职权事项进行了明确界定，规定了行政职权事项运行的各个流程环节，保障职权高效科学运行。

在由教育部学位与研究生教育发展中心主办、北京交通大学承办的第十二届"中关村青联杯"全国研究生数学建模竞赛中，我所庞聪、罗棋、刘炳成同学获三等奖。

12月1日至3日

2015年度鄂豫皖协作区第三次地震应急工作联席会议在河南省信阳市召开。中国地震局震灾应急救援司副司长侯建盛作专题讲座，河南省地震局局长王合领出席会议。鄂豫皖三省地震局应急工作负责同志汇报本省年度地震应急工作开展情况。我局应急救援处处长蒋跃代表湖北局作工作汇报。

12月13日至15日

我局在武汉举办全省市县地震台站及信息节点管理维护培训班。共有70多位市县地震台站及信息节点运行维护管理人员参加培训。

12月14日

中国地震局发文通报2015年全国市县防震减灾工作考核结果，我省武汉市、十堰市、襄阳市荣获全国地市级防震减灾工作综合考核先进单位，江夏区、东西湖区、房县、兴山县、红安县荣获全国县级防震减灾工作综合考核先进单位，襄阳市地震局朱新民等8名市县防震减灾工作人员荣获全国市县防震减灾先进工作者称号。

12月15日

姚运生局长和驻村工作队员一同对我局对口扶贫驻点村武穴市石佛寺镇陈德荣村数十个贫困户进行走访，摸清真实情况，对陈德荣新社区建设给予充分肯定,并提出专业性建议。

12月18日

中国地震局发文通报2015年第二批国家地震安全示范社区认定结果,我省武汉市东西湖区常青花园第三社区、武汉市武昌区徐家棚街水岸星城社区、襄阳市樊城区朝虹社区被评为"国家地震安全示范社区"。

12月22日至24日

中国地震局震灾应急救援司副司长侯建盛、震灾应急救援司技术装备处处长冯海峰、中国地震局地震预测研究所研究员王晓青赴我省调研地震应急产业发展工作。

12月29日

局领导班子召开"三严三实"专题民主生活会。党组书记姚运生同志主持会议并讲话,省直纪工委副书记高永红同志到会指导。

12月31日

地震现场灾情调查与指挥调度平台在武汉进行功能测试,由中国地震局工程力学研究所林均岐研究员、中国地震应急搜救中心谢霄峰研究员、中国地震灾害防御中心王东明研究员、华中科技大学易善桢教授、武汉大学郭丙轩教授组成的专家组认为,该平台指挥调度端具备基础通讯与地图服务、工作队伍管理、灾情数据汇集与分析、地震现场工作应急指挥及地震信息管理功能,现场终端实现了现场灾情急报、烈度调查与震害调查上报、任务接收与信息共享、工作报告自动生成等功能,主要技术和功能指标达到了设计要求,通过测试。

本年

湖北省地震局(中国地震局地震研究所)地震大地测量实验室于2011年12月被批准为中国地震局重点实验室,经过3年运行,2015年度通过了由中国地震局组织的实验室评估。

《大地测量与地球动力学》从2016年开始,由双月刊改为月刊。

2016 年

1月11日

由省地震局督导、武汉地震工程研究院有限公司主持研发的"地震现场灾情调查与指挥调度平台"在北京完成交货验收。中国地震局地震应急搜救中心组织召开验收会,中国地震局震灾应急救援司、地震应急搜救中心、地质研究所、地球物理研究所、工程力学研究所及我局的领导和专家出席会议。

1月19日

中国科学院电工研究所王秋良、胡新宁研究员一行应邀来我所,就超导重力仪研制与应用进行了交流与研讨。科技处处长杨少敏研究员主持会议,杜瑞林副所长、李辉研究员、郭唐永研究员、申重阳研究员等专家以及部分青年科技人员参与交流。

1月21日

01时13分,青海海北州门源县(北纬37.68°、东经101.62°)发生M6.4级地震,震源深度10千米。根据中国地震局震灾应急救援司的要求,派出由我局震害防御中心蔡永建、胡庆、雷东宁组成的工作组,协助和指导使用"地震现场灾情调查与指挥调度平台",紧急支援青海门源6.4级地震应急处置工作。在此次地震调查过程中,通过该平台可以将调查点及震害情况实时显示在指挥平台上。实践证明,该系统在高寒地区、高海拔地区、弱信号覆盖地区的地震灾害调查、地震烈度调查中可以极大地提高工作效率,利于现场指挥部及时掌握震情,合理调度现场工作人员。

我局震害防御中心蔡永建、郑水明、胡庆3位专家应邀赴海南省地震局开展"地震现场灾情调查与指挥调度平台"培训。

1月22日

召开2016年全省地震局长会暨党风廉政建设工作会议,传达学习2016年全国地震局长会暨党风廉政建设工作会议精神。

召开2015年度局级干部述职述廉报告会暨总结表彰大会。

3月8日

云南省地震局解辉副局长等一行4人来我局开展工作交流。我局秦小军副局长及相关部门负责人参加调研座谈。

3月9日

防灾科技学院丁雷教授来我局调研"卓越工程师培养计划"学生实习情况。

3月10日

省地震局姚运生局长赴仙桃市调研防震减灾工作。

3月16日

中国地震局人事教育司司长孙晓竟宣读中国地震局党组的决定:姚运生任湖北省地震局(中国地震局地震研究所)局(所)长、党组书记;吴云、杜瑞林、秦小军任副局(所)长、党组成员;李静任党组成员、纪检组组长;邢灿飞任巡视员。中国地震局党组成员、副局长修济刚出席并讲话,充分肯定我局上一任领导班子所作的贡献,并对新一任领导班子寄予殷切希望;姚运生代表新一任领导班子表态发言。中国地震局人事教育司干部处副处长刘小群、中共湖北省委组织部干部五处副处长范志斌、中国地震局办公室干部侯震霖参加会议。

3月18日

中国地震局第一监测中心人事教育处华彩虹副处长一行4人来我局交流调研。

3月22日

省局模拟湖北省随州市曾都区发生4.9级地震组织开展2016年第一

季度地震应急演练,秦小军副局长带领各部门现场工作队员15人,会同湖南、广东、广西和海南省地震局及随州市地震局相关应急人员参演,达到了预期目的。

省地震局姚运生局长、邢灿飞巡视员、办公室殷义山主任一行赴武汉地震计量检定与测量工程研究院调研地震计量工作。

3月25日

湖北省地震学会七届二次理事会在武汉召开,会议由姚运生理事长主持。理事会表决一致同意姚华舟辞去副理事长,选举周克怀、褚鑫杰为七届理事会理事,褚鑫杰任秘书长。

4月7日

中国地震局地质研究所车用太研究员应邀来我所作了题为"从地下流体典型震例论台网优化与升级"的讲座。

4月9日

14时21分,宜昌市秭归县杨林桥镇(北纬30.77°、东经110.78°)发生M2.5级地震,震源深度6千米。秭归县九畹溪(周坪)镇砚窝台村、杨林桥镇普遍有感。

4月中旬

省抗震救灾指挥部办公室组织召开2016年度省抗震救灾指挥部办公室成员单位联络员会议。省地震局副局长、省抗震救灾指挥部办公室副主任秦小军出席会议并讲话。省抗震救灾指挥部办公室成员单位联络员、省地震局应急救援处相关人员参会。

4月18日至20日

省人大教科文卫委员会主任委员杨有旺带队到十堰市、襄阳市专题调研《湖北省防震减灾条例》实施情况。省地震局局长姚运生,省人大教科文卫委员会副主任委员吴传喜、张继年,省人大教科文卫委员会秘书长熊寿春,省人大教科文卫委员办公室、省地震局政策法规处负责人及有关人员参加调研。

4月27日

省地震局直属机关召开第七次党代表大会，选举产生新一届直属机关委员会委员和纪律检查委员会委员。姚运生局长主持会议。

新一届湖北省地震局直属机关党委和纪委召开第一次全体会议。选举产生新一届局直属机关党委书记、专职副书记和纪委书记。机关党委委员9名（以姓氏笔画为序）：王秋良、刘敏、李强、杨少敏、余涛、秦小军、夏婷、黄江、熊伟。机关纪委委员5名（以姓氏笔画为序）：刘海波、许文静、李强、余斌、陈志高。秦小军当选为新一届直属机关党委书记，杨少敏为直属机关党委专职副书记，李强为纪委书记。会议选举结果将尽快报湖北省直机关工委审批。

5月5日

23时20分，宜昌市秭归县沙镇溪镇（北纬31.0°、东经110.47°）发生M2.3级地震，震源深度5千米。秭归县沙镇溪镇和巴东县县城、东瀼口镇有感。

5月9日

湖北省第五届防震减灾宣传周启动仪式在随州市曾都区文峰中学举行。省地震局局长姚运生，随州市委常委、常务副市长袁善谋，随州市防震减灾领导小组成员单位负责人，各县（市、区）、大洪山、高新区地震部门负责人，文峰学校师生以及地震应急志愿者共计2000余人参加本次活动。

5月11日

马瑾院士应邀来我所作了主题为"亚失稳应力状态与人为地震"的学术报告。通过提出"是否存在有助于预报的地震先兆，是否存在与地震发生有唯一性关系的过程"等问题，详细介绍了亚失稳应力状态的提出、识别和研究进展。她提出的"人为地震可作为中尺度实验场，抓住由准静态向准动态转变的过程、抓住诱发地震作为中尺度实验场"的思路引起了与会人员的极大兴趣，报告会后，马院士对我所科研人员的问题进行了解答。姚运生所长、吴云副所长出席报告会。

5月12日

广西壮族自治区地震局李青春副局长一行来我局调研，与姚运生局长及局震害防御处、武汉地震工程研究院有限公司等部门负责人座谈,就震害防御体系建设、经营性国有资产改革、科技创新及科技成果转化、经济实体项目管理及转型发展等方面进行交流。

5月18日至20日

2015年度地壳形变学科观测资料质量全国统评工作会议在天津召开,地壳形变学科组专家以及来自全国37个单位的共61名代表参加会议。中国地震局监测预报司熊道慧处长讲话,地壳形变学科技术协调组组长杜瑞林研究员、副组长李正媛研究员到会指导并作工作部署。会议由中国地震局第一监测中心龚平主任主持。

5月20日

省地震局姚运生局长带领监测预报处及应急救援处负责人等一行到宜昌市地震局调研防震减灾工作,宜昌市科技局局长姚朝云参加调研。

5月23日

为全面做好新一代《中国地震动参数区划图》的普及推广工作,省地震局、省住建厅在武汉联合举办全省区划图宣贯培训会。来自省超限高层建筑工程抗震设防专项审查工作委员会的专家、全省各地市州地震部门和住建部门相关管理人员、全省各施工图审单位技术负责人、有关勘察设计单位技术人员参加培训。会议由省住建厅勘察设计处有关负责人主持。《中国地震动参数区划图》(GB18306—2015)于2016年6月1日开始全面实施。

5月24日至27日

我局在四川省绵阳市北川县举办2016年度湖北省抗震救灾指挥部联络员培训班。中国地震局震灾应急救援司赵明司长、湖北省地震局秦小军副局长、四川省地震局应急救援处江小林处长、中国地震局震灾应急救援司隋建波副处长、湖北省抗震救灾指挥部各成员单位联络员、我局应急救援处相关工作人员共计40余人参加此次培训。

6月1日

中国地震局监测预报司孙建中司长一行5人来我局检查震情会商改革实

施方案落实情况暨2016年度震情监视跟踪工作。姚运生局长、吴云副局长陪同检查。

6月13日

由武汉市民防办牵头，武汉城市圈、鄂东协作联动区地震部门协作，东西湖区抗震救灾各成员单位、常青花园社管办和常青第一中学参与，在常青第一中学举行2016年鄂东协作联动区暨东西湖区地震应急综合演练。演练分桌面推演、应急疏散演练和现场应急救援3个阶段，共有9支应急救援队伍、110名应急人员、700余名师生参演。

6月14日

财政部驻湖北专员办赵永旺监察专员，业务二处陈剑平处长、武云副处长一行来我局调研。姚运生局长陪同。

省直机关工委"两学一做"学习教育第四督导组到我局开展首轮集中督导。秦小军副局长重点介绍了我局"四有"工作亮点，即专题研讨有准备、个人发言有提纲、研讨过程有记录、党课材料有汇编，以及其他有特色的经验和做法，督导组给予高度赞扬。

6月14日至16日

我局在丹江口市开展应急流动测震现场培训。我局有关部门、十堰市地震局、襄阳市地震局、丹江口地震台相关工作人员参加培训。我局吴云副局长亲临现场指导。

6月15日

省财政厅预算绩效管理处张龙处长一行来我局进行财政系统履职尽责联系工作。

姚运生局长与新疆维吾尔自治区博尔塔拉蒙古自治州（以下简称博州）地震局高文远局长在湖北省地震监测中心共同签署《湖北省地震局第二期援助博尔塔拉蒙古自治州框架协议书》，未来5年，我局将在人才培养、防震减灾工作能力建设和科技服务等方面进一步帮助博州防震减灾事业发展。

6月15日至16日

省地震局吴云副局长与十堰市地震局局长王传成一行到房县调研防震减

灾工作。房县县委副书记、代理县长纪道清,县委副书记、常务副县长王家波陪同调研。

6月17日

我所震研发〔2016〕6号文,调整学位评定委员会组成人员:主任秦小军,副主任申重阳,委员21人,秘书熊伟、卢娅。

6月19日

中央纪委驻国土资源部纪检组组长赵凤桐来我局(所)调研指导工作,充分肯定我局(所)防震减灾和党风廉政建设工作,并要求继续发挥优势,聚焦主业,健全机制,要坚决把纪律和规矩挺在前面,防微杜渐。姚运生局长表示将认真落实中央纪委驻国土资源部纪检组的要求,积极配合驻部纪检组做好监督工作,坚决扛起全面从严治党主体责任。中央纪委驻国土资源部纪检组副组长卜善祥、中国地震局人事教育司副司长米宏亮等陪同调研。

6月20日

我局召开第五届职工代表暨第七届工会会员代表大会。下午,新一届湖北省地震局直属工会委员会、工会经费审查委员会、工会女职工委员会(妇委会)召开第一次全体会议。会议提名杨少敏同志任新一届工会委员会主席,俞莹同志任工会经费审查委员会主任,余涛同志任工会女职工委员会(妇委会)主任。

6月21日至22日

省局模拟黄冈市红安县祠堂口发生M4.9级地震,在红安县开展2016年第二季度地震应急拉动演练。演练进展顺利,红安县地震局参与演练。

6月23日

鄂中区地震应急协作联动演练在荆门市开展,演练由荆门市地震局牵头,荆门、荆州、随州、孝感、潜江、天门地震部门参加,省地震局秦小军副局长全程观摩演练。

6月24日

新一届共青团湖北省地震局委员会召开第一次全会,提名王维维任新一届团委书记,吴永璟、胡荣华任组织委员,吴凯、张晓彤任宣传委员,胡庆、张红梅任文体委员。

7月1日

机关党委开展纪念建党95周年主题党日活动。机关党委书记、副局长秦小军讲党课,3名预备党员郑重宣誓加入中国共产党,参会党员共同重温了入党誓词。

7月22日至25日

国际大地测量与地球动力学学术研讨会(ISGG2016)在天津举行。会议由国际大地测量学会、中国地震局、国家自然科学基金委员会地球科学部联合主办,中国地震局地震研究所(湖北省地震局)、中国地震局第一监测中心、地壳运动监测工程研究中心、中国科学院测量与地球物理研究所(大地测量与地球动力学国家重点实验室)、中国地震局第二监测中心、中国地震局地球物理勘探中心、武汉大学、中南大学、同济大学等单位联合承办。姚运生所(局)长主持大会开幕式,中国科学院测量与地球物理研究所许厚泽院士致欢迎辞,国际大地测量学会主席 Harald Schuh 教授、中国地震局国际合作司王剑处长、国家自然科学基金委员会地球科学部于晟主任和中国地震局第一监测中心龚平主任致辞。来自美国、德国、意大利、日本、俄罗斯等16个国家和地区以及国内地震系统、高校、科研院所等共39个单位的249名代表参加研讨会,其中外方会议代表25名。与会专家就地震过程中的大地测量、空间大地测量技术及应用、地球动力学模拟等议题进行了深入探讨。会议旨在提升我所《Geodesy and Geodynamics》期刊的办刊水平,扩大国际同行科学家联络,提升期刊国际化程度。

7月31日

17时18分,广西梧州市苍梧县(北纬24.08°、东经111.56°)发生M5.4级地震,广西、广东、湖南等多地有感。地震发生后,我局迅速启动中南五省区应急联动响应机制,报请上级任务后,成立以秦小军副局长带队,蔡永建、胡庆组成的3人现场工作队赶赴地震一线。至8月3日晚,按照指挥部工作部署,我局现场工作队共完成14个点的现场调查,整理出142个调查点数据,并参与绘制地震烈度图,评估地震损失等讨论,圆满完成此次地震应急支援工作。

8月11日

2016年度全省市县防震减灾工作研讨会召开。省地震局姚运生局长出席会议,各市(州)地震局(办)负责人、省地震局相关处室负责人共20余人参加会议。

9月1日

应姚运生局长邀请,甘肃省地震局(中国地震局兰州地震研究所)王兰民局(所)长在我局作了题为"黄土地震灾害与黄土动力学研究新进展"的学术报告。姚运生局长主持报告会。

9月2日

应姚运生局长邀请,中国地震局工程力学研究所李山有副所长在我所作了题为"地震预警技术与系统建设"的学术报告。杜瑞林副局长主持报告会。

湖北省科技厅在湖北省地震监测中心大楼组织召开"高铁与核电工程地震安全监控系统的研制及应用"科技成果鉴定会,来自国内相关单位的9位专家组成科技成果鉴定专家委员会,甘肃省地震局局长王兰民研究员担任组长。湖北省科技厅郑春白副厅长,省地震局姚运生局长、杜瑞林副局长出席,省科技厅成果处田志康处长主持鉴定会。鉴定委员会一致认为该项目总体上达到国际先进水平,其中三代核电地震安全监控技术达到国际领先水平,具有广泛的推广应用前景,建议扩大成果的应用领域。该成果由中国地震局地震研究所(湖北省地震局)和武汉地震科学仪器研究院有限公司完成。

9月5日

省地震局副局长吴云赴红安县考察该县地震台站优化改造项目建设。

9月13日

应姚运生所长邀请,中国地震局地质研究所所长马胜利研究员来所作了题为"断层带物理力学性质与地震发生机制"的讲座,中国地震局地球物理研究所副所长高孟潭研究员作了题为"国家防灾减灾科技创新"的学术讲座。姚运生所长主持学术交流讲座。

《湖北省防震减灾"十三五"规划》评审会在省地震监测中心大楼召开。省发改委、省财政厅、省政府办公厅应急办、省国土资源厅、省住建厅、省民政厅、省科技厅、武警湖北总队、中国地震局发展与财务司、中国地震局地质研究所、中国地震局地球物理研究所、湖南省地震局等单位的专家对我局编制的《湖北省防震减灾"十三五"规划》进行论证。专家组一致同意规划通过评审。

9月19日至23日

地壳形变学科技术协调组和技术管理组在武汉举办2016年度地壳形变资料分析与应用培训班。来自全国地震系统从事地壳形变分析与应用的监测预报人员共计120余人参训。培训班由地壳形变学科技术协调组组长、湖北局杜瑞林副局长主持,监测预报司监测二处熊道慧处长、地壳形变学科技术协调组副组长李正媛研究员到场指导。

9月22日

省地震局姚运生局长率调研组一行4人赴十堰竹溪县、竹山县、房县、丹江口市、郧西县、郧阳区基层,专题调研防震减灾工作,召开6次座谈会,察看22个工程现场,指导易地扶贫搬迁工程、农房抗震改造工程和应急避难场所建设。他充分肯定十堰防震减灾工作,强调十堰地处南水北调中线核心水源区,地质构造、地理区位特殊地区,要求十堰市各级地震部门加强抗震设防监管和应急能力建设,常态化开展防震减灾知识宣传。十堰市政府副市长杜海洋就贯彻落实调研组要求进行工作部署。

9月26日至28日

鄂豫陕三省地震局模拟十堰市郧阳区白浪镇(鄂豫陕三省交界处)发生5.8级地震开展地震应急联动演练,十堰市、南阳市、商洛市地震局参与演练,南水北调中线水源有限责任公司派员观摩。

10月11日

受地壳运动监测工程研究中心委托,中国地震局地壳形变学科GNSS技术管理部组织专家在武汉召开"GNSS观测手簿系统"项目验收会。项目由我所空间大地测量研究室承担。专家组一致认为该系统完成了项目确定的研制内容,通过验收。

10 月 12 日

武汉大学附属第二小学三、四年级学生 8 个班约 300 人,来湖北省地震监测预报中心参观学习防震减灾知识。

10 月 14 日

省地震局秦小军副局长到宜昌市地震局检查指导防震减灾工作,充分肯定宜昌市在防震减灾机构、队伍建设和资金争取方面取得的显著成效,要求加大防震减灾服务力度,创新性地开展工作。

10 月 18 日至 19 日

根据省抗震救灾指挥部办公室工作部署,省地震局、省安监局、省民政厅、省消防总队、武警湖北总队、省发改委相关人员组成省地震应急工作检查组,赴天门市、荆州市和公安县检查政府及有关部门地震应急工作。

10 月 20 日

我局分别召开党组会议和党组扩大会议,学习习近平总书记关于中央专项巡视工作的重要讲话,传达中央巡视组专项巡视中国地震局党组的反馈意见和陈建民局长在中央第六巡视组专项巡视中国地震局党组反馈意见整改落实工作推进会议上的讲话精神,研究部署专项巡视意见整改落实工作。

10 月 25 日

我局与三峡枢纽建设运行管理局密切合作,模拟宜昌市秭归县郭家坝镇发生地震组织开展 2016 年长江三峡库区 175 米蓄水期间地震应急演练。来自局机关部门、下属单位的应急人员以及三峡枢纽建设运行管理局的工作人员参演。

10 月 28 日至 11 月 30 日

在全局范围内开展党风廉政建设制度集中教育,起草制订《湖北省地震局党风廉政建设制度集中教育实施方案》,11 月 10 日,举办党风廉政建设制度集中教育宣讲会和专题学习培训班,党委委员、纪委委员、各支部委员和机关全体工作人员参加。

11月上旬

省地震局、省教育厅、省科技厅、省科学技术协会联合认定武汉市江夏区东湖路学校等44所学校为"省级防震减灾科普示范学校"。我省已开展三批次认定工作,94所学校被认定为"省级防震减灾科普示范学校"。

11月9日

由中国地震局人事教育司主办、我局承办的"地震科技青年骨干人才培养项目(2016年第五期)"学术沙龙活动在我局举行。姚运生局长、中国地震局人事教育司人才处高亦飞副处长出席,来自地震系统13家单位的80余位专家、青年科技人员、管理人员和研究生参加活动。

11月17日

省地震学会、省灾害防御协会与武汉地震工程研究院共同举办防灾减灾专题报告会,中铁大桥勘测设计院集团有限公司教授级高工、省地震学会理事、副秘书长李龙安应邀作了题为"桥梁抗震设计与抗震加固"的报告,省地震学会理事长姚运生主持报告会。

11月18日

省地震局党组召开以落实巡视整改为主题的专题民主生活会。

11月21日

我局在武汉组织召开2016年度全省市县地震应急工作检查考核会,由相关处室负责人和宜昌市、襄阳市、十堰市地震局负责人组成的专家评审组,按照《湖北省市县防震减灾工作综合考核办法》相关标准,对参评单位年度地震应急工作进行综合评价。全省17个市(州)防震减灾机构的负责人及相关人员参会。

11月22日

经省政府同意,省发改委、省地震局联合印发《湖北省防震减灾"十三五"规划》,提出到2020年,三大体系效能显著、地震科技创新的支撑能力更加突出,明确完善防震减灾事业发展布局、提升防震减灾四大能力、推进四大建设等9项主要任务,确定实施省防震减灾重点工程项目,制定组织、经费投入等3项保障措施。

11月30日

省直机关工委"两学一做"学习教育第八督导组来我局开展第三轮集中督导。

12月14日

省灾害防御协会在武汉召开2017年我省重大自然灾害综合趋势分析会商会。省地震局副局长、协会秘书长秦小军主持会议,省科协学会部陈国祥部长讲话。来自省政府应急办、省民政厅、省地震学会等单位和社团组织的20多位领导和专家参加会商。

12月16日

吴云副局长一行3人调研检查十堰地震监测工作,十堰市地震局局长王传成等陪同调研。下午,吴云副局长一行到襄阳检查指导工作。

12月23日

省科协党组及科协各部门负责人听取2017年湖北省重大自然灾害综合趋势预测报告。科协党组书记、常务副主席叶贤林主持汇报会,副主席朱瑛等参加汇报会。省灾害防御协会秘书长、省地震局副局长秦小军参加汇报会。

12月25日

省地震局姚运生局长、杜瑞林副局长一行9人组成调研组,前往我局精准扶贫驻点村武穴市石佛寺镇陈德荣村开展走访调研。

12月26日至29日

2016年度中南片区应急流动测震台网演练在广西南宁开演。我局派出4人组成的地震现场应急流动工作队参加。同时,2016年度中南五省(区)地震应急区域协作联动联席会议在南宁召开。广西、广东、湖北、湖南、海南等省(区)地震局和政府应急办,中国地震局驻深圳办事处相关负责人参会。广西地震局苗崇刚局长主持会议。我局应急救援处蒋跃处长代表我局发言。

12月30日

省地震局党组召开巡视整改工作专题会议,深入学习贯彻习近平总书记关于巡视工作系列重要讲话精神,传达中国地震局党组书记、局长郑国光同志在12月28日主持召开巡视工作领导小组会上的讲话精神。局党组书记、局长姚运生主持会议。

2017 年

1 月 3 日

我局召开机关干部年终考核述职述廉测评会,机关全体工作人员 51 人参加大会。

由陈志高、邹彤、郭唐永、李欣、杨江、夏界宁、周云耀、黄俊、王培源、杨建、吴鹏、朱威、吴林斌、关伟智、项大鹏完成的"高铁与核电工程地震安全监控系统的研制及应用",获中国地震局防震减灾科技成果一等奖。

1 月 4 日

我局召开中层干部年终考核述职述廉测评大会,局机关副处以上、下属各单位中层干部及正高职称科级人员共 61 人参会。参加考核述职的各部门负责人共 26 人,分别报告 2016 年的工作成绩、工作体会、存在的问题,并提出下年度的工作计划。

1 月 6 日

中国地震局召开地震系统视频会议,传达国务院防震减灾工作联席会议精神。我局领导班子成员、机关副处以上干部在湖北局分会场参加会议。

1 月 10 日

召开 2016 年度局级干部述职述廉报告会。局党组书记、局长姚运生代表局领导班子作述职报告,姚运生、吴云、杜瑞林、秦小军、李静 5 名领导班子成员进行个人述职述廉。

1 月 11 日

省综治委考评组来我局检查考核 2016 年度综治工作完成情况。考评组听取吴云副局长关于我局的情况介绍以及机关服务中心对我局 2016 年综治工作的汇报,对我局结合实际创新开展综治工作取得的成绩给予充分肯定。

1 月 12 日

省地震局杜瑞林副局长一行到武汉地震中心台进行慰问。

1 月 13 日

我局围绕"两学一做"学习教育召开以"学习贯彻落实党的十八届六中全会精神"为主题的党组民主生活会,会议由党组书记、局长姚运生同志主持。

1 月 15 日

22 时 04 分,荆州市沙市区、公安县、江陵县交界地区(北纬 30.27°、东经 112.33°)发生 M2.4 级地震,震源深度 5 千米。无人员伤亡和财产损失报告,震区生产、生活秩序正常,社会稳定。

1 月 19 日

我局驻村工作队及局人事教育处、机关党委同志一行 7 人受局党组委托到精准扶贫驻点村武穴市石佛寺镇陈德荣村开展春节走访慰问活动。

1 月 24 日

我局召开全省地震系统视频会议,局长姚运生通报"民主生活会议"情况,传达"全国地震局长会议"精神,纪检组长李静传达"地震部门党风廉政建设工作会议"精神。全省市、州、直管市、神农架林区地震部门领导班子成员、各业务科室负责人,省地震局机关副处以上干部,研究室、中心、企业主要负责人参会。吴云副局长主持会议。

1 月

由我所推荐的"高铁与核电工程地震安全监控系统的研制及应用"成果,获 2016 年度中国地震局防震减灾科技成果一等奖。

2 月 7 日

我局召开 2016 年度党支部书记述职报告会。全局各在职党支部和研究生党支部书记参会并述职。会议由局机关党委书记、副局长秦小军主持。

2月20日

省气象局局长崔讲学一行来我局调研交流防灾减灾工作,双方就我省地震和气象工作中的成熟经验进行交流,并就进一步做好防灾减灾救灾工作相关问题展开讨论。省地震局局长姚运生,副局长吴云、杜瑞林、秦小军,省气象局副局长王仁乔及双方职能部门的负责人参加调研交流。

2月23日

02时41分,宜昌市秭归县(北纬30.77°、东经110.77°)发生M3.8级地震,震源深度7千米。我局立即启动地震应急Ⅳ级响应。23日04时40分左右,接省委总值班室批转省委书记蒋超良对秭归M3.8级地震的批示,要求省地震局做好震情监测、分析和研判工作,及时预警预报。省委副书记、省长王晓东同志批示要求地震部门加强监测预警。

省地震局应急指挥部按照省委省政府要求,立即部署落实。(1)专家会商研判。省地震监测预报中心专家结合该地区历史震情,仔细研判此次地震震中附近台站记录波形特点及初动符号分布特征,经讨论会商,形成秭归M3.8级地震震情趋势会商意见,经指挥部审定,上报省委省政府和中国地震局。指挥部要求省地震监测预报中心专家密切跟踪震情发展变化。(2)现场监测调查。震区初步反馈信息显示,秭归县城及杨林桥镇、九畹溪镇、两河口镇、磨坪乡普遍有感。指挥部决定,省地震局现场工作队立即赶赴震区,架设流动监测仪实施加密观测,同时开展灾情调查统计工作。第一批余震观测队员张丽芬、黄仲等5位在宜昌的现场工作队员于05时31分抵达震区,在秭归县倒座铺村、袁家冲村、赵家山村、小青滩、李家堡5处架设流动观测仪,回传余震监测信息。第二批灾害调查队员由局应急救援处褚鑫杰副处长带队,蔡永建、廖武林等4名工作队员携带调查设备于05时05分出发,09时40分抵达震区,通过地震应急通向指挥部报送信息,至23日15时架设2台流动监测仪,回传29个调查点信息。(3)通报震区震情。省地震局应急指挥部迅速收集震区情况,及时形成意见建议,上报省委省政府、中国地震局,通报省民政厅、省武警总队。省地震局现场工作队及时联系宜昌市政府、宜昌市地震局、秭归县政府、秭归县地震局,通报各自掌握信息,交换震情趋势意见,部署应急工作。至23日17时,无人员伤亡和财产损失报告,震区生产、生活秩序正常、稳定。

2月27日至3月3日

省地震局扶贫工作队开展脱贫攻坚"春季攻势",深入武穴市石佛寺镇陈德荣村部分贫困户家中,了解群众新年生产生活状况,及时告知我局扶贫工作队新年工作计划,并听取大家对新年扶贫工作安排的建议,修订完善工作计划和实施方案。

3月3日

我局举行2017年机关干部挂职锻炼报告会,4名参加扶贫工作队的机关年轻干部,就在武穴市陈德荣村开展精准扶贫工作经历介绍挂职锻炼工作情况和心得体会。

3月14日

我局召开党组中心组理论学习扩大会议,局党组书记、局长姚运生主持会议,局党组理论学习中心组成员、机关各部门负责人参会。

3月16日

11时47分,宜昌市秭归县(北纬30.78°、东经110.76°)发生M2.1级地震,震源深度10千米,震中距秭归县城约23千米。省委领导做出重要批示,密切跟踪监视震情,我局认真贯彻落实批示精神,强化监测。地震未造成人员伤亡和财产损失。

中国地震局监测预报司副司长车时一行来我局武汉地震中心台检查工作。该台始建于1965年,是国家地震台网中的"老八台"之一,为国家基准地震台,还是科技部于2007年批准的第三批国家重点野外科学观测研究站。车时副司长充分肯定我局的地震监测工作,勉励台站职工勇于担当、坚守岗位,为防震减灾事业努力工作。

3月22日

应我所邀请,我国绝对重力研制和应用相关单位的40余位专家就绝对重力仪研制进展与应用开展专题研讨。来自清华大学、浙江工业大学、中国计量科学院、中国科学院测量与地球物理研究所、中国科学院物理与数学研究所和中国地震局系统的专家就仪器研制进展分别作系列学术报告,中国地震局、国家测绘地理信息局、中国测绘科学研究院、测绘信息技术总站、第一测绘导航基地等绝对重力仪应用和科研单位的专家参与研讨。研讨会由重力与固体潮研究室主任申重阳研究员主持，副所长杜瑞林研究员致欢迎辞。

四川省地震局副局长李广俊一行来我局开展调研，我局副局长吴云，水库诱发地震研究室、湖北省地震监测预报中心及相关部门负责同志和科研人员参加座谈。

3月22日至23日

省地震局模拟石首市桃花山镇(北纬29.66°、东经112.69°)发生M5.2级地震组织开展2017年第一季度地震应急演练。相关处室13人参演。我局现场工作队迅速赶赴模拟震中成立现场指挥部。现场通信保障组、流动监测组、灾害调查组按照预案开展演练，各科目任务全部按要求完成。石首市科技局(地震局)参与观摩此次演练。

3月29日至30日

省地震局局长姚运生、巡视员吴云一行到襄阳、宜昌调研指导防震减灾工作。在襄阳，局长姚运生一行实地察看了襄阳地震中心台、襄阳地震应急指挥中心、襄阳市应急疏散基地管理和建设等情况，听取了襄阳市民防办工作汇报，对襄阳市防震减灾工作各方面取得的成绩给予充分肯定和高度评价。在襄阳中心地震台、宜昌中心地震台调研期间，局长姚运生分别听取台站负责人工作汇报，询问台站职工在工作和生活中的困难，对台站的工作给予充分肯定，对台站存在的问题给予具体指导，鼓励台站年轻人脚踏实地坚守地震监测一线工作岗位。

4月10日

省抗震救灾指挥部办公室成员单位联席会议在省地震局召开。省军区、省委宣传部、省发改委、省公安厅、省民政厅、省卫计委、省安监局、省地震局等单位分管领导参加会议。省抗震救灾指挥部办公室主任、省地震局局长姚运生出席会议并作会议总结，会议由省地震局副局长秦小军主持。

4月20日

省地震局党组书记、局长姚运生主持全局中层干部大会，传达学习中共中央政治局委员、国务院副总理、国务院抗震救灾指挥部指挥长汪洋视察中国地震局重要讲话精神。

4月21日

省委办公厅常委办副主任孙中华带领省委办公厅检查组到我局精准扶贫点武穴市石佛寺镇陈德荣村检查指导精准扶贫工作。

4月25日至27日

2016年度地壳形变学科观测资料质量全国统评会议在西安召开。地壳形变学科组专家李正媛、薄万举、李辉、游新兆,以及来自全国33个单位的共62名代表参会。中国地震局监测预报司熊道慧处长出席,中国地震局第二监测中心张尊和主任致辞。

5月8日

湖北省第六届防震减灾宣传周启动仪式在荆门市格林美新材料有限公司举行。省地震局局长姚运生,荆门市副市长、公安局局长董煜华,荆门市防震减灾领导小组成员单位负责人,各县(市、区)地震部门负责人,荆门市格林美新材料有限公司副总经理周开华及企业职工,地震应急志愿者共计500余人参加启动仪式。

2017武汉市防震减灾高校辩论赛,经过40天激烈角逐,7场精彩论战,于中国地质大学(武汉)弘毅堂正式收官。2017年武汉市防震减灾宣传活动周也正式启动。

5月9日

我局召开七届一次党员代表大会,全局99名党员代表参加会议,经过投票,选举党组书记、局长姚运生为出席中国共产党湖北省第十一次代表大会的代表。

5月10日

武汉市梨园小学30余名师生来我局参观学习防震减灾知识,观看防震减灾科普宣教片,参观省地震监测预报中心和地震预警实验室,了解地震监测人员的日常工作,学习地震监测和地震预警相关常识,并就地震应急避险等知识与专家进行热烈讨论。

5月10日至14日

5月8日至14日是湖北省第六个防震减灾宣传活动周,湖北省广播电视台来我局采访。局长姚运生就湖北省地震活动情况、地震监测能力建设、地震科技创新和地震预警示范建设、提升社会公众防震减灾意识和能力等方面进行了介绍。

5月15日至17日

省局模拟十堰市郧阳区发生M4.5级地震组织开展2017年第二季度地震应急演练。局应急处、监测中心、水库室、震害防御中心、机关服务中心等部门现场工作人员15人参加演练。各科目任务全部按要求完成,整个演练活动达到预期目的。

5月16日

我局召开全面深化改革工作推进会,局全面深化改革领导小组成员及办公室成员参会。

5月19日

2017年湖北省科技活动周在武汉植物园启动,郭生练副省长等领导巡视展台,姚运生局长参加开幕式。

省地震局驻村扶贫工作队邀请武穴市畜牧局专家赴武穴市石佛寺镇开展畜牧养殖专题讲座,指导贫困户通过发展畜牧养殖业脱贫致富。

5月22日至25日

我局在宜昌市举办2017年湖北省地震应急工作暨地震现场"第一响应人"培训班,邀请省武警总队3位教官担任教员。全省17个市(州)以及应急先进16个县(市、区)的50余人参加培训。

5月23日至26日

省抗震救灾指挥部办公室组织省发改委、省民政厅、省安监局等成员单位相关负责人赴四川省北川县进行地震应急培训。培训班邀请四川省地震局、北川县防震减灾局的专家讲授抗震救灾工作流程和汶川地震抗震救灾有关经历,并赴老北川地震遗址、汉旺地震遗址进行现场教学。

5月30日至31日

01时41分,荆州市沙市区(北纬30.23°、东经112.32°)发生M3.5级地震,震源深度8千米。沙市市区震感较强,荆州区、江陵县、公安县局部有感,松滋市极少数人有感。我局立即启动有感地震应急响应,派出地震现场工作队携带流动监测设备和灾害调查设备立即赶赴震区开展灾情调查,架设流动地震仪,加强震情监测。省委、省政府领导对此次地震高度重视,先后做出重要批示。省地震局姚运生局长要求认真落实批示精神,并于31日08时30分,再次主持召开荆州沙市区3.5级地震趋势会商会,对该地区历史震情、震中附近台站波形特点及发震构造进行深入分析讨论,形成最终会商意见。至31日晚,现场工作队完成20余个调查点的灾情调查,报送有关现场图片和信息,完成现场工作简报和地震现场调查报告。我局应急人员听安排、守纪律,发扬不怕吃苦、连续作战的精神,高效完成此次地震应急工作。

6月7日

在全国地震科技创新大会上,陈志高副研究员主持完成的"高铁与核电工程地震安全监控系统的研制与应用",获中国地震局防震减灾科技成果一等奖。

6月16日

19时48分,宜昌市秭归县(北纬31.06°、东经110.48°)发生M4.3级地震,震源深度8千米。我局立即启动地震应急Ⅲ级响应,成立应急指挥部,局长姚运生任指挥长,副局长秦小军、杜瑞林和纪检组长李静任副指挥长,各应急工作组按照分工迅速开展工作,巡视员吴云参加应急工作。地震发生后,省委书记蒋超良做出重要批示,要求省地震局密切监测、认真分析研判,重大情况请即报告。省长王晓东批示要求抓紧查灾核灾,同时做好应急响应,防止发生次生灾害,确保人民群众生命财产安全。副省长童道驰要求省民政厅查明受灾情况,启动应急预案,做好抗灾救灾准备。省地震局应急指挥部按照批示要求,组织专家会商研判,形成震后趋势会商意见,同时,派出现场工作队伍赶赴震区进一步加强监测和灾害调查。省地震局副局长杜瑞林带领13名队员组成现场工作队,携带2台流动地震仪、3辆地震应急车赶赴震中。宜昌地震台2名工作人员先期携带1台流动地震监测仪从宜昌赶赴震中。据现场报告,巴东县信陵镇、茶店子等乡镇有部分民居有裂缝;东瀼口镇张家坪村5户、大阳村2户、黄蜡石村5户有掉瓦现象;绿葱坡镇手板岩村长岩危岩体发生小块崩塌。秭归县泄滩、归州、沙镇溪、梅家河等乡镇震感强烈,其他乡镇普遍有感。巴东县官渡口、东瀼口、信陵镇、茶店子震感强烈,大支坪、绿葱坡、溪丘湾、沿渡河等乡镇普遍有感,房屋晃动、门窗作响;兴山县峡口镇、高桥镇震感强烈,其他乡镇有不同程度震感;高桥乡木城村三组一户农房有轻微裂缝。至16日22时,秭归M4.3级地震暂无人员伤亡和财产损失报告,震区生产、生活秩序正常,社会稳定。

省地震局机关党委组织部分党员、专家和"爱心妈妈"一行8人到精准扶贫驻点村武穴市石佛寺镇陈德荣村开展"我为精准扶贫做实事"系列活动。

6月16日至17日

宜昌市秭归县M4.3级地震发生后,省市县三级地震现场工作队立即赶赴灾区。宜昌市政府副秘书长叶爱华带领市民政、国土、地震等部门负责人前往震中查核灾情。省地震局副局长杜瑞林带领13名队员组成现场工作队,于17日凌晨2点25分到达巴东县溪丘湾镇,凌晨4时在巴东县东瀼口镇完成流动地震台布设。宜昌市地震局副局长李侃宁带领的现场工作队于17日凌晨3时抵达秭归县沙镇溪镇开展震害调查工作。秭归县人民政府启动地震应急响应,县委常委、副县长余志训在县应急办坐镇指挥,各乡镇迅速开展核灾工作。经全县12个乡镇报告,泄滩、沙镇溪等4个乡镇有20户左右土坯房出现轻微裂缝和掉瓦现象。秭归县地震局副局长屈晓鸿带领的县地震局现场队已由秭归沙镇溪镇借道巴东县城,17日凌晨2时抵达震中附近泄滩乡陈家坡村。巴东县政府于16日21时召开地震应急工作领导小组会议,听取12个乡镇政府的视频汇报。16日晚至17日凌晨,巴东县县长郭玲、常委田艾民、副县长雷玉龙、副县长向宁分别带领国土、民政、安监、交通等部门负责人到信陵镇、官渡口、东瀼口、茶店子4个乡镇查灾核灾。兴山县有关部门已核实,高桥乡木城村三组一户老旧农房出现轻微裂缝,并安排了应对措施。据省民政厅初步统计,秭归县、巴东县紧急转移安置130人,不同程度损坏房屋160间,其中巴东县信陵镇农村福利院民楼24间房屋因地震受损,33名五保老人全部安全转移。震区无人员伤亡情况报告,社会秩序稳定。

6月18日

17时06分,在巴东县与秭归县交界处原地(北纬31.04°、东经110.46°)发生M2.1级余震,震源深度约9千米。17时39分,再次发生M4.1级地震,震源深度约7千米,有关情况如下。(1)省地震局现场工作队坚守在震区开展工作,3台流动地震监测台运行正常。(2)恩施州委州政府统筹安排地震应急工作,恩施州政府副秘书长余和平率领州国土局(地震局)、住建局、民政局等部门负责人深入巴东震区现场开展工作。(3)巴东县抗震救灾指挥部迅速与各乡镇取得联系,调查M4.1级地震影响最新情况,目前了解到巴秭南公路鹰嘴岩桥上300米处有岩石垮落情况,正在核实过程中。(4)宜昌市委市政府高度重视,省委常委、市委书记周霁立即电话询问市地震局M4.1级地震有关情况,市政府正在统筹安排进一步的现场工作。(5)秭归县委县政府继续落实地震Ⅳ级应急响应,召集相关部门安排部署抗震应急工作,由联系乡镇的县级领导带领相关部门负责人及时赶赴震区,察看情况、指导应急工作、安抚群众。(6)两地市党委政府要求各基层组织进一步开展隐患排查工作,对建筑、地质灾害监测点、水利交通设施等重点地区、重点部位、重点单位全面排查地震安全隐患,加强舆论引导,在主流媒体及时发布震情信息,开展防震减灾知识宣传。(7)尚无人员伤亡报告,社会秩序稳定。

6月19日至22日

在安徽省合肥市瑶海区,公安部组织中部九省市首次大规模跨区域地震救援演练,我局应湖北消防总队邀请选派结构工程专家随湖北消防总队参与演练。

6月25日

中国共产党湖北省第十一次代表大会在武昌洪山礼堂隆重开幕。省地震局党组书记、局长姚运生作为省第十一次党代会省直机关第二代表团代表出席会议。

6月26日

省地震灾害损失评定委员会召开《2017年6月湖北秭归-巴东交界处M4.3级、M4.1级地震灾害直接损失评估报告》评审会,省政府应急办、省发改委、省地震局等11家单位的专家和领导参加会议。评委会对报告进行认真的讨论和审议,认为该报告的评估方法、评估程序和评估标准符合国家标准GB/T 18208.4—2011《地震现场工作第4部分:灾害直接损失评估》的要求,资料充分,内容翔实;灾害损失评估区划分合理,破坏比、损失比等主要计算参数选取恰当,原则上通过评审。

6月29日

我局举办庆七一"党在我心中"主题朗读比赛。局机关党委书记秦小军同志和纪检组长李静同志观摩整个比赛。来自15个在职党支部的22名选手在优美的配乐中献上经典的诵读盛宴。最终3名选手获一等奖,4名选手获二等奖,5名选手获三等奖。

6月30日

省地震局召开庆祝中国共产党成立96周年"七一"表彰暨"两学一做"党课教育大会。姚运生局长讲党课,局领导、各支部委员、处级以上党员干部以及党员代表参加会议。

7月5日

由荆州市地震局牵头的鄂中区地震应急协作联动演练在荆州市举行,荆州、荆门、随州、孝感、潜江、天门地震部门参加,省地震局秦小军副局长全程观摩演练。演练模拟荆州市荆州区纪南镇发生M4.9级地震。

7月5日至7日

省地震局秦小军副局长一行赴宜昌、秭归、巴东等地调研指导防震减灾工作,就6月16日、6月18日秭归-巴东交界处M4.3、M4.1级地震应急处置情况及本年度防震减灾工作开展情况听取当地政府汇报;对当地政府在近期地震应急中所采取的快速行动及所做的防震减灾工作给予高度评价;强调三峡地区地理位置特殊,敏感性强,关注度高,要牢牢绷紧防震减灾这根弦,尤其是在汛期,水位上涨过快,更要保持高度警惕,做好充分准备。调研期间,秦小军副局长一行还对秭归至巴东一带道路交通情况进行巡查,对6月16日、6月18日地震震害较严重区域进行了实地察看。

7月6日

中国地质大学(武汉)2017年暑期社会实践调研组一行7人来我局调研

交流。

7月11日

省地震局秦小军副局长一行赴省应急救援指挥中心与省消防总队官兵调研座谈。省消防总队张平安参谋长、陶其刚副参谋长参加座谈。

7月17日至19日

由省局组织的2017年湖北省地震现场工作培训班在武汉举办,参训学员包括省地震局、17个市州和部分区县地震部门现场工作骨干人员。秦小军副局长出席并讲话。

7月17日至20日

防灾科技学院党委书记齐福荣教授率调研组一行5人来我局,开展地震监测预报人才培养调研。

7月21日

全国地震系统援藏工作会议在拉萨召开。中国地震局党组书记、局长郑国光出席并就做好援藏工作发表重要讲话。姚运生局长代表我局与对口援助的山南市签订援助框架协议,就援助工作与山南市地震局进行对接。通过与山南市交换防震减灾工作援助想法,针对该市目前存在的问题,湖北局提出援助工作的基本框架,为下一步编制援助工作实施方案奠定基础。

7月25日至27日

为提升我省地震系统依法行政和科普宣传工作的能力,省地震局在宜昌举办湖北省地震部门法制和科普宣传工作培训班。省地震局有关部门、17个市州和部分区县地震部门工作人员近70人参加培训。

7月28日

我局召开纪念唐山地震四十一周年暨学习贯彻习近平总书记"7·28"讲话精神座谈会。局党组书记、局长姚运生出席会议,部分离退休老职工以及局监测预报处、震害防御处、应急救援处、监测中心等相关部门负责人参加会议。

7月29日至30日

我局机关党委组织开展2017年度党支部书记集中培训。局党组成员、副局长、机关党委书记秦小军出席培训班并作党课辅导报告。

8月1日

省地震局秦小军副局长一行分别慰问武警湖北省总队一支队和湖北省公安消防总队官兵。

8月3日至4日

省科学技术协会第九次代表大会在武汉召开。省委书记蒋超良同志讲话。省地震局局长、省科协八届常委、省地震学会理事长姚运生参加代表大会。省地震局副局长、省灾害防御协会秘书长秦小军当选为省科协九届常委，武汉地震工程研究院副院长、高级工程师冯谦和省灾害防御协会办公室龚凯虹当选为第九届委员。

8月7日至18日

我局组织省武警总队、省消防总队、省地震局10名地震现场救援工作骨干人员，赴兰州国家陆地搜寻与救护基地参加地震灾害紧急救援培训。

8月8日

省地震局党组书记、局长姚运生赴省地震局精准扶贫对口村陈德荣村指导精准扶贫工作，为全村党员干部上党课，并检查精准扶贫措施落实情况。秦小军副局长与省地震局驻村工作队一同调研。

受省图书馆邀请，我局高级工程师李恒在省图书馆"安全法制课堂"上开展了题为"认识地震，应对灾害"的科普讲座，40余名小朋友及家长参加活动。

21时19分46秒，四川阿坝州九寨沟县（北纬33.20°、东经103.82°）发生M7.0级地震，震源深度20千米。我局立即启动应急响应，第一时间向省委省政府报告震情，部署全省地震系统开展震情跟踪、舆情监测、应急支援等工作，持续关注震区情况，开展震趋势研究，跟踪研判舆情动态。做好现场应急救援队伍支援准备，随时等候中国地震局调遣。

8月9日至10日

9日07时27分,新疆维吾尔自治区博尔塔拉蒙古自治州(以下简称博州)精河县(北纬44.27°、东经82.89°)发生M6.6级地震,震源深度11千米。我局是博州地震局对口援助单位,地震发生后,省地震局指挥正在博州学习的荆门市地震局6名人员组成先遣队,协助博州地震局开展应急处置,进行现场调查、宣传、救援等工作;同时,迅速组织省地震局现场工作队6人,携带流动地震监测仪、现场调查设备,赶赴精河县进行地震现场,途中与各方取得联系,获取震区最新工作进展和各类资料。工作队于9日21时抵达精河县,向现场指挥部报到。22时至10日凌晨1时,参加地震调查进展报告会,参与分析前期先遣队的地震调查报告信息。根据会议安排,我局现场工作队作为援疆重点单位,在10日组成2个小组开展现场调查、收集震情灾情和地震烈度评估等工作。

8月12日

按照精河地震指挥部统一部署,省地震局现场工作队完成博尔塔拉蒙古自治州博乐市的达勒特镇、贝林哈日莫墩乡、乌图布格拉格镇及青得里镇4个乡镇的灾害调查,走访24个村及社区,完成此次地震应急处置工作。

8月13日

8月13日精河现场工作队6名队员全体安全返汉,省地震局党组书记、局长姚运生和副局长秦小军在省地震局迎接。8月8日四川九寨沟发生M7.0级地震、9日新疆精河县发生M6.6级地震,湖北省委省政府高度重视,分管地震工作的郭生练副省长10日至11日来我局检查防震减灾工作,并专题听取姚运生局长关于这两次地震的应急工作汇报。姚运生局长汇报了这两次地震的震情和灾情,以及地震发生后地震系统开展的应急工作情况和我局针对这两次地震所采取的应急处置措施。郭生练副省长充分肯定我局在两次地震应急中所采取的应对措施,要求湖北省地震部门认真贯彻落实好习近平总书记重要指示批示,进一步加强震情监测分析、强化舆情宣传引导、保障省外应急支援,按照省委省政府和中国地震局部署,全力做好下一阶段地震应急工作。

8月16日

省直机关工委副书记项水伦等一行4人组成的检查组来省地震局检查年中党建目标考评暨"两学一做"学习教育开展情况。省地震局党组成员、副局长、机关党委书记秦小军全程陪同检查。局机关党委全体干部、部分党支部书记和党员参加检查。

8月29日

中国地震局监测预报司预报管理处马宏生处长来我局调研地震预报工作，龚平巡视员，监测预报处、科学技术处、监测预报中心及相关研究室负责人和科研人员参加。

9月7日

中国地震局副局长赵和平在京主持召开区域研究所筹建工作座谈会，研究部署区域研究所筹备工作。会议听取了科技司关于区域研究所建设目标、建设模式等初步设想的介绍，福建局、湖北局、广东局、云南局、甘肃局和新疆局分别介绍了关于区域研究所功能定位、研究任务、机构设置、运行模式和发展规划的建议方案。在此基础上，会议就区域研究所筹备工作进行了讨论。

9月12日

中国地震局2017年度地震监测、预测、科研三结合课题（形变组）中期检查在我局举行。中国地震局监测预报司、全国形变学科相关专家以及40多名课题负责人参加。

9月12日至13日

中国地震局发展与财务司组织的部门集采专家入库资格评审组来我局，审核评审专家基本资料。中国地震局发展与财务司张淑丽处长就评审工作进行布置，并对湖北局政府采购工作提出指导性意见和建议。

9月中旬

湖北、河南、陕西三省地震局联合南水北调中线水源有限责任公司成立检查组，对三省地震局现场工作队和十堰市、南阳市、商洛市地震系统应急准备工作进行督导。

9月26日至29日

湖北省抗震救灾指挥部成员单位联络员培训班在河北唐山举办,各成员单位联络员共计50余人参训。省地震局秦小军副局长、湖北省政府应急办高英波处长出席培训班,河北省地震局张勤副局长、唐山市地震局郭彦徽局长、中国地震台网中心姜立新研究员授课。

10月20日

云南省地震局政策研究组一行2人来我局开展目标责任与绩效考核调研。

2017年度省级防震减灾科普教育基地、示范社区认定评审会在省地震监测中心会议室召开。来自省科技厅、省民政厅、省住建厅、省科协等相关单位的专家参会。

10月

由湖北省地震局周硕愚研究员牵头,湖北省地震局、中国地震局地震预测研究所、中国地震局第一监测中心、中国地震局第二监测中心等单位相关专家参与,历经10年撰写完成学科专著《地震大地测量学》,并于2017年10月由武汉大学出版社出版。

11月3日

湖北省地震局关心下一代工作委员会走进宜昌市长阳县实验小学,向学校捐赠了1000册防震减灾科普图书。

11月19日至25日

华南、华东、东北、西北片区形变观测仪器维修技能培训班在武汉举行。来自全国19个省(市)地震局的31位学员参训。华南片区六省监测预报处负责人参加片区启动会,共商仪器维修合作事宜。培训邀请来自中国地震局地壳应力研究所、湖北省地震局的7位专家授课,对分量式应变仪、DZW重力仪、VP宽频带倾斜仪、EP-Ⅲ型IP数据采集器、VP宽频带倾斜仪数据采集器、SSY伸缩仪、DSQ水管仪和体应变仪等的原理、故障判断及维修方法等进行细致讲解。同时,还使用云服务通视系统向全国其他7个前兆片区维修中心和专业台站进行全程现场直播,以满足学习需求。

11月20日

我所以震研发〔2017〕40号文,通知成立新一届科学技术委员会:主任郭唐永,副主任李辉、杨少敏,委员(按姓氏笔画为序)王秋良、申重阳、冯谦、吕永清、吕品姬、乔学军、刘海波、孙伶俐、李恒、李雪、李盛乐、李德前、杨江、吴云龙、邹彤、张燕、张丽芬、陈志高、林剑、欧同庚、罗登贵、周义炎、周云耀、赵斌、胡敏章、柳建乔、俞莹、饶扬誉、姚运生、秦小军、聂兆生、夏界宁、黄江、蔡永建、廖成旺、廖武林、谭凯、熊宗龙,秘书吴云龙(兼)。

11月22日

省抗震救灾指挥部在我局指挥大厅,模拟22日上午09时05分在宜昌市秭归县发生5.8级地震,举行"2017年湖北省地震应急桌面演练"。省政府副秘书长刘仲初担任演练指挥长,省委宣传部、省政府应急办、省公安厅、省民政厅、省国土厅、省交通厅、省军区、省武警总队、省消防总队等50余个省抗震救灾指挥部成员单位参演。模拟地震发生后,省应急委立即按照预案启动地震Ⅱ级应急响应,省抗震救灾指挥部成员单位和联络员在抗震救灾指挥部的指挥下,迅速采取有效应对措施。

11月22日至24日

省地震局、省发改委、省卫计委、省安监局、省民政厅、省公安厅、省交通厅、省消防总队相关人员组成省地震应急工作检查组,赴襄阳市、随州市检查政府及有关部门地震应急准备工作。

11月30日至12月1日

我局举办机关纪委委员、支部纪检委员和廉政监督员培训班。

12月5日

中国地震局举行2017年全国地震应急指挥系统应急响应与服务保障演练。演练模拟我省荆门市东宝区(北纬31.25°、东经112.11°)发生M5.8级地震,震源深度10千米。在收到震情信息后,我局全体应急人员根据《湖北省地震局地震应急预案》,立即启动Ⅲ级地震应急响应,成立地震应急指挥部,姚运生局长任指挥长。我局现场工作队迅速赶赴地震现场,局机关、省监测预报中心及有关单位立即进入Ⅲ级响应状态,并组织有关专家召开震情会商,研判地震趋势,地震应急指挥中心人员迅速开展灾害快速评估、辅助决策建议、灾情信息汇总、卫星视频联动、应急信息的产出、现场指挥等科目的演练。姚运生局长通过视频向中国地震局汇报地震应急处置情况,现场工作队通过卫星通信系统与中国地震局建立视频通讯,汇报震区现场情况。

12月6日

省地震局模拟秭归县归州镇发生 M5.0 级地震组织开展 2017 年第四季度暨长江三峡 175 米实验性蓄水地震应急演练。局应急处、监测处、监测中心、水库室、震害防御中心、应急救援中心、机关服务中心等部门现场工作人员 14 人参加,三峡集团公司观摩演练。12 月 6 日晚,宜昌中心地震台值夜班人员仍在认真工作,20 点左右,姚运生局长到宜昌中心地震台看望慰问一线职工。

12月8日

省地震局姚运生局长到荆州市调研指导防震减灾工作,震害防御处负责人参加调研。

12月12日

省灾害防御协会在武汉召开 2018 年湖北省重大自然灾害综合趋势分析会商会。协会秘书长秦小军主持会议,省科协副主席刘松林讲话。来自省政府应急办、省民政厅、省国土厅、省气象局、省地震局、省防汛抗旱指挥部办公室、省安全生产委员会等单位和社团组织的 30 多位领导和专家参加分析会商。

12月13日

省地震局姚运生局长到武汉市地震办考察防空防震科普馆建设。

12月20日

省地震局召开干部职工大会宣布领导班子调整。中国地震局党组成员、副局长阴朝民讲话，人事教育司副司长米宏亮、湖北省委组织部干部五处副处长蔡隆出席。米宏亮宣读中国地震局党组关于姚运生、晁洪太2位同志职务任免的决定，任命晁洪太为局党组书记、局长；免去姚运生局党组书记、局长职务，另有任用。

召开新任局长履新见面会。省地震局原局长姚运生主持会议，新任局党组书记、局长晁洪太，党组成员、机关党委书记、副局长秦小军，纪检组长李静出席见面会，机关各部门、事业单位主要负责人参加会议。

12月21日至22日

2017年度中南五省（区）地震应急区域协作联动联席会议在广州召开。广东、广西、湖北、湖南、海南等省（区）地震局和政府应急办，中国地震局有关领导参加会议。湖北省地震局秦小军副局长、应急救援处负责人参加会议。

12月28日

中国地震台网中心在武汉举办"华南片区地震前兆台网维修中心建设项目"验收会。验收专家组及测试专家组由中国地震前兆台网中心、中国地震局地球物理研究所、甘肃省地震局、陕西省地震局、江西省地震局、江苏省地震局等单位的11位专家组成。中国地震局监测预报司王飞处长对验收工作进行现场指导，省地震局秦小军副局长出席会议。

由申重阳、谈洪波、玄松柏、杨光亮、吴云龙、汪健、邢乐林、吴桂桔、郝洪涛完成的"典型强震前后重力变化及孕震机理研究"，获中国地震局防震减灾科技成果二等奖。

2018 年

1月4日

郭生练副省长在省政府听取省地震局局长晃洪太同志工作汇报,省地震局原局长姚运生同志参加汇报活动。郭生练副省长对晃洪太同志到湖北省地震局任职表示欢迎。他指出,湖北省委省政府对防震减灾工作高度重视,湖北省地震局有良好的工作基础,希望晃洪太同志认真落实中国地震局党组对防震减灾工作的要求,尽快熟悉全省有关情况,切实做好防震减灾各项工作,为湖北经济社会发展提供地震安全保障。晃洪太表示,将在现有工作基础上,团结带领湖北省地震局领导班子和干部职工,加强地震科学研究,努力提高我省防震减灾能力。郭生练副省长对姚运生同志任职期间的工作给予充分肯定,指出省地震局主动面向社会、面向市场,在推动防震减灾与经济社会发展深度融合方面做出了积极的探索,创造了湖北省地震局新时期防震减灾工作的新局面。

1月5日

省地震局党组书记、局长晃洪太带领我局 50 多名党员干部,到省档案馆集体参观"不忘初心、牢记使命——学习贯彻党的十九大精神"红色档案史料展。

1月5日至10日

新年伊始,我局举行学习党的十九大精神培训班,为期 4 天,培训局机关副处级以上领导干部及下属企事业单位领导干部,深入学习领会党的十九大精神,以习近平新时代中国特色社会主义思想为指导,认真研究和大力推进新时代湖北防震减灾事业改革发展。党组书记、局长晃洪太出席并作了开班党课辅导宣讲,党组成员、副局长、机关党委书记秦小军主持仪式。1月10日下午,晃洪太局长出席培训班结业典礼,并作总结讲话。

1月12日

我局在科研楼6楼会议室组织召开科技创新基地发展座谈会。党组书记、局长晁洪太出席会议并讲话,秦小军副局长主持会议,科技创新基地各部门负责人及科学技术处、人事教育处相关工作人员参加会议。

1月16日

省地震局晁洪太局长、秦小军副局长一行3人到中震集团咸宁产业园调研指导园区企业相关工作。

1月23日

我局组织召开2017年度地震观测资料评比会,监测预报处、监测预报中心、各地震台站相关人员参加会议。龚平巡视员出席会议。

1月29日

大地测量与地球动力学国际会议(ISGG2018)筹备会第一次会议在武汉召开。省地震局晁洪太局长出席会议并讲话,秦小军副局长主持会议,大会主席许厚泽院士,金双根研究员,部分联办单位负责人张尊和主任、宋兆山副主任、潘素珍处长以及专题负责人和知名专家应邀出席。

1月

《湖北省地震史料汇考(修订版)》由华中科技大学出版社出版。该书入选湖北省文化建设重大战略工程——《荆楚文库》,原著由熊继平主编,修订工作由饶扬誉主持,历时2年完成。

2月1日

2018年度湖北省地震局长会议在武汉召开。各市、州、直管市地震局(办)负责人、局机关各处室、各直属事业单位、创新基地各研究室、中震集团及局属各企业、各地震中心台主要负责人参会。会议以习近平新时代中国特色社会主义思想为指导,深入贯彻党的十九大精神,落实国务院防震减灾工作联席会议、全国地震局长会议、地震系统全面从严治党工作会议工作部署,总结2017年、部署2018年全省防震减灾工作。

2月2日

省综治委考评组来我局检查考核2017年度综治工作。党组书记、局长晁洪太,党组成员、副局长秦小军出席考核会并讲话,相关处室负责人参加考核。

2月5日

省地震局党组书记、局长晁洪太一行到宜昌市地震局调研,察看宜昌地震局信息机房、会商系统和震情值班室,听取宜昌市地震局工作汇报,与工作人员进行亲切交谈,看望宜昌市地震战线干部职工。

晁洪太局长一行到宜昌地震台,调研指导台站工作。晁洪太同志详细询问了台站的运维区域、观测手段、历史资料存放等基本情况,实地察看了台站新建业务楼的选址,并关切询问了年轻同志的生活情况。

2月6日

我局召开2017年度工作情况离退休干部通报会暨新春座谈会。党组书记、局长晁洪太,党组成员、副局长秦小军出席会议。局离休干部、退休局级干部、退休科技人员、退休工人代表近100人参加会议,局机关相关部门负责人列席会议。

省地震局副局长秦小军一行到武汉中心地震台进行春节慰问。

2月8日

省地震局党组书记、局长晁洪太带领局机关相关职能部门负责人一行8人,深入我局精准扶贫驻点村——武穴市石佛寺镇陈德荣村走访慰问。

省地震局副局长秦小军一行3人赴恩施地震台进行春节慰问。

2月9日

湖北省抗震救灾指挥部办公室成员单位联席会议在省地震局召开,省军区、省委宣传部、省发改委、省公安厅、省民政厅、省卫计委、省安监局、省地震局等单位分管领导参加会议。省抗震救灾指挥部办公室主任、省地震局局长晁洪太出席并作会议总结,秦小军副局长主持会议。

省地震局党组成员、纪检组长李静一行到丹江口地震台进行春节慰问。

19时00分,河南省南阳市淅川县(北纬32.83°、东经111.56°)发生M4.3

级地震,震源深度10千米。震中距我省边界17千米,距丹江口市33千米。震中河南省淅川县香花镇及附近区域震感强烈,我省十堰市郧阳区梅铺镇、白浪镇有震感,丹江口市凉水河镇有震感,但未接到人员伤亡和财产损失报告。我局启动有感地震应急响应:(1)局机关、省地震监测预报中心及有关单位立即进入有感地震应急响应状态。(2)我局正在丹江口工作的监测处副处长吴志高等人转为现场工作队协助地方政府开展应急工作。(3)责成十堰市地震局迅速派出人员开展灾情调查和现场应急工作,并及时向省地震局报告。(4)省地震局地震现场应急工作组做好出队准备。(5)组织有关专家召开震情会商会。(6)省地震局其他有关单位,按《湖北省地震局地震应急预案》的要求开展相关工作。

2月10日

我局召开2018年精神文明创建动员大会暨2017年文明单位表彰大会。党组书记、局长晁洪太作动员讲话,局领导班子成员出席。会议对4个"最佳文明处室"、3个"最佳文明研究室"、3个"最佳文明单位"、3个"最佳文明台站"以及19个文明处室、研究室、单位、台站等进行表彰。

在春节来临之际,省地震局局长晁洪太带领局党组成员对我局离退休老干部、老专家进行走访慰问。

省地震局副局长秦小军一行3人到麻城地震台和黄梅地震台进行春节慰问。

省地震局纪检组长李静一行3人到应城地震台和襄阳中心地震台进行春节慰问。

2月22日

省地震局党组书记、局长晁洪太带领局办公室、政策法规处负责人,分赴省人大教科文卫委员会、省政府法制办,汇报我省防震减灾工作情况,并就防震减灾地方立法、执法检查和法治建设进行工作对接。

2月23日

省地震局党组书记、局长晁洪太,副局长秦小军一行赴省财政厅沟通对接我省防震减灾工作,围绕我省防震减灾专项资金保障和管理等问题,与省财政厅副厅长陈明、教科文处负责人进行工作交流。陈明副厅长表示,防震减灾事业关系到我省社会经济安全大局,将进一步加强防震减灾资金保障与管理,按照党中央、国务院和省委省政府的决策部署,推动我省防震减灾工作更好地服务于我省社会经济中心工作和发展大局。

省地震局党组书记、局长晁洪太,副局长秦小军一行赴省发改委联系对接我省防震减灾工作。晁洪太介绍了我省防震减灾事业发展情况,围绕继续深化省部合作、推进"十三五"规划落实等问题,与发改委副主任杜海洋和地区处负责人等进行交流。

2月24日

省地震局党组书记、局长晁洪太,副局长秦小军一行赴财政部驻鄂专员办联系交流工作,围绕中央财政预决算编制和绩效管理、中央重大项目预算执行和财务管理,以及中央财政经费保障等问题,与副专员武红梅和业务二处负责人进行座谈交流。

2月26日

副省长陈安丽在省政府听取省地震局工作汇报。省地震局局长晁洪太通报了当前震情形势,介绍了地震部门工作职责和全省防震减灾工作基本情况,汇报了2018年国务院防震减灾工作联席会议精神和全国地震局长会议精神贯彻落实情况,并从防震减灾执法检查、"5·12"防灾减灾日科普宣传、地震应急联合检查、落实湖北省防震减灾"十三五"规划以及防震减灾地方立法等方面,汇报了2018年度全省防震减灾重点工作,同时就近期工作需求提出工作建议。陈安丽副省长对我局的工作给予充分肯定,要求省地震局深入贯彻落实习近平新时代中国特色社会主义思想和党的十九大精神,按照2018年国务院防震减灾工作联席会议精神和全国地震局长会议部署做好各项工作。陈安丽副省长强调,湖北省委省政府对防震减灾工作高度重视,湖北省地震局要从防震减灾协同能力建设、防震减灾知识普及和地震灾害防范意识提升等方面进一步加强全省防震减灾各项工作,为湖北经济社会发展提供坚强的地震安全保障。

2月26日至3月1日

我局召开局党组理论学习中心组扩大会议暨"强化基层基础、推进创新创业"事业发展研讨会。会议深入学习贯彻党的十九大精神和习近平新时代中国特色社会主义思想,集思广益,谋划全局防震减灾事业发展。局领导班子全体,机关副处级以上干部,下属事业单位(中心、研究室)主任、副主任,企业主要负责人参加会议。

3月2日

省地震局党组书记、局长晁洪太赴省住建厅，与厅长李昌海、总规划师童纯跃等领导共商防震减灾工作。晁洪太介绍了省地震局在地震监测预报预警、抗震设防标准建设、应急救援救助、科普宣传以及科技创新与开发等方面的工作情况，表示要与住建部门密切配合，做好抗震防灾各项工作，保障经济社会健康发展。省住建厅李昌海厅长、董纯跃总规划师分别表示，在工程建设标准、建筑施工、灾害检测与评估等方面，住建工作与防震减灾密切相关，两部门要履行各自职责，在抗震防灾规划、工程建设标准等方面加强联系与合作，着力提升湖北省的抗震防灾能力。

3月5日

我局组织召开科研发展规划务虚会。党组书记、局长晁洪太出席会议并讲话，党组成员、副局长秦小军主持会议，科技创新基地各研究室、监测预报中心、中震集团相关企业负责人及科学技术处全体工作人员参加会议。

3月6日

全省各界妇女纪念"三八"国际劳动妇女节108周年大会在洪山礼堂举行，会议表彰了2017年度湖北省"三八红旗手标兵""三八红旗手""巾帼建功标兵""巾帼文明岗"。我局女职工邹正波获得年度湖北省"三八红旗手"荣誉称号。

3月7日至9日

丹江口地震台配合水源公司、长江三峡勘测研究院有限公司等单位完成联合巡检。巡查组巡检了14个丹江口库区的测震台网、流体台网的无人台站。其中包括丹江口地震台负责运维的唐扒、雷庄、盛湾3个流体观测台。丹江口地震台负责人介绍了3个观测台的基本情况和运维管理模式，得到相关单位一致好评。

3月9日

省地震局党组书记、局长晁洪太一行赴武汉市民防办公室调研武汉市防震减灾工作。晁洪太同志在市民防办陈伟主任的陪同下，参观了武汉市民防办指挥平台、市民防211应急指挥中心、市地震监测中心，实地考察了国家人防教育训练基地（武汉）、地震宏观观测点、防空防震科普馆，并与市民防办的领导班子成员开展交流座谈。

我局组织应急救援装备培训，应急救援处、应急救援中心、震害防御中心的地震现场应急工作队员参加培训。

3月12日

省地震局晁洪太局长、秦小军副局长到地震文献信息中心调研。晁洪太表示，要以文献中心为试点，完善内设科室，制定两至三年（2018至2020年）规划，打造双刊品牌。

3月13日

省地震局党组书记、局长晁洪太一行到应城地震台调研指导工作，参观应城地震台办公楼、宿舍楼、实验室和各观测室，详细询问办公区和观测区的使用情况以及各观测室仪器的运行情况，并与台站同志进行座谈。

3月15日

省地震局党组书记、局长晁洪太一行赴中国科学院测量与地球物理研究所交流工作，参观了测地所大地测量与地球动力学国家重点实验室，与许厚泽院士、所领导班子全体成员及科研处、人教处负责人座谈。测地所主持工作副所长王勇从历史沿革、组织机构、人才队伍、主要学科、目标定位等方面介绍了测地所的情况。许厚泽院士分享了在地震系统的工作经历和感悟，并建议在地震大地测量研究、地震快速定位、重力观测技术、重力卫星推进、国家重点研发计划专项申报、《Geodesy and Geodynamics》期刊联办等方面加强合作。双方还就学科评估、历史地震研究、地震地质构造等领域的合作进行了交流。

我局召开重力学科发展研讨会。晁洪太局长讲话，秦小军副局长主持，重力与固体潮研究室、观测技术研究室重力仪器研发人员和科技处、监测预报处相关人员参加。

3月22日

我局召开应城地震台建设项目验收会。中国地震局地球物理研究所滕云田研究员任项目验收组组长，中国地震台网中心、中国地震局地球物理研究所、武汉大学、山东省地震局、江苏省地震局、湖北省地震局共12位专家对项目进行验收。项目通过验收。

3月23日

《Geodesy and Geodynamics》编辑部在学术厅举办英文写作培训班。省地震局晁洪太局长致辞。《华中科技大学学报（医学版）》编辑部余超虹主任、《Geo-Spatial Information Science》编辑部戴益群博士及《Geodesy and Geodynamics》编辑部编辑老师就英文科技论文遣词造句、逻辑结构、"标准"的使用、中英文审稿异同等方面进行详细讲述。

3月27日

省地震局党组书记、局长晁洪太，副局长秦小军一行赴湖北省科技厅交流工作。湖北省政协副主席、省科技厅厅长郭跃进，副厅长杜耘对晁洪太一行表示热烈欢迎。晁洪太局长介绍了我局（所）的历史沿革、防震减灾业务工作概况、湖北省震情形势和省内抗震设防工作情况，希望在科技计划项目申报、重点实验室建设、科学技术奖励等方面继续得到省科技厅的关心和支持。郭跃进厅长表示，地震工作对于保障人民生命财产安全和社会稳定具有重要作用，地震预报是世界性科学难题，也是省科技厅支持的重点，将一如既往地支持省地震局的科学研究等工作，希望省地震局在做好基础研究的基础上加强应用研究和成果转化，为湖北经济社会发展服务。省科技厅条件处、基础处、成果处，省地震局科技处、发财处、仪器院相关负责人参加交流。

3月28日至30日

我局组织开展2018年第一季度地震应急拉动演练。局应急处、监测中心、水库室、震害防御中心、应急救援中心、机关服务中心等多个部门的现场工作人员参加演练。

4月3日

省地震局党组书记、局长晁洪太一行赴省安监局联系交流工作。省安监局党组书记、局长郭唐寅对晁洪太局长一行表示欢迎。晁洪太同志介绍了我局（所）的历史沿革、防震减灾业务工作概况、湖北省历史地震概况和当前震情形势，希望在应急管理机构改革推进工作中，进一步加强与省安监局的联系沟通，做好相关工作。郭唐寅介绍了安监部门在应急救援领域的工作经验，希望安监、地震部门更好地为湖北省经济社会发展提供保障。省地震局党组成员、副局长秦小军，省安监局党组成员、副局长龚效峰、闸源虹，巡视员程跃祥、孔繁荣参加交流座谈。省安监局办公室、综合协调处，省地震局办公室、应急救援处相关负责人参加活动。

4月10日

中国地震局地壳应力研究所徐锡伟所长一行来我局进行业务交流和调研。局党组书记、局长晁洪太主持业务交流座谈会，党组成员、副局长秦小军出席，武汉科技创新基地各研究室、重点实验室管理办公室、科学技术处相关负责人参加座谈交流。

4月17日至19日

2018年湖北省抗震救灾指挥部成员单位联络员培训班在兰州举办。各成员单位联络员50余人参加，我局秦小军副局长出席开幕式并讲话。培训采取室内教学和室外教学相结合的方式进行。通过培训，我省抗震救灾指挥部的应急协同能力得到进一步提升，有效促进了单位间的沟通交流，推动了我省防震减灾事业的发展。

4月18日

4月中旬，国务院学位委员会下发《国务院学位委员会关于下达2017年审核增列的博士、硕士学位授权点名单的通知》（学位〔2018〕9号），我所地球物理学新增为一级学科硕士学位授权点。这是时隔6年后学位授权点的首次审核，我所通过科学推进、统筹协调、认真准备、严格把关，顺利完成学位授权工作，实现了历史性突破。

省地震局党组书记、局长晁洪太带队赴省科学技术协会，与省科协党组书记、常务副主席叶贤林，党组成员、副主席马忠星等领导座谈交流。

4月19日

我局召开创新基地党建工作座谈会。党组书记、局长晁洪太出席座谈会并讲话。会议由党组成员、副局长秦小军主持。

4月23日

省地震局党组书记、局长晁洪太赴武汉大学联系交流工作。武汉大学副校长李斐对晁洪太局长一行表示欢迎。双方回顾了两个单位长期以来建立的深厚合作关系，就近期关注的相关工作进行了充分交流并达成一致。

由省地震局、省教育厅、省科协会联合主办的2018湖北省防震减灾知识大赛圆满落幕。省地震局局长晁洪太、副局长秦小军，省科协副部长安明山，武汉商贸职业学院副院长钟克喜出席活动。大赛主题为"防震减灾 知识先行"，分初、高中组两组进行，全省14个市共26支代表队参赛，经过激烈角逐，分别产生了初、高中组一、二、三等奖，一等奖代表队将代表我省参加"全国防震减灾知识大赛"中部赛区比赛。

4月29日

武汉城市圈地震预警与烈度速报示范工程（二期）项目在省地震局通过验收。2015年省局将武汉城市圈地震预警与烈度速报示范二期工程纳入《武汉城市圈防震减灾平安计划》建设任务，在武汉城市圈内新建基准台8个、基本站5个，在武汉城市圈、三峡和丹江口重点监视区新建一般台200个。二期工程完成后，三峡和丹江口重点监视区内台站间距达到10千米，武汉城市圈部分区域达到15千米。

4月底

省防震减灾工作领导小组下发《湖北省防震减灾工作领导小组关于调整组成人员的通知》（鄂震防发〔2018〕1号），对领导小组成员进行调整，省政府副省长陈安丽担任组长，省政府副秘书长刘仲初、省地震局局长晁洪太任副组长。省防震减灾工作领导小组办公室设在省地震局，负责领导小组的日常工作。

5月2日

我局组织处级以上党员领导干部结合应急管理部学习贯彻党的十九大精神视频培训，围绕"防范化解重特大安全风险，为党守夜、为百姓守夜，筑牢风险防控和应急救援防线，切实保障人民群众生命财产安全，为平安中国建设作出应有贡献"认真开展研讨。研讨会由党组书记、局长晁洪太主持，党组成员、副局长秦小军和党组成员、纪检组长李静出席并发言，局机关及事业单位处级以上党员领导干部参加研讨。

5月3日

2017年度地壳形变学科观测资料质量全国统评工作会议在武汉召开,省地震局党组书记、局长晁洪太代表学科组依托单位致辞。地壳形变学科技术协调组负责人参加会议并讲话,中国地震局监测预报司监测处负责人到会指导。地壳形变学科技术协调组和相关技术管理组专家,以及来自全国35个单位的地壳形变监测工作负责人共计55人参加会议。会议期间,跨断层、重力、倾斜应变、GNSS 4个管理组分别作2017年度台网运行及评比工作汇报。资料评审专家组审议通过13个单项系列和2个综合系列的预评成绩和评比名次,并向与会代表通报评比结果。与会专家和代表提出了有针对性的意见建议。会议日程紧凑有序,评比工作严谨规范,会议交流深入充分,达到了预期目的。

5月4日

中国地震局地震研究所组织开展"地壳形变学科发展与地震数值预报展望"专题研讨会,特邀中国科学院测地所许厚泽院士、王勇研究员、倪四道研究员、刘成恕研究员、储日升研究员,武汉大学许才军教授,华中科技大学罗志才教授,中国地质大学(武汉)熊熊教授、王琪教授,以及中国地震台网中心、中国地震局地球物理研究所、中国地震局地震研究所、中国地震局第一监测中心和中国地震局第二监测中心等单位的15位知名专家参会。地壳形变学科技术协调组和相关技术管理组专家,来自全国35个单位的地壳形变监测工作负责人,以及学科依托单位相关业务人员共计75人参加研讨。省地震局党组书记、局长晁洪太代表学科组依托单位主持会议。

5月初

省政府办公厅向各市、州、县人民政府及省防震减灾工作领导小组成员单位印发通知,部署新时期全省防震减灾工作。要求各级政府高度重视防震减灾工作,按照党中央和国务院关于防震减灾工作总体要求,认真做好监测预报、震害防御、地震应急、科技创新、国际合作、依法治理、新闻宣传和组织领导8个方面的工作。各市、州、县人民政府要进一步强化"责任重于泰山"的意识,牢固树立风险防控理念,始终保持高度警惕、高度负责的精神,坚持以防为主、防抗救相结合的工作方针,坚持常态减灾和非常态救灾相统一的工作思路,坚持全面提升综合减灾能力的工作方向,坚持分级负责、相互协同的工作机制，积极推动《国家防震减灾规划（2016—2020）》和《湖北省防震减灾"十三五"规划》在本地区的实施。通知强调，省防震减灾工作领导小组各成员单位要各司其职，加强合作、同步联动、资源共享，强化责任担当和能力建设，充分发挥防震减灾工作主体作用，明确任务分工，支持社会力量广泛参与，提升基层防震减灾能力和水平，确保防震减灾各项工作落实到位。省防震减灾工作领导小组办公室要进一步发挥职能作用，完善成员单位间沟通协调工作机制。

5月7日

我局组织召开专题会议，传达省政府办公厅通知精神，对我省年度防震减灾工作进行再部署、再动员。党组书记、局长晁洪太要求各有关部门抓好落实各项任务目标，充分发挥省防震减灾工作领导小组办公室职能作用，加强与各成员单位、各相关部门的联系和工作对接，协调促进各单位周密合作、同步联动、资源共享，为把我省防震减灾工作提高到新的水平、保护人民群众生命财产安全做出新的贡献。

时值《湖北省防震减灾条例》规定的一年一度"湖北省防震减灾宣传活动周"，由我局联合武汉市民防办公室举办的防震减灾宣传活动周启动仪式于7日下午3点在武汉电视台正式拉开帷幕。省防震减灾工作领导小组副组长、省地震局局长晁洪太，省防震减灾工作领导小组成员单位相关负责人，武汉市民防办领导出席启动仪式并共同触发启动台，宣布2018年湖北省暨武汉市防震减灾宣传活动正式启动。

5月7日至13日

湖北省防震减灾宣传活动周期间，全省地震系统优化防震减灾宣传方式，积极引导社会力量有序参与防震减灾，全省各地开展了丰富多彩的宣传纪念活动。

武汉市在防震减灾示范学校持续开展防震减灾科普讲座，向中小学生发放地震应急包，利用地铁站台、地铁车厢宣传屏循环播放防震减灾科普短片。十堰市在竹山县举办纪念"5·12"汶川地震10周年大型演练活动，来自地震、民政、人防等不同部门的27支救援队参演，参演人数达到1800余人。宜昌市在全市范围内所有义务教育阶段学校均安排了1个以上课时的地震知识科普课，确保《宜昌市中小学生地震知识读本》使用率达到100%，利用移动短信平台向公众发放防震减灾宣传短信50余万条。黄石市要求全市中小学在宣传周期间开展一次针对"校园地震灾害风险隐患点"的大排查、开展一次防震减灾法规集中宣传、举办一场防震减灾科普知识讲座、开辟一块地震科普知识宣传阵地、召开一次防震减灾主题班（队）会、组织师生观看一部防震减灾科普教育影片。荆门市在防震减灾示范社区播放"平安中国"系列减灾宣传电影，并组织举办防震减灾主题文艺会演。黄冈市在李四光纪念馆组织举办"国家防震减灾科普教育基地"授牌仪式，利用纪念馆前广场循环播放防震减灾科普电影。孝感市在孝感网首页、槐荫论坛开辟专栏，展示防震减灾宣传活动周相关内容。襄阳、荆州等其他市、州也结合各自特点举办了相关活动。

5月12日

省地震局召开"5·12"防震减灾主题开放日新闻通报会，晁洪太局长介绍了我省宣传周期间开展的防震减灾宣传活动以及汶川地震10年以来我省防震减灾工作所取得的成绩。近400名社会公众参观了地震应急指挥中心、地震预警实验室、地震观测仪器科普馆以及创新基地地震重点实验室，零距离了解地震部门的日常工作。湖北经视、湖北电视台陇上频道、湖北电视台综合频道、湖北之声、《楚天都市报》《长江日报》以新闻头条或专版报道等不同形式对开放日活动进行了报道。

5月12日至14日

由应急管理部、四川省人民政府、中国地震局共同主办的汶川地震10周年国际研讨会暨第四届大陆地震国际研讨会在四川省成都市召开。来自40多个国家和地区及相关国际组织的千余名代表参会。大会按照习近平主席向大会致信提出的希望和要求，紧扣大会"与地震风险共处"主题，共商地球科学研究，共谋防灾减灾大计。

我局应邀参加汶川地震10周年科技成果展。在大会核心区域展示了高铁地震监控系统、核电站KIS地震仪表系统等自主知识产权成果，以及形变观测仪器、强震仪器、JSJ精密水准仪、经纬仪、综合检验仪等新型地震观测仪器。开幕式当天，我局展览成果获得国务委员王勇等领导的观摩指导，受到现场媒体和与会代表的高度关注和评价。

研讨会期间，我局还派出重力、GNSS、形变、仪器研发等学科领域的28位科研人员参加大会，与国内外同行开展了热烈的学术交流。

5月16日

我局举行年中全省地震趋势会商会。局党组书记、局长晁洪太出席会议。

中国科学院测地所副所长倪四道研究员、中国地质大学熊熊教授应邀参会。局机关相关部门、创新基地各研究室、监测预报中心等各部门负责人以及分析预报人员等40余人在主会场参会；17个市州地震局、各直管台站在分会场参加了视频会议。晁洪太局长指出，各单位和部门要充分把握全国以及我省震情形势，认真研判，加强与高校、科研院所联动、合作研究和交流，做好下半年的震情工作；各市州地震局要加强周、月会商，规范宏观异常零报告制度，利用辖区观测手段，履行职责，做好监测预报工作；创新基地各研究室除履行好湖北省的主体责任之外，要服务全国，积极参与全国会商以及各地震危险区的震情跟踪，为国家地震预报服务，做出贡献。

5月16日至18日

我局在武汉举办地震现场工作培训班，培训房屋震害评定和灾害损失评估方法，对地震现场工作流程和内容进行梳理，并模拟地震发生后演练应急处置、报告处置结果。省地震局、17个市州和部分区县地震部门现场工作骨干30余人参加培训。

5月21日

省地震局党组召开工作周例会传达学习习近平总书记向汶川地震10周年国际研讨会暨第四届大陆地震国际研讨会的致信精神。局党组书记、局长晁洪太主持会议。参会人员针对总书记致信内容进行热烈讨论，认为总书记的致信让人倍感振奋。晁洪太局长要求结合习近平总书记关于防灾减灾救灾工作系列重要论述和当前湖北省防震减灾工作实际，深入学习领会习近平总书记本次致信精神，将"两个坚持""三个转变"重要思想运用到实际工作中，为湖北省经济社会发展贡献力量。

省地震局党组理论中心组传达学习习近平总书记视察湖北时的重要讲话精神及省委常委会扩大会议贯彻落实习近平总书记重要讲话精神的安排部署，晁洪太局长主持研讨会。会议指出，习近平总书记视察湖北、考察长江，为长江经济带发展掌舵领航、把脉定向，对新时代湖北改革发展提出重要要求、寄予殷切期望。要将学习好、贯彻好、落实好习近平总书记重要讲话精神作为当前和今后一个时期全局的首要政治任务和头等大事，推动习近平总书记重要讲话精神在湖北省地震局落地生根。

5月22日

省地震局党组决定,在全局深入开展学习型、创新型、和谐型、节约型、服务型、廉政型机关即"六型"机关创建活动,成立活动领导小组,党组书记、局长晁洪太任组长,有关领导和相关部门负责为成员。创建活动启动后,组织了党风廉政教育月、创新基地党建工作座谈会、"五四"青年职工座谈会、2018年度"振兴杯"职工篮球比赛、"5·12"防震减灾主题开放日和"中国梦·劳动美——学习贯彻习近平新时代中国特色社会主义思想和党的十九大精神"演讲比赛、地震大讲堂等活动。

5月24日

我局举办"中国梦·劳动美——学习贯彻习近平新时代中国特色社会主义思想和党的十九大精神"主题演讲比赛活动,来自局机关、各直属单位、企业及台站的15名选手参加比赛。党组书记、局长晁洪太等局领导出席活动。来自文献信息中心、水库与减灾室分会和GNSS联合分会、机关三分会、机关四分会、工程院分会的选手分获一、二、三等奖。晁洪太为获奖选手颁发荣誉证书并点评指出,本次活动目的是在全局进一步深入开展学习贯彻习近平新时代中国特色社会主义思想和十九大精神,引导全局干部职工牢固树立"四个意识",坚定"四个自信",将个人梦想和防震减灾事业、中国梦联系起来,凝心聚力推进我省新时代防震减灾现代化建设,展现地震系统干部职工"开拓创新、求真务实、攻坚克难、坚守奉献"的行业精神。

5月27日

近日,湖北省人民政府《政务要情》以《省地震局十年布局将少震省份变为防震减灾工作标杆》为题全文专报省地震局十年防震减灾工作成果。

5月29日

省地震局党组书记、局长晁洪太一行5人到襄阳中心地震台调研,实地察看观测仪器运转和台站内外环境,详细询问台站仪器布设、运维和数据产出情况,听取台站工作汇报,充分肯定襄阳台在鄂西北防震减灾工作中所处的地位,建议积极参与辖区地震应急和科普宣教,加强区域中心台职能;提升科研创新能力,提高台站在地震预报中的作用;年轻职工加强学习,为襄阳台未来发展做出贡献。

5月30日

省委办公厅通报,我局获2017年度全省社会治安综合治理考核优胜单位。

由襄阳市地震局牵头的鄂西协作联动区地震应急演练在襄阳举行。省地震局局长晁洪太、襄阳市政府副市长刘恒友出席,襄阳、十堰、宜昌、恩施、神农架林区五地地震局及襄阳各县(市)区地震部门参演,刘恒友副市长致辞。襄阳市民防办(地震局)党组书记、主任包德斌任演练指挥长。演练模拟襄阳市谷城庙滩发生5.2级地震启动应急响应、指挥中心视频通联、现场工作队派出、前方指挥部开设、现场震害调查评估、流动地震监测、震情灾情信息处置、决策辅助建议、媒体宣传应对等一系列应急处置任务。晁洪太局长给予高度评价,认为演练检验了震情灾情速报、地震监测监视、灾情调查评估、政府决策参谋、媒体宣传应对等地震系统震后应对的主要职责,达到了练指挥、练协同、练动作的目的。

在襄阳期间,晁洪太局长还听取了襄阳市地震局防震减灾工作汇报并充分肯定,希望大力推进防震减灾工作治理体系现代化,更好地服务于襄阳经济社会发展。

省地震局党组书记、局长晁洪太一行5人到丹江口地震台调研指导工作,实地察看了丹江口地震台值班室、仪器观测室、职工食堂和台站内外环境,听取了台站工作汇报,调研了台站管辖仪器的运行、数据产出和应用情况,关切询问台站职工生活情况。晁洪太局长对丹江口地震台各项工作给予充分肯定,希望台站加强地震科研,总结经验,提升台站异常识别能力和科研能力。同时要求台站创造条件,积极鼓励年轻同志申请课题,撰写文章,扎实做好地震监测预报工作。

附录：前身(1940 至 1977 年)

1940 至 1948 年

1940 年 8 月，由朱家骅提议创建中国地理研究所，所址设在重庆北碚，黄国璋任所长，内设自然地理组、人生地理组、大地测量组、海洋组，职工 40 余人。1947 年，中国地理研究所由重庆北碚迁至南京。

1949 至 1960 年

1949 年

南京解放，中国地理研究所由南京市军管会文教部接管。

1950 年

移交中国科学院并成立中国科学院地理研究所筹备处，竺可桢、黄秉维任筹备处正副主任。

1953 年

中国科学院地理研究所正式成立，黄秉维任所长。所内设地理组、大地测量组、地图组。

1954 年

2月8日04时57分56秒,蒲圻县(今赤壁市)城东(北纬29°42′、东经113°54′)发生 Ms$4\frac{3}{4}$级地震,震源深度12千米,震中烈度Ⅵ度。沙田乡古庙屋顶震塌,倒房6间,庙内居民闻震声急躲于床下,得免伤亡。

1957 年

8月1日,以中国科学院地理研究所大地测量组为基础成立了中国科学院测量制图研究室。

1958 年

2月,中国科学院地理研究所大地测量组迁往武汉组建中国科学院测量制图研究室,方俊任主任。

中国科学院原地球物理研究所在湖北武昌县(今江夏区)豹澥镇建勘武汉地球物理观象台,拟定观测地震与地磁,1957年动工,1958年建成。

11月2日,中国科学院第十二次院常务会议通过,将中国科学院测量制图研究室改名为中国科学院测量制图研究所。

1959 年

1月7日,经国务院科学技术委员会批准,中国科学院测量制图研究所正式挂牌。所长方俊,分党组书记常惠(兼副所长)。设天文测量、大地测量、重力测量、航空摄影测量、制图、无线电、图书情报资料、测量仪器研制8个学科组和1个试验工厂。全所职工301人,其中科技人员93人。

1960 年

中国科学院武汉分院决定,将研究所开办的光机训练班交与分院科技大学,所属试验工厂交与分院组成联合工厂。研究所实有人员359人。

1961 至 1965 年

1961 年

中国科学院武汉分院与广州分院合并,组成中国科学院中南分院,中南分院在武汉设立办事处。同年秋,中南分院在广州召开会议,决定测量制图研究所、武汉高空物理研究所、湖北机械研究所合并,合并后改名为中国科学院测量与地球物理研究所(以下简称"测地所")。所长方俊,副所长常惠(兼分党组书记)、曹鹏兴。研究所内设重力、高空大气物理、大地测量、航空摄影测量、精密仪器5个研究室和图书情报资料室、仪器试验工厂等业务机构,以及行政管理、计划、人事、保卫、党团、办公室等行政机构。

3月8日03时00分47秒,宜都潘家湾北(北纬30°17′、东经112°12′)发生Ms4.9级地震,震源深度14千米,震中烈度Ⅶ度,等震线长轴近南北向。Ⅶ度位于老龙坪、柏竹坪、侯家塘、叶子坑一带,倒房23间,50%的房屋掉瓦,有些屋瓦几乎全部掉落,受损房屋约600间。老龙坪、柏竹坪、侯家塘等3处地裂缝,呈树枝状,最大宽度约10厘米。

1962 年

3月19日04时18分53秒,广东省河源县(今河源市)新丰江水库大坝下游仅约1千米(北纬23°43′、东经114°40′)处发生Ms6.1级地震,震中烈度为Ⅷ度,震源深度约5千米。

地震发生后,李四光提出在库区开展地震监测研究工作。中国科学院测地所率先在库区开展了用于地震监测的大地测量工作。

1964 年

9月5日15时49分03秒,郧县(今石堰市郧阳区)大柳西北(北纬33°52′、东经110°07′)发生Ms4.9级地震,震源深度9千米,震中烈度Ⅶ度,等震线长轴北西西向。Ⅶ度位于郧西、郧阳两地交界处的木瓜园一带,人们听到巨响,顿觉天旋地转,有的人摔倒在地。房屋掉瓦普遍,有些甚至全部掉落。木瓜园、玉皇庙、李家沟和郧西县的元门、太阳坡岩崩石坠普遍。木瓜园何茨梁子山脊地裂缝宽20厘米,长80米;双沟坪梯田裂缝宽10至20厘米,深达3米,长6至9米;白水泉在震时喷黄沙泥水。

1965 年

因豹澥武汉地球物理观象台台基为第四系红土,背景噪声大,不适宜地震观测,7月,将观象台地震观测项目迁移至武昌区珞珈山下武汉水利电力学院(现为武汉大学)校园内。10月,地震台建成并投入运行,定名为武汉地震台。地震观测项目迁出后,豹澥武汉地球物理观象台更名为武汉地磁台。

1966 至 1969 年

1966 年

3月8日05时29分14秒,河北省邢台专区隆尧县(北纬37°21′、东经114°55′)发生Ms6.8级地震,震中烈度Ⅸ度强;3月22日16时19分46秒,河北省邢台专区宁晋县(北纬37°32′、东经115°03′)发生Ms7.2级大地震,震中烈度Ⅹ度。两次地震共有8064人遇难。

周恩来总理号召开展地震预报工作,制定了"以防为主"的地震工作方针,号召从事地球物理、地质学和大地测量的科学工作者投身到地震工作去。测地所时任所长方俊从灾区考察回所召开全体职工大会,讲述了在邢台地震灾区的情况,地震给社会经济和人民生命财产造成的巨大损失;传达了中央地震工作小组、中国科学院的决定:将地震预报和防震减灾作为测地所今后的主攻方向,动员全所人员勇敢面对地震预报难题,积极承担地震预报任务。测地所从此踏上了地震工作的新征途。

年末,贺兰山东侧宁夏石嘴山一带地震活动异常。测地所一支由30多位科技人员组成的"中科院测地所地震现场科考队"赶赴现场,进行重力测量(李瑞浩、骆敏津),电磁波测距、基线测量、三角测量(张承泽、杜慧君等),近景立体摄影测量(周硕愚、王黎),队长为连文斌。科考队请中科院兰州地球物理所郭增健、周光两位先生任科学顾问,在石嘴山红果子沟,以被断层错开的明长城地段作为精密动态形变重力测量的综合观测场地。他们白天观测,晚上由郭增健授课(地震与大震预测基础知识),坚持月余,学习了地震学基础知识,首次实施了对活动断层的多手段大地测量综合监测。这批人中的多数人终身投入地震研究,他们起步于红果子沟。

1967 年

邢台地震后华北地震形势紧张,中央地震工作小组办公室令中国科学院测地所派人急赴北京,参与地震监测预报工作,先后有40余人赴京,多数住在鼓楼附近的分司厅胡同,挂"中国科学院测量与地球物理研究所北京地震临时指挥部"牌子,少数住西颐宾馆(中央地震工作小组办公室所在地)。他们建立了首批地壳形变连续观测台站(大灰台、牛口峪台)及重力台站(房山台),包括台站基建、仪器研制与安装,直至台站投入正式监测。他们中的一些人后来成为国家地震局分析预报中心的科技人员。

1967 至 1968 年

中央地震工作小组办公室指定中国科学院测地所,负责长江中下游五省一市(湖北、湖南、江西、安徽、江苏、上海)的地震工作,后又指示测地所到福建、广东开展地震工作。

1968 年

测地所在武昌小洪山建设我国第一个重力固体潮观测站。

中国科学院原中南大地构造研究室在丹江口水库区先后兴建了丹江口地震台(湖北)、保康地震台(湖北)、郧县地震台(湖北)、镇平地震台(河南),构成丹江口水库地震监测台网。

1969 年

1月2日09时45分03秒,保康马良坪东南10千米处(北纬31°29′、东经

111°24′)发生 Ms4.8 级地震,震源深度 14 千米,震中烈度Ⅵ度,等震线呈不规则三角形。同时,在震中 80 千米以外的钟祥城关、荆门石桥驿出现Ⅴ度烈度异常区,长轴近南北向。Ⅵ度区掉瓦普遍,倒房 3 间,有滚石多处。

7 月 18 日 13 时 24 分,在山东省渤海(北纬 38.2°、东经 119.4°)发生 Mb7.4(Ms7.1)级地震,山东惠民地区垦利县(今垦利区)大部分地区、利津市、沾化县(今沾化区)部分地区受灾严重,多处出现地裂、地陷、涌水冒沙、房屋倒塌破坏的情况,烈度为Ⅶ度;山东潍坊、烟台以及河北、天津、辽宁等沿渤海地区也遭受一定破坏;地震共造成 9 人遇难,353 人受伤。

当日,周恩来总理在国务院会议厅接见地震工作人员。周总理指示:"团结起来,共同对地震之敌","这次就联合起来,一元化领导。组成一个中央地震工作领导小组……办公室还是设在科学院"。

7 月 19 日,中央地震工作小组成立:组长李四光,副组长刘西尧,成员高林、张魁三、沈振东、李希文、王树华。

7 月 26 日,广东阳江地区发生 6.4 级地震,测地所派出兰迎春、吕宠吾、荣建东等人赴地震现场考察,进行前兆分析。

1970 年

1 月 5 日

01 时 00 分 34 秒,云南通海(东经 102°35′、北纬 24°06′)发生 Ms7.7 级地震,震源深度 13 千米,震中烈度Ⅹ度。地震造成 15621 人遇难,26783 人受伤。

李瑞浩、陈克忠赴地震现场参加震情分析工作,并协助震区建立地震前兆观测台站。

1 月 17 日至 2 月 9 日

第一次全国地震工作会议在北京举行。2 月 7 日,周恩来总理亲切接见会议全体代表,发表了重要讲话。2 月 9 日的会议纪要指出,根据周总理关于地震班子要统一起来的指示精神,建议保留中央地震工作小组,调整并增补成员。建立国家地震局,设在中国科学院,负责具体组织实施;建议把中国科学院、地质部、原国家测绘总局主要从事地震工作的队伍和石油部承担地震工作的部分队伍的建制,划归国家地震局领导;建议地震活动强烈的省、市、自治区,成立地震工作管理机构。会议讨论了1970年地震工作计划和全国地震工作五年规划。出席会议代表189人,中国科学院测地所陈德福参加会议。

4月28日

根据周恩来总理对地震工作的指示,中国科学院下发〔1970〕院革字第111号文《关于将我院有关单位建制划归国家地震局的通知》,决定将中国科学院测地所等7个科学院直属单位的建制,划归国家地震局。

8月31日

中国科学院测地所以科测秘发〔1970〕10号文向湖北省革命委员会和中央地震工作办公室提交关于组建武汉地震大队的报告。

9月26日

中央地震工作小组成员、办公室负责人张魁三,办公室军代表郭其乔到武汉,就组建武汉地震大队与湖北省有关方面进行协商,参加协商的各方代表有:湖北省革命委员会生产指挥组副组长刘济洲,省科学技术管理局负责人易鹏、关来福,驻测地所工宣队指挥长李修正,测地所革委会负责人曹鹏兴,中南地震大队筹备组负责人熊继平。最后,中央地震工作小组与湖北省革命委员会联合发表《关于组建武汉地震大队座谈会纪要》。至此,武汉地震大队正式成立。

为了适应地震工作的需要,又从中国科学院中南大地构造研究室、湖北省地质局、湖南省地质局、国家测绘总局西安分局、中国科学院哈尔滨工程力学研究所、武汉测绘学院(现武汉大学)等单位调入90多名科技干部,充实武汉地震大队。同时,将中国科学院中南大地构造研究室所属的丹江口地震台、保康地震台划归武汉地震大队。

10月14日

20时57分38秒,钟祥皇庄西(北纬31°12′、东经112°32′)发生 Ms4.0级地震,震源深度 15 千米。

10 月 29 日

江苏省金湖县发生 Ms4.7 级地震,南京有感,武汉地震大队派出科技人员到现场开展宏观考察、地质调查、微地震观测、重力测量、地倾斜观测等。参加人员有周硕愚(组长)、朱代远、曹英、周明礼、谢广林、高锡铭、殷志山、严尊国、张赤军、兰迎春、陈永成、董泽银等。

12 月

武汉地震大队编制《地震工作五年规划(1971—1975 年)》,报送国家地震局。

本年

武汉地震台、武汉地磁台、武汉固体潮台及丹江口水库地震监测台网移交武汉地震大队管理。

1971 年

2 月

安徽霍山一带连续发生多次 3 级地震。这个地区有 5 座水库,历史上曾发生过 6 级以上地震。中央地震工作小组成员、办公室副主任张魁三在现场指导。武汉地震大队派出 26 人组成霍山地震考察队,在现场开展宏观调查,设立临时地震台,增设倾斜仪、磁秤、土地电等前兆观测项目,开展地震宣传和震情分析工作,历时一个半月。考察队由邹学恭、陈宏(现名陈德福)、荣建东、周明礼、孟保成及司机雷明敬组成;下设测震、地倾斜、土地电工作组,由兰迎春、雷凯歌、詹震宇、何易、杨良豪、王黎、殷志山、姚大智、夏瑞良、黄天锡、庄昆元等组成;地质组由王勉世、徐卓民、王清云、丁忠孝、古成志、张勇军、李祖武等组成;地震测量组由蒋富、戴邦文、吴翼麟、邵占英、陆俊雄组成。参加组织领导的还有熊继平、罗文楷等。

4月29日

中共中央委员、全国政协副主席、中国科学院副院长、地质部部长、中央地震工作小组组长李四光在北京逝世,享年82岁。

6月17日

10时17分02秒,远安瓦仓北(北纬31°06′、东经111°47′)发生Ms3.2级地震,震中烈度Ⅴ度,震源深度12千米。

7月14日

04时33分06秒,远安瓦仓北(北纬31°05′、东经111°47′)发生Ms3.1级地震,震中烈度Ⅴ度,震源深度12千米。

7月

武汉地震大队将建在北京的各地震台站移交国家地震局地球物理研究所,台站职工同时划转。

8月2日

国发〔1971〕56号《国务院关于加强中央地震工作小组和成立国家地震局的通知》指出,为加强中央地震工作小组,撤销中央地震工作小组办公室,成立国家地震局,作为中央地震工作小组的办事机构。

9月

正式启用国家地震局武汉地震大队铜质印章。原中国科学院测量与地球物理研究所革命委员会印章同时废止。

10月20日

07时19分12秒,谷城黄畈西南(北纬32°07′、东经111°39′)发生Ms3.0级地震,震中烈度Ⅴ度,震源深度3.1千米。

1972 年

3 月 13 日

09 时 42 分 01 秒，秭归周坪（北纬 30°54′、东经 110°48′）发生 Ms3.3 级地震，震中烈度 V 度，震源深度 8 千米。

4 月 3 日

04 时 54 分 04 秒，光化老河口林茂山（北纬 32°35′、东经 111°40′）发生 Ms3.5 级地震，震中烈度 V 度，震源深度 9 千米。

9 月 12 日

14 时 48 分 11 秒，武穴田镇东南（北纬 29°54′、东经 115°27′）发生 Ms4.0 级地震，震中烈度 V 度，震源深度 20 千米。

10 月

中共湖北省科学技术委员会临时委员会以鄂科发〔1972〕013 号文批准成立 13 人组成的中共武汉地震大队党委：党委书记李乐之，副书记李锡山，常委方俊、王冰、杨彬，委员罗文楷等 8 人。

1973 年

2 月

四川炉霍地区发生 7.9 级地震,武汉地震大队李瑞浩、何世海赴地震现场参加震情分析工作。

中国科学院以科字〔1973〕146 号文将武汉地震大队所属电离层观象台划归中国科学院武汉物理研究所。

10 月 10 日

10 时 45 分 50 秒,荆门县城东南(北纬 30°57′、东经 112°32′)发生 Ms3.9 级地震,震中烈度Ⅴ度,震源深度 15 千米。

1974 年

1 月

湖北省革命委员会以鄂革〔1974〕2 号文下发《关于丹江口水库地震研究和监测的若干问题》的通知。

3 月 7 日

00 时 41 分 08 秒,嘉鱼县城东(北纬 30°01′、东经 114°02′)发生 Ms3.8 级地震,震源深度 12 千米。

02 时 28 分 13 秒,嘉鱼县城东(北纬 30°01′、东经 114°02′)发生 Ms3.9 级

地震,震中烈度Ⅴ度,震源深度15千米。

4月22日

08时29分17秒,江苏溧阳地区(北纬31°25′、东经119°15′)发生Ms5.5级地震。武汉地震大队派出邹学恭、丁忠孝、姜兆怀、戴邦文、蔡惟鑫、杨秀庭、吕宠吾、甘家思、易治春、陈春明等10多人赴地震现场工作,参与地震宏观调查、震中区同震长水准形变监测和震后趋势分析工作。

8月31日

05时22分56秒,远安县洋坪(北纬31°12′、东经111°33′)发生Ms2.9级地震,震中烈度Ⅴ度。

1975年

2月4日

19时36分06秒,辽宁海城地区(北纬40°39′、东经122°48′)发生Ms7.3级地震,震源深度16千米。武汉地震大队邹学恭、徐卓民、甘家思、王黎、胡庭辉、吕宠吾、倪鹤立、宋永厚赴地震现场工作。现场震害调查中,首次采用地面立体像对摄影法记录房屋震害,晚上冒险在营口县(今营口市)招待所车库中冲洗干板玻璃底片,并印制相片,为现场会商提供了良好的资料;甘家思编辑了图集,备置了说明,这套资料受到国家地震局局长刘英勇的好评。其间,李瑞浩、许厚泽在北京国家地震局设在京西宾馆的震情分析预报中承担重力观测项目的资料分析、地震趋势研究和台站技术指导工作。何世海、罗荣祥作为国家地震分析预报人员参加调查与总结。

9月15日至19日

受中国科学院和水利电力部委派,高士钧赴加拿大阿尔伯省班佛市出席第一届国际诱发地震讨论会,并宣读论文。

1976 年

7月28日

河北省唐山市(北纬39.6°、东经118.1°)发生Ms7.8级破坏性大地震。震后,武汉地震大队陆续派员赶赴地震现场,承担监测京津地区八宝山断裂、三河平谷断裂以及宝坻断裂等主要构造断裂活动的任务。从8月5日至9月19日完成地面摄影、航空摄影及灾害判读,流动地震台、激光测距、水准测量和重力测量等项监测。完成的工作任务有:8月6日至9月19日,利用JCY-Ⅱ激光测距仪对原京津地区的物理测距网中的75条边进行了复测;8月5日开始对跨八宝山断裂的短水准进行连续监测,8月18日迁至宝坻,对宝坻断裂活动进行监测;7月29日至9月7日,邹学恭等对唐山、天津地区进行了航空摄影,飞行12天,面积达15.7万平方千米,拍摄了140条航线,获取11.2万张照片,经判读制成不同比例尺的震害分布图。主要参加人员有李锡山、王启梁、贺玉方、余绍熙、徐菊生、刘正国、陈谦巽、况仁杰、刘绍府、郑松华、吴翼麟、金克俭、刘国培、高士钧、胡庭辉、邹学恭、高文海、殷志山及司机张茂廷、张汉武等。

7月底至8月

唐山Ms7.8级地震后,鄂东及毗邻地区流传要发生6级以上地震的谣言,人们惶恐不安,露宿户外,外流他乡,生产停滞,严重影响社会安定。

7月至9月

为加强川西北地震监测能力,根据国家地震局统一安排,7月初武汉地震大队派出以张元冲、王黎为组长,韩晓光、毛伟建、徐永建、蒋传福、晏宏坤等7人组成的监测小组,携带流动测震仪、地磁仪等观测设备,前往四川安县进行为期3个月的监测工作。8月16日川西北松潘、平武间发生Ms7.2级震群型地震后,又派出倪鹤立为组长的摄影组进行震害摄影。

11月7日

四川盐源-宁蒗地区(北纬27°32′、东经101°03′)发生Ms6.7级地震。周硕愚、董慧凤等参加地震总结工作。

1977年

11月23日

国务院以国发〔1977〕151号文批转《国家地震局关于加强地震预测预防工作几项措施的请示报告》，报告中提出撤销国家地震局设在一些省、直辖市、自治区的地震大队建制，成立各省、直辖市、自治区地震局或地震办公室。国家地震局所属的武汉地震大队技术力量较强，拟改为国家地震局地震研究所。

参 考 文 献

[1] 刘锁旺.湖北地震志[M].北京:地震出版社,1990.
[2] 湖北省地震志第二卷编委会.湖北省地震志(第二卷)[M].武汉:湖北长江出版集团,2008.
[3] 中国地震局地震研究所志编辑委员会.中国地震局地震研究所志[M].北京:地震出版社,2007.
[4] 熊继平.湖北地震史料汇考[M].北京:地震出版社,1986.
[5] 湖北省地震局.湖北省地震监测志[M].北京:地震出版社,2005.
[6] 邢灿飞.2005年江西省九江-瑞昌5.7级地震应急与考察(湖北部分)[M].北京:地震出版社,2008.
[7] 江西省地震局.中国江西九江-瑞昌5.7级地震图集[M].北京:地震出版社,2008.
[8] 曹爱菊,严尊国.1989年湖北省震情概况[J].湖北年鉴,1990:342-343.
[9] 杨芳.地震[J].湖北年鉴,2006:307-401.
[10] 杨芳.防震减灾工作[J].湖北年鉴,2007:353-354.
[11] 薛军蓉.地震活动概况[J].湖北年鉴,2007:354.
[12] 龚凯虹.地震安全农居示范工程竣工现场会[J].湖北年鉴,2007:355.
[13] 刘汉刚.2006年度国际学术交流活动[J].湖北年鉴,2007:355.
[14] 杨芳.防震减灾[J].湖北年鉴,2008:185-187.
[15] 魏贵春.地震活动概况[J].湖北年鉴,2009:191.
[16] 沈基玲.监测预报、震害防御、震灾应急救援、"十五"项目通过验收、国际学术交流活动[J].湖北年鉴,2009:191-193.
[17] 褚鑫杰.召开防震减灾十周年座谈会[J].湖北年鉴,2009:193.
[18] 杨芳.召开湖北省地震应急快速反应系统项目建设总结表彰会[J].湖北年鉴,2009:193.
[19] 刘俊英.召开湖北省重大自然灾害综合趋势分析会商会[J].湖北年鉴,2009:193.
[20] 骆天天.监测预报工作[J].湖北年鉴,2010:194-195.

[21] 王佩莲.震害防御工作[J].湖北年鉴,2010:194-195.
[22] 胡彬.应急救援工作[J].湖北年鉴,2010:195-196.
[23] 魏贵春.地震活动概况[J].湖北年鉴,2010:196.
[24] 李莎.合作交流[J].湖北年鉴,2010:196.
[25] 杨志强.防震减灾[J].湖北年鉴,2011:171-173.
[26] 杨志强.防震减灾[J].湖北年鉴,2012:193-197.
[27] 杨志强.防震减灾[J].湖北年鉴,2013:191-194.
[28] 杨志强.防震减灾[J].湖北年鉴,2014:407-409.
[29] 杨志强.防震减灾[J].湖北年鉴,2015:392-396.
[30] 杨志强.防震减灾[J].湖北年鉴,2016:402-405.
[31] 杨志强.防震减灾[J].湖北年鉴,2017:364-367.
[32] 湖北省地方志编纂委员会.湖北省志·科学(上)(自然科学 上)[M].武汉:湖北人民出版社,1998:161-162.
[33] 高文学.中国地震年鉴(1049—1981)[M].北京:地震出版社,1990.
[34] 《中国地震年鉴》编辑组.中国地震年鉴1982[M].北京:地震出版社,1990.
[35] 《中国地震年鉴》编辑组.中国地震年鉴1982[M].北京:地震出版社,1983.
[36] 《中国地震年鉴》编辑组.中国地震年鉴1983[M].北京:地震出版社,1985.
[37] 国家地震局分析预报中心.地震目录[M]//《中国地震年鉴》编委会.中国地震年鉴1984.北京:地震出版社,1986:287-291.
[38] 高文学.中国地震年鉴1985[M].北京:地震出版社,1986.
[39] 高文学.中国地震年鉴1986[M].北京:地震出版社,1987.
[40] 高文学.中国地震年鉴1987[M].北京:地震出版社,1988.
[41] 高文学.中国地震年鉴1988[M].北京:地震出版社,1990.
[42] 陈章立.中国地震年鉴1989[M].北京:地震出版社,1991.
[43] 陈章立.中国地震年鉴1990[M].北京:地震出版社,1992.
[44] 何永年.中国地震年鉴1991[M].北京:地震出版社,1992.
[45] 何永年.中国地震年鉴1992[M].北京:地震出版社,1993.
[46] 陈颙.中国地震年鉴1993[M].北京:地震出版社,1995.
[47] 陈颙.中国地震年鉴1994[M].北京:地震出版社,1996.
[48] 陈颙.中国地震年鉴1995[M].北京:地震出版社,1997.
[49] 汤泉.中国地震年鉴1996[M].北京:地震出版社,1998.

[50] 汤泉.中国地震年鉴1997[M].北京:地震出版社,1999.
[51] 汤泉.中国地震年鉴1998[M].北京:地震出版社,1999.
[52] 刘玉辰.中国地震年鉴1999[M].北京:地震出版社,2000.
[53] 陈建民.中国地震年鉴2000[M].北京:地震出版社,2001.
[54]《中国地震年鉴》编辑部.中国地震年鉴2001[M].北京:地震出版社,2002.
[55] 杨福平,周昕,严尊国.1993年7月湖北咸宁4.1级地震序列的活动特征[J].大地测量与地球动力学,2001,21(4):81-86.
[56] 湖北省地震局,中国地震局地震研究所.湖北防震减灾信息网[EB/OL].http://www.eqhb.gov.cn/.

后 记

根据局党组安排,编者自2018年3月底着手编纂《大事记》,历时数月,查阅档案,访问专家,甄别查证,力求客观真实,至5月底成稿。

（1）以《湖北地震志》(1970—1987)、《湖北省地震志(第二卷)》(1988—2005)、《中国地震局地震研究所志》(1970—2005)为蓝本,以《湖北省地震监测志》(第一卷,2005年版)和历年的《中国地震年鉴》为参考,编撰前期大事。

（2）以我局防震减灾信息网为脉络,以《湖北年鉴》"防震减灾篇"和《中国地震年鉴》为素材,查阅文献档案,细化事件时间、文号和人物,编撰2006年以来大事。材料截止时间为2018年5月底。

（3）关于大事的收录标准,参考兄弟单位并结合我局(所)实际,征求了专家和领导意见。

（4）编辑组查阅实物档案,订正了获奖信息;考证史料,修订了有关文献对我省地震发生情况的一些提法。

（5）关于地震震级,GB17740—2017规定测定的震级之间不换算。本书保持当年发布的震级度量。为方便科学研究,一些文献采用经验公式 $M_L=(M_S+1.08)/1.13$ 将 M_S 震级与 M_L 震级进行换算;GB17740—1999的M震级即面波震 M_S,未注明者均为面波震级 M_S。

（6）根据领导提议,将1978年湖北省地震局/国家地震局地震研究所成立以前的大事项,辑为前身(1940—1977年),附录于后,以展现历史脉络。

本书的编纂分工如下:刘锁旺先生主要负责1970—2005年的事项。饶扬誉主要负责2006年以来的事项,以及全书统编、协调出版工作。付燕玲负责文献查询、资料校核和汇编工作。黄清负责编辑校对工作。安宁、杨志强、关友义提供了部分条目。

在本书的编撰过程中,得到殷义山主任的大力支持和王秋良、沈基玲、曹晖、徐乾辉、李大为的协助;周硕愚先生、甘家思先生、韩晓光先生审阅本书,并提出了许多宝贵的意见和建议。晁洪太局长倡导编撰《大事记》,多次听取汇报,悉心指导,并绘制了局(所)机构族谱系图,使《大事记》得以顺利成书。秦小军副局长、李静纪检组长、龚平巡视员也给予了大力支持。在此一并表示诚挚的感谢!

由于编者水平有限,书中内容依然难免有欠妥之处,事件记述也恐有疏漏,在此,恳请谅解并批评指正。

编 者

二〇一八年六月